大学物理实验教程

主编　韩春艳　刘伟波　张循利　王荣娟

科学出版社
北京

内 容 简 介

本书在参照教育部高等学校物理学与天文学教学指导委员会物理基础课程教学指导分委员会公布的《理工科类大学物理实验课程教学基本要求（2010）》，借鉴兄弟院校成熟的大学物理实验教材的基础上，结合作者多年教学实践经验编写而成. 全书共五章，分为测量误差与实验数据处理基本知识、物理实验常用仪器及其使用、基础性实验、近代及综合性实验、设计性实验等章节进行编写. 在内容安排上，充分考虑到理工科有关专业特点及基础课教学的需要，涉及面广，实用性强；在内容阐述上，既考虑到多数学生的认识规律和教学的基本要求，也兼顾优秀学生深入研究的需求，为因材施教提供更多的教学层次和伸缩空间.

本书可作为高等学校理工科专业物理实验的教材，也可作为实验教师、实验技术人员及其他相关专业技术人员的参考书.

图书在版编目（CIP）数据

大学物理实验教程 / 韩春艳等主编. —北京：科学出版社，2020.9

ISBN 978-7-03-066044-2

Ⅰ. ①大… Ⅱ. ①韩… Ⅲ. ①物理学－实验－高等学校－教材 Ⅳ. ①O4-33

中国版本图书馆 CIP 数据核字（2020）第 170314 号

责任编辑：胡云志 孔晓慧 / 责任校对：杨聪敏
责任印制：张 伟 / 封面设计：华路天然工作室

科 学 出 版 社 出版
北京东黄城根北街 16 号
邮政编码：100717
http: //www.sciencep.com
北京捷迅佳彩印刷有限公司 印刷
科学出版社发行 各地新华书店经销
*
2020 年 9 月第 一 版 开本：787×1092 1/16
2022 年 1 月第二次印刷 印张：13 1/4
字数：280 000

定价：49.00 元

前　　言

本书在参照教育部高等学校物理学与天文学教学指导委员会物理基础课程教学指导分委员会公布的《理工科类大学物理实验课程教学基本要求（2010）》，借鉴兄弟院校成熟的大学物理实验教材的基础上，结合作者多年教学实践经验编写而成.

本书借鉴国内外大学物理实验教学改革的成果，从结构和内容上进行重大改革，力求理论完整、实验知识系统化、课题设置层次化，特点如下：

（1）在总体结构安排上，打破大学物理实验教材按照物理学理论知识体系编排的传统方法，采用“基础性实验—近代及综合性实验—设计性实验”的架构. 在内容安排上，充分考虑到理工科有关专业特点及基础课教学的需要，涉及面广，实用性强；在内容阐述上，既考虑到多数学生的认识规律和教学的基本要求，也兼顾优秀学生深入研究的需求，为因材施教提供更多的教学层次和伸缩空间；

（2）改变大学物理实验教材中实验课题按“传授知识”思路的传统编写方法，突出基本能力和创新思维、创新方法、创新能力的培养. 实验课题除了基础性实验和近代及综合性实验外，还增加设计性实验内容，以便学生在完成一定数量的基础性和近代及综合性实验后，逐步学会独立进行实验设计，以培养学生的独立实验能力、分析与研究问题能力和创新能力，为今后从事科研工作打下基础；

（3）精选必做的实验内容，压缩传统性的验证课题. 在大部分传统实验中引入新的测量方法、现代通用测量仪器、具有拓宽思维作用的具体实验内容，使学生在进行基础训练的同时，了解更多的现代测量新技术、新方法；同时，也有利于开拓学生的眼界；

（4）在数据处理方面，采用前细后粗的引导方式，使学生不仅逐步掌握数据处理的基本方法，还能够自主发挥. 在实验结果的质量评价方面，采用“不确定度”的概念及相关理论，使学生掌握这种国际标准评价方法.

本书在编写过程中得到滨州学院理学院大学物理教研室全体人员的鼓励和支持，在此谨致以深切的谢意.

本书在编写过程中参考了许多兄弟院校的有关教材，并借鉴了国内外物理实验教学改革的经验. 由于学识和水平有限，书中难免存在不妥之处，敬请读者批评指正.

编　者

2018 年 10 月

目　　录

绪 论

1. 开设大学物理实验课的目的

科学实验是人们探索自然规律的一种研究方法. 物理实验是科学实验的重要组成部分，是科学实验的先驱，它体现了大多数科学实验的共性，在实验思想、实验方法以及实验手段等方面是各学科科学实验的基础.

大学物理实验课是高等学校理工科专业的学生进行科学实验基本训练的必修基础课程，是大学生接受系统实验方法和实验技能训练的开端. 它将使学生得到系统的实验方法和实验技能的训练，了解科学实验的主要过程和基本方法，为学生实验能力和科学素质的培养与发展奠定基础. 同时它的实验思想和方法、实验设计和测量方法以及分析问题与解决问题的方法也将对学生的智力发展，特别是创新意识的开发大有裨益. 整个实验教学活动的进行也将有助于学生实事求是的作风、严谨的科学态度及高尚的品德的培养.

2. 大学物理实验课程的任务

（1）通过对实验现象的观察、分析和对物理量的测量，学生能够掌握物理实验的基本知识、基本方法和基本技能，并能运用物理学原理和物理实验方法研究物理现象和规律，加深对物理学原理的理解.

（2）培养与提高学生进行科学实验的基本能力，其中包括：

（a）能够自行阅读实验教材或资料，做好实验前的准备；

（b）能够借助教材或仪器说明书，正确调整和使用常用仪器；

（c）能够对常用物理量进行一般测量，了解常用的实验方法；

（d）能够运用物理学理论知识对实验现象进行初步分析和判断；

（e）能够正确记录和处理实验数据、绘制曲线、分析误差原因、说明实验结果、撰写合格的实验报告；

（f）能够完成简单的设计性实验.

（3）培养与提高学生的创新思维、创新意识、创新能力. 通过物理实验引导学生深入观察实验现象、建立合理的模型、定量研究物理规律；能够运用物理学理论对实验现象进行初步的分析判断，并逐步学会提出问题、分析问题、解决问题的方法，激发学生的创造性思维；能够完成符合规范要求的设计性内容的实验，或进行简单的具有研究性或创意性内容的实验.

（4）培养与提高学生的科学实验素养. 要求学生具有理论联系实际和实事求是的科学作风，严肃认真的工作态度，整洁有序的良好习惯，勇于探索的创新精神和遵守纪律、团结协作、爱护公物的优良品德.

3. 大学物理实验课的要求

（1）实验预习. 认真阅读实验教材，对实验内容作全面了解. 明确本次实验要达到的目的，以此为出发点，弄清实验所依据的理论、采用的方法，搞清控制物理过程的关键和必要的实验条件；知道实验要进行的内容和实施步骤，了解实验仪器的构造原理、使用方法、读数方法及注意事项等. 在此基础上写出实验预习报告.

（2）实验过程. 实验操作是整个实验教学中最重要的环节. 在实验中，要按实验要求独立进行仪器的安装和调整，认真做好实验的每一步；要努力弄懂为何要这样安排实验，以及如此规定实验步骤的道理；要仔细观察各种实验现象，认真记录测量的数据；要注意观察到的现象与预期的是否一样，这些现象说明什么问题，出现故障如何根据现象分析产生的原因等. 实验中要遵守各项规章制度，注意安全.

（3）实验报告. 实验报告是对实验工作的全面总结，应做到用词确切、字迹整洁、数据完整、图表规范、结果明确. 实验报告包括以下内容：

（a）实验名称、实验目的；

（b）仪器设备记录，包括型号、规格、参数等；

（c）简要的实验原理，包括基本公式、必要的电路图和光路图；

（d）实验内容及简要步骤；

（e）实验数据记录表格. 原始数据在教师审核、签字后有效，必须将原始数据附在实验报告中；

（f）数据处理，包括利用各种方法（如列表法、作图法、逐差法或最小二乘法）处理实验数据，计算实验结果，以及计算测量不确定度. 最后要给出实验结论；

（g）分析讨论，包括对实验误差的分析、实验方法的改进与建议、实验后的体会等.

第 1 章　测量误差与实验数据处理基本知识

1.1　测量与误差

物理实验离不开对物理量的测量，测量方式有直接的，也有间接的. 由于仪器、实验条件、环境等因素的限制，测量不可能无限精确，物理量的测量值与客观存在的真实值之间总会存在着一定的差异，这种差异就是测量误差.

1.1.1　测量

1. 测量的概念

测量是指为确定被测量对象的量值而进行的被测量与仪器相比较的实验过程.

例如，用直尺去测量某钢丝的长度，把直尺作为标准的长度量具，使钢丝伸直与之对齐并记录钢丝两端相应的读数之差.

2. 测量的分类

测量分为直接测量和间接测量.

（1）直接测量：被测量与仪器直接比较，得出待测物体量值的测量.

例如，一张桌子的长度与米尺相比，得出桌子的长度是 1.522m.

（2）间接测量：由一个或几个直接测得量经已知函数关系计算出被测量的值的测量.

例如，测量单摆的摆长l和振动周期T，由已知公式$g = 4\pi^2 l / T^2$计算出重力加速度g值的过程，就是间接测量.

1.1.2　误差

1. 误差的概念

真值：做物理实验时要对一些物理量进行测量，各被测量在实验当时条件下均有不以人的意志为转移的真实大小，称此值为被测量的真值. 测量的理想结果是真值.

测量值：实验时所测得的被测量的值.

误差：测量仪器只能准确到一定程度，再加上环境条件的影响及观测者操作和读数不能十分准确，理论也有近似性，测量值和真值总是不一致的. 测量值减去真值的差为测量值的误差，即

$$\text{测量值} - \text{真值} = \text{误差}$$

2. 误差的表示

1）绝对误差

设某物理量的测量值为x，它的真值为x_0，则$x-x_0=\varepsilon$；由此式所表示的误差ε和测量值x具有相同的单位，它反映测量值偏离真值的大小，所以称为绝对误差.

2）相对误差

误差还有一种表示方法，叫相对误差. 它反映的是测量值偏离真值的相对大小，其定义为

$$E_x=\frac{\varepsilon_x}{x_0}\times 100\%$$

相对误差E_x没有量纲，是一个用百分数表示的比值，通常取两位有效数字.

绝对误差可以表示一个测量结果的可靠程度，而相对误差则可以比较不同测量结果的可靠性. 例如，测量两条线段的长度，第一条线段用最小刻度为毫米的刻度尺测量时读数为10.3mm，绝对误差为0.1mm（数值读得比较准确时），相对误差为0.98%，而用准确度为0.02mm的游标卡尺测得的结果为10.28mm，绝对误差为0.02mm，相对误差为0.19%；第二条线用上述测量工具分别测出的结果为 19.6mm 和 19.64mm，前者的绝对误差仍为0.1mm，相对误差为0.51%，后者的绝对误差为0.02mm，相对误差为0.10%. 比较这两条线的测量结果，可以看到，用相同的测量工具测量时，绝对误差没有变化，用不同的测量工具测量时，绝对误差明显不同，准确度高的工具所得到的绝对误差小. 相对误差不仅与所用测量工具有关，而且与被测量的大小有关，当用同一种工具测量时，被测量的数值越大，测量结果的相对误差就越小.

3. 误差的分类

在实验中进行测量和数据处理时，都应着眼于减少误差，尽可能使实验结果接近真值. 误差产生的原因是多方面的，按误差的性质和产生的原因可分为系统误差和偶然误差两大类.

1）系统误差

系统误差的特点是：在相同条件下，对同一物理量进行多次测量时，误差的大小和正负总保持不变，或按一定的规律变化，或有规律地重复. 相同条件包括：相同的测量程序、相同的观测者、在相同的条件下使用相同的测量仪器、在相同地点、在短期内重复测量等. 系统误差等于多次测量的平均值减去测量的真值. 设被测量的真值为x_0，多次测量的算术平均值为$\overline{x}$，一系列测量结果为x_i，则系统误差

$$\delta_{系统}=\overline{x}-x_0$$

系统误差主要来自以下三个方面.

A. 仪器误差

仪器误差是测量仪器不完善或有缺陷，以及没有按规定条件使用而造成的误差. 仪器误差常表现为下面三种情况：

（1）示值误差. 例如，米尺由于变形造成刻度不准确；电表的轴承磨损引起示值不准等.

（2）零值误差. 例如，螺旋测微器（又称千分尺）由于磨损而在零位时读数不为零；电表在使用之前未调整零位等.

（3）仪器机构和附件误差. 如天平两臂长度不等，砝码不准，电桥的标准电阻不准等.

B. 方法误差

方法误差是由于实验理论、实验方法或实验条件不符合要求而引起的误差. 例如，用伏安法测电阻，采用不同的连接方法，电表的内阻会给测量带来误差；在热学实验中，绝热条件的好坏对测量结果造成影响等.

C. 人员误差

人员误差是由观测者个人生理和心理上的特点所造成的误差. 例如，在使用停表计时中，有人“失之过长”而有人“失之过短”；在电表读数时，有人偏左而有人偏右；在估计读数时，有人习惯偏大而有人习惯偏小等.

系统误差常分为两类，即已定系统误差和未定系统误差. 前者指其误差的符号和绝对值均已确定，而后者是指误差的符号或绝对值尚未确定.

2）随机误差或称偶然误差

在同一条件下，对某一物理量进行多次测量时，每次测量的结果有差异，其差异的大小和符号以不可预定的方式变化着. 这种误差称为随机误差或偶然误差. 随机误差等于测量结果减去多次测量的平均值，即

$$\delta_{\text{随机}} = x_i - \overline{x}$$

偶然误差是由一些偶然的、不确定的因素引起的. 例如，各次观察时仪器对得不准；调节平衡时平衡点确定不准；读数不准确；由环境温度、湿度、振动、杂散电磁场的干扰、电源电压的波动等因素引起测量值的变化. 这些因素的影响一般是微小的、混杂的，并且是随机出现的，这就难以确定某个因素产生的具体影响的大小.

每项测量的偶然误差是无规则的，但若测量次数充分多，就会发现在一定条件下，它具有一定的规律性. 这种规律性表现在偶然误差服从一定的统计规律，具体如下：

（1）绝对值小的误差出现的概率比绝对值大的误差出现的概率要大得多；

（2）比真值大的测量值与比真值小的测量值出现的概率相等；

（3）绝对值相等的正误差与负误差出现的概率相等.

3）系统误差与偶然误差的关系

系统误差的特征是它的确定性，而偶然误差的特征是它的随机性，两者经常同时存在于实验之中，有时难以严格区分. 通常把一些不确定的系统误差看作偶然误差，也常把一些确定的但规律过于复杂的系统误差当作偶然误差来处理. 有时，两者的区别与空间和时间的因素有关. 例如，环境温度对标准仪器的影响，在短时间内可以看成是系统误差，而在长时间内则认为是偶然误差. 另外，随着科学技术的发展，人们对误差来源及其变化规律的认识加深，有可能把过去认识不到而归于偶然误差的某些误差，确定为系统误差.

还必须指出，在测量中，由于读数或计算时发生错误，测量结果与真值之间产生较大的偏差（过失误差或粗大误差），这种偏差是错误而不是误差，它是不应该出现的，也是完全可以避免的.

4. 对误差大小的评价

实验中常用精密度、准确度和精确度来评价实验结果中误差的大小. 这三个概念的含义不同，应加以区别.

1）精密度

精密度表示测量结果中偶然误差大小的程度. 精密度高是指在多次测量中，数据的离散性小，偶然误差小.

2）准确度

准确度表示测量结果中系统误差大小的程度. 准确度高表示多次测量数据的平均值偏离真值的程度小，系统误差小.

3）精确度

精确度是对测量结果中系统误差和偶然误差大小的综合评价. 精确度高表示在多次测量中，数据比较集中，且逼近真值，即测量结果中的系统误差和偶然误差都比较小.

另外，在评价测量结果时，常用到精度这个概念. 精度是一个泛指的概念，有时它表示系统误差的大小，即准确度的高低；有时它表示偶然误差的大小，即精密度的大小；同时，它也可用来综合评定系统误差和偶然误差的大小，即表示测量结果的精确度.

1.2 误差的处理基础

1.2.1 随机误差的处理

1. 随机误差的概率分布

大量实践和理论都证明，大部分测量的随机误差服从统计规律.

1）正态分布

正态分布的测量值 x 的概率密度 $f(x)$ 为

$$f(x)=\frac{1}{\sigma(x)\sqrt{2\pi}}\exp\left[-\frac{1}{2}\left(\frac{x-x_0}{\sigma(x)}\right)^2\right]$$

式中，$\sigma(x)$ 为 $n\to\infty$ 时的标准差，$\sigma(x)=\sqrt{\dfrac{\sum\limits_{i=1}^{n}\Delta x_i^2}{n}}$，$x_0$ 为 x 的期望值.

用随机误差 δ 代替变量 x，用 δ 的期望值 0 代替 x_0，当测量次数 n 足够大时，正态分布的随机误差 δ 的概率密度 $f(\delta)$ 为

$$f(\delta)=\frac{1}{\sigma(\delta)\sqrt{2\pi}}\exp\left[-\frac{1}{2}\left(\frac{\delta}{\sigma(\delta)}\right)^2\right]$$

服从正态分布的随机误差概率密度分布曲线如图 1.2-1 所示，标准差越大，随机误差的分布范围越宽，测量结果的离散性越大；反之，标准差越小，随机误差分布在 0 值附近很小的范围内，测量结果的离散程度小.

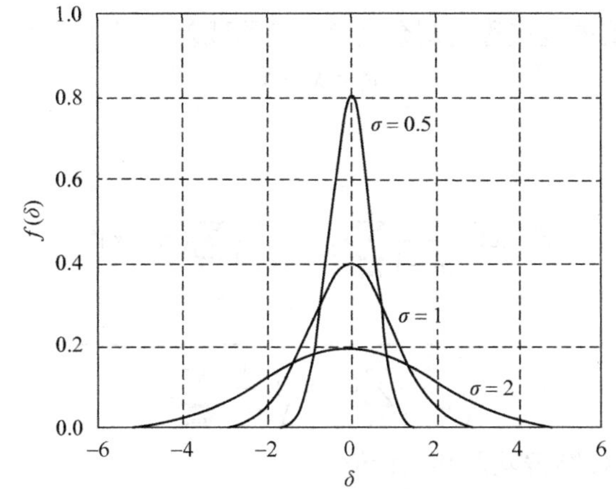

图 1.2-1　不同 σ 值的正态分布曲线

正态分布的随机误差的统计特点如下.

（1）对称性：绝对值相同的正、负误差出现的次数相同.

（2）抵偿性：$\lim\limits_{n\to\infty}\sum\limits_{i=1}^{n}\delta_i=0$.

（3）单峰性：在 $\delta=0$ 处，概率最大.

（4）有界性：随机误差的绝对值不会超过一定界限.

随机误差在 $(-\infty,+\infty)$ 区间内取值的概率为 1. 标准偏差 σ 越小，正态分布曲线越陡，则小误差出现的概率越大，大误差出现的概率越小，这意味着测量值越集中. 因此，σ 的大小说明了测量值的离散性，即测量值相对于真值的分散程度.

2）均匀分布

误差的均匀分布曲线如图 1.2-2 所示，特点是误差均匀地分布在某一区域，在此区域内误差出现的概率密度处处相同，而在该区域以外误差出现的概率为零.

$$f(\delta)=\begin{cases}\dfrac{1}{2a} & (-a\leqslant\delta\leqslant a)\\ 0 & (\delta<-a \text{ 或 } \delta>a)\end{cases}$$

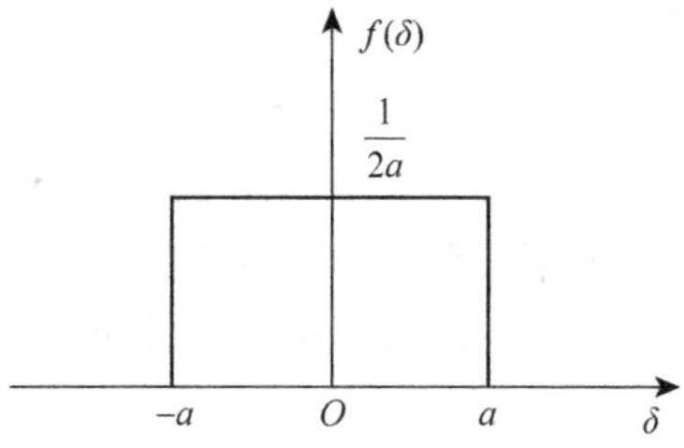

图 1.2-2　误差的均匀分布曲线

2. 被测量真值和测量方差的估计值

理论上计算被测量的真值 x_0（即数学期望 $M(x)$）与方差 $\sigma^2(x)$ 需要 $n\to\infty$，即有无限多个测量数据. 但是在实际情况下，只能进行有限次的测量，得到有限多个测量数据. 利用这有限多个测量数据我们可以求得被测量的真值 x_0（即数学期望 $M(x)$）的估计值 $\hat{x}_0$ 和方差的估计值 $\hat{\sigma}^2(x)$. 这里“$\hat{\sigma}$”是表示估计值的符号.

1）被测量真值的最佳估计值

通常把测量数据的算术平均值 $\overline{x}$ 作为被测量真值 x_0 的最佳估计值 $\hat{x}_0$，即

$$\hat{x}_0=\overline{x}=\frac{1}{n}\sum_{i=1}^{n}x_i$$

把测量值与算术平均值的差值称为剩余误差，简称残差，即

$$v_i=x_i-\overline{x}$$

2）方差的估计值

方差的估计值：

$$\hat{\sigma}^2(x)=\frac{1}{n-1}\sum_{i=1}^{n}v_i^2=\frac{1}{n-1}\sum_{i=1}^{n}(x_i-\overline{x})^2$$

标准偏差的估计值：

$$\hat{\sigma}(x)=\sqrt{\frac{1}{n-1}\sum_{i=1}^{n}v_i^2}=\sqrt{\frac{1}{n-1}\sum_{i=1}^{n}(x_i-\overline{x})^2}$$

3）算术平均值的标准偏差及其估计值

算术平均值的标准偏差

$$\sigma(\overline{x})=\frac{\sigma(x)}{\sqrt{n}}$$

算术平均值的方差估计值

$$\hat{\sigma}^2=\frac{\hat{\sigma}^2(x)}{n}$$

算术平均值的标准偏差估计值

$$\hat{\sigma}(\overline{x})=\frac{\hat{\sigma}(x)}{\sqrt{n}}$$

在实际测量中，一般取 $n=10\sim20$ 次即可.

例 1 甲、乙两人分别用不同的方法对同一电感进行多次测量. 结果如下（均无系统误差及粗差）.

甲 x_{ai}（mH）：1.28，1.31，1.27，1.26，1.19，1.25

乙 x_{bi}（mH）：1.19，1.23，1.22，1.24，1.25，1.20

试根据测量数据对他们的测量结果进行粗略评价.

解 分别计算两组算术平均值得

$$\overline{x}_a=1.26\text{mH}$$

$$\overline{x}_b=1.22\text{mH}$$

分别计算两组测量数据的方差估计值（总体方差估计值）

$$\hat{\sigma}^2(x_a)=1.60\times10^{-3}$$

$$\hat{\sigma}^2(x_b)=0.54\times10^{-3}$$

计算两组测量数据算术平均值的方差估计值时，得到的结果是

$$\hat{\sigma}^2(x_a)=\frac{1}{6}\times1.60\times10^{-3}=0.27\times10^{-3}$$

$$\hat{\sigma}^2(x_b)=\frac{1}{6}\times0.54\times10^{-3}=0.09\times10^{-3}$$

可见，虽然两人测量次数相同，但算术平均值的方差估计值相差较大，表明乙所进行的测量精密度高.

3. 测量结果的置信度与表示方法

1）置信区间与置信概率

（1）置信度：测量结果值得信赖的程度. 随机变量的“置信度”通常用随机变量落于某一区间（称“置信区间”）的概率（称“置信概率”）来表示.

（2）置信区间：测量数据 x 的取值范围，即置信区间为 $[M(x)-a,M(x)+a]$；随机误差 δ 的取值范围，即置信区间为 $[-a,+a]$.

（3）置信概率：随机变量落于“置信区间”的概率. 置信概率可用概率密度曲线 $f(\delta)$ 与置信区间横坐标包围的面积表示. 测量数据 x 落入置信区间 $[M(x)-a,M(x)+a]$ 的概率等于随机误差 δ 落入置信区间 $[-a,+a]$ 的概率.

$$P_c=P\{|\delta|\leqslant a\}=P\{|x-M(x)|\leqslant a\}$$

（4）超差概率：随机变量落在置信区间以外的概率，又称为置信水平或显著性水平.

$$\alpha=P\{|\delta|\geqslant a\}=1-P_c$$

（5）置信系数：置信区间极限 a 与标准偏差 σ 的比值.

$$C=\frac{a}{\sigma}$$

2）置信度的计算

（1）正态分布之测量数据的置信度

$$P_c=\frac{2}{\sigma\sqrt{2\pi}}\int_0^{C\sigma}\exp\left(\frac{-\delta^2}{2\sigma^2}\right)\mathrm{d}\delta$$

（2）有限次的测量情况下的置信度——通常采用 t 分布来计算置信概率.

$$t=\frac{\overline{x}-M(x)}{\hat{\sigma}(\overline{x})}=\frac{\overline{x}-M(x)}{\hat{\sigma}(x)/\sqrt{n}}$$

随机变量 t 的概率密度 $f(t)$ 服从 t 分布. t 分布的一个重要特点是其分布与 σ 无关. 当测量次数 n 较小时，t 分布与正态分布的差别较大，但当 $n\to\infty$ 时，分布趋于正态分布.

置信概率 P_c：t 落在区间（$-K_t,K_t$）的概率.

$$P\{|t|\leqslant K_t\}=\int_{-K_t}^{K_t}f(t)\mathrm{d}t=2\int_0^{K_t}f(t)\mathrm{d}t$$

式中，K_t 为置信系数. 被测量真值 $M(x)$ 以置信概率 P_c 处在区间 $[\overline{x}-K_t\hat{\sigma}(\overline{x}),\overline{x}+K_t\hat{\sigma}(\overline{x})]$ 内.

$$P_c=P[|t|\leqslant K_t]=P[|\overline{x}-M(x)|\leqslant K_t\hat{\sigma}(\overline{x})]$$

3）测量结果的数字表示方法

（1）如果已知测量仪器的标准偏差 σ，作一次测量，测得值为 x，则通常将被测量的大小表示为

$$x \pm \sigma$$

（2）当用 n 次等精度测量的算术平均值 $\overline{x}$ 作为测量结果时，其表达式为

$$\overline{x} \pm K_t \hat{\sigma}(\overline{x})$$

1.2.2　系统误差的处理

系统误差的消除方法有如下几种.

1. 消除产生误差的根源

消除产生误差的根源是消除系统误差的根本方法. 这就要求测量者对实验所用装置、测量环境条件、测量方法等进行仔细分析、研究，尽可能找出产生系统误差的根源，并设法消除或尽量减弱其影响. 例如，测量前对仪器本身性能进行检查，使仪器的环境条件和安装位置符合实验技术要求的规定；对仪器在使用前进行正确的调整；严格检查和分析测量方法是否正确等.

2. 对测量结果进行修正

在测量之前，用上一级标准（或基准）对仪器仪表进行检定，取得受检仪器的修正值. 在用受检仪器测量时，将修正值 c 加入测量值 x 中，即可消除系统误差，求出实际值 $x+c$.

3. 采用特殊测量法

1）恒定系差消除法

A. 零值法

零值法又称平衡法，是把被测量与作为计量单位的标准已知量进行比较，使其效应相互抵消，当两者的差值为零时，被测量就等于已知的标准量.

B. 替代法

替代法又称置换法，是先将被测量 x 接入测量装置使之处于一定状态，然后以已知量 A 代替 x ，并通过改变 A 的值使测量装置恢复到 x 接入时的状态，于是 $x = A$.

C. 交换法

交换法又称对照法，在测量过程中，将测量中的某些条件（如待测物的位置等）相互交换，使产生系差的原因对先后两次测量结果起反作用. 将这两次测量结果加以适当的数学处理（通常取其算术平均值或几何平均值），即可消除系统误差或求出系统误差的数值.

D. 补偿法

补偿法是替代法的一种特殊运用形式，在两次测量中，第一次令标准器的量值 N 与被测量 x 相加，在 $N+x$ 的作用下，测量仪器给出一个示值；然后去掉被测量 x ，改变标准器的量值为 N' ，使仪器在 N' 的作用下给出与第一次同样的示值，则

$$x = N' - N$$

E. 微差法（虚零法）

微差法又称虚零法，微差法只要求标准量与被测量相近，而用指示仪表测量标准量与被测量的差值. 这样，指示值表的误差对测量的影响会大大减弱.

2）变值系差消除法

（1）等时距对称观测法——可以有效地消除随时间成比例变化的线性系统误差.

（2）半周期偶数观测法——可以消除周期性的系统误差.

1.3　测量不确定度

测量的目的是确定被测量的量值. 测量结果的品质是量度测量结果可信程度的最重要的依据. 测量不确定度就是对测量结果质量的定量表征，测量结果的可用性很大程度上取决于其不确定度的大小. 所以，测量结果表述必须同时包含赋予被测量的值及与该值相关的测量不确定度，才是完整并有意义的. 测量不确定度就是测量质量的指标，也即对测量结果残存误差的评估.

在实践中，测量不确定度可能来源于以下 10 个方面：①对被测量的定义不完整或不完善；②实现被测量的定义的方法不理想；③取样的代表性不够，即被测量的样本不能代表所定义的被测量；④对测量过程受环境影响的认识不周全，或对环境条件的测量与控制不完善；⑤对模拟仪器的读数存在人为偏移；⑥测量仪器的分辨力或鉴别力不够；⑦赋予计量标准的值和参考物质（标准物质）的值不准；⑧引用于数据计算的常量和其他参量不准；⑨测量方法和测量程序的近似性和假定性；⑩在表面上看来完全相同的条件下，被测量重复观测值的变化.

测量值不等于真值，可以设想真值就在测量值附近的一个量值范围内，测量不确定度就是作为测量质量指标的此量值范围. 设测量值为x，其测量不确定度为u，则真值可能在量值范围$[x-u, x+u]$之内，显然此量值范围越窄，即不确定度越小，用测量值表示真值的可靠性就越高.

对测量不确定度的评定，常以估计标准偏差表示大小，这时其称为标准不确定度.

由于测量有误差，因而才要评定不确定度，误差的来源不同，对测量的影响也不同，从测量值来看其影响表现可分为两类：一类是偶然效应引起的，使测量值分散开，例如，用手控停表测摆的周期，由于手的控制存在偶然性，每次测量值不会相同；另一类则是测量值恒定地向某一方向偏移，重复测量时，此偏移的大小和方向不变，例如，电压表测一电阻两端的电压，由于这时偶然效应很弱，反复测量其值基本不变，当用更精密的电势差计去测时，可以得知电压计的示值有恒定的偏差，这是电压计的基本误差所致. 这两类影响都给被测量引入不确定度，都要评定其标准不确定度，但评定的方法不同.

1. 标准不确定度的 A 类评定

由于偶然效应，被测量x的多次重复测量值$x_1, x_2, \cdots, x_n$将是分散的，从分散的测量值用统计的方法评定标准不确定度，就是标准不确定度的 A 类评定. 设 A 类标准不确定度为$u_A(x)$，用统计方法求出平均值的标准偏差$\sigma(\overline{x})=\sqrt{\sum(x_i-\overline{x})^2/[n(n-1)]}$，A 类标准不确定度（又称标准不确定度的 A 类分量）就取为平均值的标准偏差，即

$$u_A(\overline{x})=\sigma(\overline{x})$$

按误差理论的高斯分布，如果不存在其他误差影响，则量值范围$[\overline{x}-u_A(\overline{x}), x+u_A(\overline{x})]$中包

括真值的概率为 68.3%，如扩大量值范围为$[\bar{x}-1.96\cdot u_A(\bar{x}),\bar{x}+1.96\cdot u_A(\bar{x})]$，则其中包括真值的概率为 95%.

2. 标准不确定度的 B 类评定

当误差的影响仅使测量值向某一方向有恒定的偏离时，不能用统计的方法评定不确定度，这一类评定就是 B 类评定.

B 类评定，有的依据计量仪器说明书或检定书，有的依据仪器的准确度等级，有的则粗略地依据仪器分度值或经验. 从这些信息中可以获得极限误差$\varDelta$（或容许误差或示值误差），此类误差一般可视为均匀分布，而$\varDelta/\sqrt{3}$为均匀分布的标准差，则 B 类标准不确定度（又称标准不确定度的 B 类分量）$u_B(x)$为

$$u_B(x)=\frac{\varDelta}{\sqrt{3}}$$

严格讲，从$\varDelta$求$u_B(x)$的变换系数与实际分布有关，在此均近似按均匀分布处理.

例如，使用量程 0～300mm，分度值 0.05mm 游标卡尺测量长度时，按 JJG 30-2012《通用卡尺检定规程》，其示值误差在±0.08mm 以内，即极限误差$\varDelta=0.08$mm. 则由游标卡尺引入的标准不确定度$u_B(x)$为

$$u_B(x)=\frac{0.08}{\sqrt{3}}=0.046(\text{mm})$$

3. 合成标准不确定度$u_C(x)$或$u_C(y)$

对一物理量测定之后，要计算测得值的不确定度，由于其测得值的不确定度来源不止一个，所以要合成其标准不确定度.

例如，用螺旋测微器测钢球的直径，不确定度的来源有：①重复测量读数（A 类评定)；②螺旋测微器的固有误差（B类评定）.

又如，用天平称衡一物体的质量，不确定度来源有：①重复测量读数（A 类评定)；②天平的不等臂（B 类评定)；③砝码的标称值的误差（B 类评定)；④空气浮力引入的误差（B 类评定）.

由不同来源分别评定的标准不确定度要合成为测得值的标准不确定度，首先应明确一点，作为标准不确定度，不论是 A 类评定还是 B 类评定，在合成时是等价的；其次是合成的方法，由于实际上各项误差的符号不一定相同，采用算术求和将可能增大合成值，因而采用方和根法，即几何求和.

对于直接测量，设被测量x的标准不确定度的来源有k项，则合成标准不确定度$u_C(x)$取

$$u_C(x)=\sqrt{\sum_{i=1}^{k}u^2(x)_i}$$

式中，$u(x)$可以是 A 类评定或 B 类评定.

对于间接测量，设被测量y由n个直接测量值$x_1,x_2,\cdots,x_n$算出，它们的关系为$y=y(x_1,x_2,\cdots,x_n)$，各x_i的标准不确定度为$u(x_i)$，则y的合成标准不确定度$u_C(y)$为

$$u_C(y)=\sqrt{\sum_{i=1}^{n}\left(\frac{\partial y}{\partial x_i}\right)^2 u^2(x_i)}$$

偏导数 $\frac{\partial y}{\partial x_i}$ 为传递系数.

对于幂函数 $y=Ax_1^a\cdot x_2^b\cdot\cdots\cdot x_m^k$，由于

$$\frac{\partial y}{\partial x_1}=y\frac{a}{x_1},\frac{\partial y}{\partial x_2}=y\frac{b}{x_2},\cdots,\frac{\partial y}{\partial x_n}=y\frac{k}{x_n}$$

上式成为比较简单的形式

$$u_C(y)=y\sqrt{\left[a\frac{u(x_1)}{x_1}\right]^2+\left[b\frac{u(x_2)}{x_2}\right]^2+\cdots+\left[k\frac{u(x_n)}{x_n}\right]^2}$$

表 1.3-1 列出了常用函数的标准不确定度传递公式.

表 1.3-1　常用函数的标准不确定度传递公式

函数表达式	标准不确定度 $u_C(y)$	相对标准不确定度 $\frac{u_C(y)}{y}$
$y=x_1\pm x_2$	$\sqrt{u_C^2(x_1)+u_C^2(x_2)}$	$\sqrt{\frac{u_C^2(x_1)+u_C^2(x_2)}{(x_1\pm x_2)^2}}$
$y=x_1x_2$	$\sqrt{x_2^2u_C^2(x_1)+x_1^2u_C^2(x_2)}$	$\sqrt{\left[\frac{u_C(x_1)}{x_1}\right]^2+\left[\frac{u_C(x_2)}{x_2}\right]^2}$
$y=\frac{x_1}{x_2}$	$\sqrt{\frac{u_C^2(x_1)}{x_2^2}+\frac{x_1^2u_C^2(x_2)}{x_2^4}}$	$\sqrt{\left[\frac{u_C(x_1)}{x_1}\right]^2+\left[\frac{u_C(x_2)}{x_2}\right]^2}$
$y=kx$（k 为常数）	$ku_C(x)$	$\frac{u_C(x)}{x}$
$y=x^n$	$nx^{n-1}u_C(x)$	$n\frac{u_C(x)}{x}$
$y=\ln x$	$\frac{u_C(x)}{x}$	$\frac{u_C(x)}{x\ln x}$
$y=\cos x$	$\lvert\sin x\rvert u_C(x)$	$\lvert\tan x\rvert u_C(x)$
$y=\sin x$	$\lvert\cos x\rvert u_C(x)$	$\lvert\arctan x\rvert u_C(x)$
$y=\frac{x_1^kx_2^m}{x_3^n}$（$k$, m, n 为常数）	标准不确定度 $u_C(y)$	
	$u_C(y)=\sqrt{\left(\frac{kx_1^{k-1}x_2^m}{x_3^n}\right)^2u_C^2(x_1)+\left(\frac{mx_1^kx_2^{m-1}}{x_3^n}\right)^2u_C^2(x_2)+\left(\frac{nx_1^kx_2^m}{x_3^{n+1}}\right)^2u_C^2(x_3)}$	
	相对标准不确定度 $\frac{u_C(y)}{y}$	
	$\frac{u_C(y)}{y}=\sqrt{\left[\frac{ku_C(x_1)}{x_1}\right]^2+\left[\frac{mu_C(x_2)}{x_2}\right]^2+\left[\frac{nu_C(x_3)}{x_3}\right]^2}$	

4. 测量结果的报道

$$Y = y \pm u_C(y)\,(\text{单位})$$

或用相对标准不确定度E_y，$E_y = \dfrac{u_C(y)}{y}$，则

$$Y = y(1 \pm E_y)\,(\text{单位})$$

测量后，一定要计算标准不确定度，如果实验时间较少，不便于比较全面地计算标准不确定度，对于偶然误差为主的测量情况下，可以只计算 A 类标准不确定度作为总的不确定度，略去 B 类标准不确定度；对于系统误差为主的测量情况下，可以只计算 B 类标准不确定度作为总的不确定度.

计算 B 类标准不确定度时，如果查不到该类仪器的容许误差，可取$\varDelta$等于分度值或某一估计值，但要注明.

5. 测量不确定度计算举例

例 2 用单摆测重力加速度.

设摆长为l，摆动n次的时间为t，则

$$g = 4\pi^2 l / (t/n)^2$$

记录：用钢卷尺测摆长为 0.9722m（测 1 次），用游标卡尺测摆球直径为 1.265cm（测 1 次），摆动 50 次的时间为t，停表精度为 0.1s，摆角为3°.

t/s	99.32	99.35	99.26	99.22

$$l = 0.9722\text{m} + 0.01265\text{m}/2 = 0.97852\text{m}$$

$$t = 99.2875\text{s},\quad \sigma(t) = 0.058\text{s},\quad \sigma(\bar{t}) = 0.029\text{s}$$

按格罗布斯判据审查t值均可保留.

$$g = 4\pi^2 \times 0.97852/(99.2875/50)^2 = 9.7967(\text{m}/\text{s}^2)$$

不确定度的计算如下.

（1）l的标准不确定度.

来源于钢卷尺（参照 JJG 4—2015）

$$\varDelta = 0.5\text{mm},\quad u_B(l) = 0.5\text{mm}/\sqrt{3} = 0.29\text{mm}$$

来源于目测l，估计为

$$\varDelta = 0.5\text{mm},\quad u_A(l) = 0.5\text{mm}/\sqrt{3} = 0.29\text{mm}$$

游标卡尺引入的不确定度较小，略去不计，则

$$u_C(l) = \sqrt{0.29^2 + 0.29^2}\,\text{mm} = 0.41\text{mm}$$

（2）t的标准不确定度.

重复测量

$$u_A(t) = 0.029\text{s}$$

秒表引入的（参照 JJG 237—2010）

$$\varDelta = 0.3\text{s},\quad u_B(t) = 0.3\text{s}/\sqrt{3} = 0.17\text{s}$$

则

$$u_C(t)=\sqrt{0.029^2+0.17^2}\text{s}=0.17\text{s}$$

重力加速度 g 的标准不确定度

$$u_C(g)=g\sqrt{(0.00041/0.97852)^2+(2\times0.17/99.28)^2}=0.03\text{m}/\text{s}^2$$

测量结果

$$g=(9.8\pm0.03)\text{m}/\text{s}^2$$

由摆角、锤的直径、摆线质量及空气浮力等引入的不确定度较小，略去不计.

1.4　有效数字与数据处理

1.4.1　有效数字

为了取得准确的分析结果，不仅要准确测量，而且还要正确记录与计算. 所谓正确记录是指正确记录数字的位数. 因为数字的位数不仅表示数字的大小，也反映测量的准确程度. 所谓有效数字，就是实际能测得的数字.

1. 仪器读数、记录与有效数字

有效数字保留的位数，应根据分析方法与仪器的准确度来决定，一般使测得的数值中只有最后一位是可疑的. 一般来讲，仪器上显示的数字均为有效数字，均应读出（包括最后一位的估读）并记录. 例如，在分析天平上称取试样 0.5000g，这不仅表明试样的质量 0.5000g，还表明称量的误差在±0.0002g 以内. 如将其质量记录成 0.50g，则表明该试样是在台秤上称量的，其称量误差为 0.02g，故记录数据的位数不能任意增加或减少. 如在上例中，在分析天平上，测得称量瓶的质量为 10.4320g，这个记录说明有 6 位有效数字，最后一位是可疑的. 因为分析天平只能称准到 0.0002g，即称量瓶的实际质量应为（10.4320±0.0002）g，无论计量仪器如何精密，其最后一位数总是估计出来的. 因此，所谓有效数字就是保留末一位不准确数字，其余数字均为准确数字. 同时从上面的例子也可以看出，有效数字是和仪器的准确程度有关的，即有效数字不仅表明数量的大小，而且也反映测量的准确度.

我们把测量中能够直接读出的数字加上有可能估读出的数字统称为测量结果的有效数字，前者称为可靠数字，后者称为不可靠数字. 这里所说的有可能估读出的数字是指如刻度尺、温度计、指针式电表等直读式的仪器，可以而且要求估读的最小刻度以下的一位数字.

有效数字的位数与十进制单位的变换无关，即与小数点的位置无关，用以表示小数点位置的“0”不是有效数字；同样，由于单位变换在由测量所得到的数字后面的 0 也不是有效数字. 例如，某次测量长度的结果是 7.50cm，有效数字是 3 位，在单位变换时也可写成 0.0750m 或 75000μm，仍然只有 3 位有效数字. 为了避免混乱，物理实验和数据处理中采用科学记数法，就是任何数值都只写出有效数字，而数量级则用 10 的幂数表示，例如，上述数字可以写成 $7.50\times10^{-2}\,\mathrm{m}$ 或 $7.50\times10^{4}\,\mu\mathrm{m}$.

带有一位不可靠数字的近似数据叫有效数据，有效数字的位数是从左起第一位非零数字算起到最后一位数字（含零）的总位数，其最后一位即不可靠数字，是估读得到的，也是误差所在位.

2. 运算中遵守有效数字规则

（1）实验后计算不确定度，根据不确定度确定有效数字是正确决定有效数字的基本依据.

不确定度只取一位或两位有效数字，测量值的数值的有效数字是到不确定度末位为止，即测量值有效数字的末位和不确定度末位取齐. 例如，用单摆测得重力加速度为

$$g = (9.812 \pm 0.018)\mathrm{m/s^2}$$

不确定度取两位，测量值的有效数字的末位是和不确定度末位同一位的 2.

（2）实验后不计算不确定度时，测量结果有效数字的位数只能按以下规则粗略地确定.

（a）加减运算后的有效数字. 加减运算后的末位，应当和参加运算各数中最先出现的不可靠位一致.

例如，$213.2\underline{5} + 16.\underline{7} + 0.12\underline{4} = 230.074$，结果为 230.1（数字下有横线的是不可靠数，仍算有效数字）.

（b）乘除运算后的有效数字. 乘除运算后的有效数字位数，可估计为和参加运算各数中有效数字位数最少的相同.

例如，$325.78\times0.0145\div789.02 = 0.00599$（三位）.

（c）三角函数、对数值的有效数字. 测量值 x 的三角函数或对数的位数，可由 x 函数值与 x 的末位增加一个单位后的函数值相比较确定.

例如，$x = 43°26'$，求 $\sin x$.

由计算器（或查表）求出

$$\sin 43°26' = 0.6875100985$$

$$\sin 43°27' = 0.6877213051$$

由此可取 $\sin 43°26' = 0.6875$.

3. 使用有效数字规则时的注意事项

（1）物理公式中有些数值不是实验测量值，例如，测量圆柱体的直径 d 和长度 l，求其体积 V 的公式 $V = \frac{1}{4}\pi d^2 l$ 中的 $\frac{1}{4}$ 不是测量值，在确定 V 的有效数字时不必考虑 $\frac{1}{4}$ 的位数.

（2）对数运算时，首数不算有效数字.

（3）首位是 8 或 9 的 m 位数值在乘除运算中，计算有效数字位数时，可多算一位.

例如，$9.81\times16.24 = 159.3$，9.81 是三位有效数字，结果 159.3 是四位有效数字.

（4）有多个数值参与运算时，在运算中途应比按有效数字运算规则规定的多保留一位，以防止由于多次取舍引入计算误差，但运算到最后仍应舍去.

例如，

$$
\begin{aligned}
&3.144\times(3.615^2-2.684^2)\times12.39\\
&=3.144\times(13.068-7.2039)\times12.39\\
&=3.144\times5.864\times12.39=228.4
\end{aligned}
$$

1.4.2　实验数据常用的处理方法

1. 直接比较法

对于某些物理实验，只需通过定性地确定物理量间的关系，或将实验结果与标准值相比较，就可得出实验结论，则可应用直接比较法.

2. 描迹法

描迹可形象直观地反映实验结果. 如在“电场中等势线的描绘”的实验中，用描迹法描绘等势线等.

应用描迹法时应注意：

（1）所描出的曲线或直线应是平滑的，不应有突然的转折；

（2）个别点若偏离所描出的曲线太远，可认为是某种偶然因素所致，一般可将这样的点舍去；

（3）为能较准确地描述所记录的曲线，实验所记录的点的总数不能太少，且应在所描范围内大致均匀分布.

3. 平均法

取算术平均值是减小偶然误差常用的数据处理方法，把待测物理量的若干次测量结果值相加后除以测量次数. 平均法的基本原理是：在多次测量中，由偶然误差引起的正、负偏差出现的机会相等. 故将多次的测量值相加时，所有偏差的代数和为零.

在求平均值时应注意在什么情况下求平均值，例如，测薄透镜焦距时，应对每一组物距和像距求得的多个焦距值求平均值，而不应对各个物距和像距求平均值.

4. 列表法

把待测物理量分类列表表示出来，需说明记录表的要求、主要内容. 列表法有制表方便、形式紧凑、数据易于比较等优点. 列表法还常常是图表法的基础. 列表法应注意以下几个方面：

（1）项目应包括名称及单位；

（2）实验测得的数据应按测量结果，取恰当的有效数字填入；

（3）自变量应按逐渐增大或减小的顺序排列.

5. 作图法

建立合理的坐标系，将实验数据作为坐标点在坐标系中表示出来，寻找坐标点之间的规律，作图处理数据的优点是直观、明显. 由图像的斜率、截距、包围的面积，外推可以研究物理量之间的规律.

作图时应注意以下几个方面：

（1）坐标轴代表的物理量要合理，这样便于找出规律，一般多选用直线作图法，因为直线明了直观，而曲线的规律不易判定；

（2）坐标建立要规范，坐标轴上要标明物理量、对应单位，注意正确选取横轴和纵轴的标度、横坐标和纵坐标的比例以及坐标起点，使作出的图像大致布满整个图纸. 如在“测电池电动势和内阻”的实验中，纵坐标 U 的起点可以不为零；

（3）选点要恰当，作图要规范，直线至少取 5 点，曲线取 10～15 点，且在曲线弯曲处取点密集一些；对直线作图，应使直线通过尽可能多的点，不通过的点应均匀分布在直线两侧；对曲线作图要平滑，不能作成折线，对于有些特异性的点可以分析取舍；

（4）根据图像分析图线的斜率、截距等物理意义，计算斜率时应选取直线上相距较远的两点，而不一定要选取原来的数据点，这样便于取得更精确的平均值.

6. 逐差法

如果两个物理量之间满足线性关系 $y=kx+b$，而且自变量 x 等间距变化，则可以采用逐差法处理实验数据. 逐差法的特点是充分利用多次测量的实验数据，起到减小测量误差的作用.

逐差法的计算程序如下：

（1）将测量数据列表；

（2）将因变量按测量先后次序分成两组

$$y_1, y_2, \cdots, y_n$$

$$y_{n+1}, y_{n+2}, \cdots, y_{2n}$$

（3）将对应项相减

$$\Delta y_1 = y_{n+1} - y_1$$

$$\Delta y_2 = y_{n+2} - y_2$$

$$\cdots\cdots$$

$$\Delta y_n = y_{2n} - y_n$$

（4）求差值的平均值

$$\overline{\Delta y} = \frac{y_{n+1} - y_1 + y_{n+2} - y_2 + \cdots + y_{2n} - y_n}{n}$$

$$= \frac{\Delta y_1 + \Delta y_2 + \cdots + \Delta y_n}{n}$$

7. 最小二乘法

若两个变量之间满足线性关系，且 x 的测量误差远小于 y 的测量误差，由实验等精度

测得一组数据 x_i，y_i（$i=1,2,3,\cdots,n$），则可以用最小二乘法拟合得到最佳直线 $y=Bx+A$. 最小二乘法是一种线性回归方法，拟合系数 B 和 A 分别称为回归系数和回归常数. 最小二乘法的优点是更加客观准确，同一组数据拟合出的直线是唯一的，克服了用作图法拟合直线的人为不确定性.

根据最小二乘原理，最佳拟合直线应使得测量值 y_i 与拟合直线上相应各估计值 y（在同一 x_i 处）之间的偏差的平方和最小，即

$$\delta=\sum[y_i-y(x_i)]^2 \text{最小}$$

将直线方程 $y=Bx+A$ 代入，得

$$\delta=\sum[y_i-(Bx_i+A)]^2 \text{最小}$$

所以 B 和 A 应是下列方程的解：

$$\begin{cases}\dfrac{\partial\delta}{\partial B}=-2\sum[(y_i-Bx_i-A)x_i]=0\\[2ex]\dfrac{\partial\delta}{\partial A}=-2\sum(y_i-Bx_i-A)=0\end{cases}$$

如果测量的数据为 n 组，则回归系数 B 和回归系数 A 应满足以下方程：

$$\begin{cases}nA+\sum\limits_{i=1}^{n}x_iB=\sum\limits_{i=1}^{n}y_i\\[2ex]\sum\limits_{i=1}^{n}x_i A+\sum\limits_{i=1}^{n}x_i^2B=\sum\limits_{i=1}^{n}x_iy_i\end{cases}$$

令 $\overline{x}=\dfrac{1}{n}\sum\limits_{i=1}^{n}x_i$，$\overline{y}=\dfrac{1}{n}\sum\limits_{i=1}^{n}y_i$，$\overline{x^2}=\dfrac{1}{n}\sum\limits_{i=1}^{n}x_i^2$，$\overline{xy}=\dfrac{1}{n}\sum\limits_{i=1}^{n}x_iy_i$，则

$$B=\frac{\sum\limits_{i=1}^{n}x_iy_i-\sum\limits_{i=1}^{n}x_i\sum\limits_{i=1}^{n}y_i}{\sum\limits_{i=1}^{n}x_i^2-\left(\sum\limits_{i=1}^{n}x_i\right)^2}=\frac{\overline{xy}-\overline{x}\cdot\overline{y}}{\overline{x}^2-\overline{x^2}}$$

$$A=\frac{\sum\limits_{i=1}^{n}y_i-B\sum\limits_{i=1}^{n}x_i}{n}=\overline{y}-B\overline{x}$$

各参量的不确定度可以这样估算

$$u(y)=\sqrt{\frac{\sum[y_i-(A+Bx_i)]^2}{n-2}}$$

$$u(B)=\sqrt{\frac{1}{n(\overline{x}^2-\overline{x^2})}}u(y)$$

$$u(A)=\sqrt{\overline{x}^2}u(B)=\sqrt{\frac{\overline{x}^2}{n(\overline{x}^2-\overline{x^2})}}u(y)$$

常用相关系数 r 表示两变量之间线性关联的紧密程度

$$r=\frac{n\sum_{i=1}^{n}x_i y_i-\sum_{i=1}^{n}x_i\sum_{i=1}^{n}y_i}{\sqrt{\left[n\sum_{i=1}^{n}x_i^2-\left(\sum_{i=1}^{n}x_i\right)^2\right]\left[n\sum_{i=1}^{n}y_i^2-\left(\sum_{i=1}^{n}y_i\right)^2\right]}}$$

r 的取值在（−1, 1）范围内，r 的绝对值越接近 1，说明实验数据用线性拟合比较合适；r 的绝对值越接近 0，说明实验数据不能用线性拟合. 对于非线性关系的实验数据，也可以通过曲线改直的方法进行合适的变量代换，然后再利用最小二乘法来求解物理量或求得经验公式. 利用最小二乘法处理数据时，同样要注意异常数据的剔除.

第 2 章　物理实验常用仪器及其使用

在物理实验中，当实验方法确定之后，就需要选择适当的仪器进行实验. 物理实验仪器种类繁多，有力、热、电、光等各种类型. 要想正确地选择仪器，就必须事先了解仪器的性能、原理，掌握使用方法. 本章介绍物理实验中最基本的实验仪器.

2.1　基本的长度测量仪器

长度是最基本的物理量之一. 长度测量是最基本的测量，除用图形和数字显示的仪器外，大多数的测量仪器都要转化为长度（包括弧长）显示. 因而能正确测量长度，快捷准确地读出各种分度尺是实验工作的最基本技能之一.

实验中最常用的长度测量器具有米尺（钢直尺、钢卷尺)、游标卡尺、螺旋测微器、读数显微镜和测微目镜等.

2.1.1　米尺

米尺在物理实验中是用来测量长度的最基本的仪器. 它是在质地坚硬、耐磨、不易伸缩的尺身上，刻上最小分度值为 1mm 的均匀刻线形成的. 钢直尺、钢卷尺和皮尺都属于米尺的范围，实验室中一般使用比较准确的钢直尺和钢卷尺.

由于米尺的端边容易磨损，为了减少误差，一般不把米尺的端边作为测量起点，而是选择米尺上的某一刻度作为起点. 测量时应把米尺上有刻度的一面紧贴待测物，读数时视线应垂直刻度，以减少读数视差引起的测量误差.

考虑米尺的刻度可能不均匀，应该选取不同的起点进行多次测量，用平均值表示测量结果.

用米尺测量时，常可估读到 0.1mm.

2.1.2　游标卡尺

1. 构造

游标卡尺又称游标尺或卡尺. 游标卡尺的构造如图 2.1-1 所示，它由主尺、游标、尾尺、内量爪、外量爪、紧固螺钉等组成. 游标紧贴着主尺滑动；外量爪用来夹持待测物，可以测量长度及外径；内量爪用来测量内径或槽宽；尾尺用来测量槽或孔的深度. 它们的读数（测量值）均可通过主尺和游标两零刻度线间的距离（长度）来度量；紧固螺钉在测量物体时用来固定游标，便于读数.

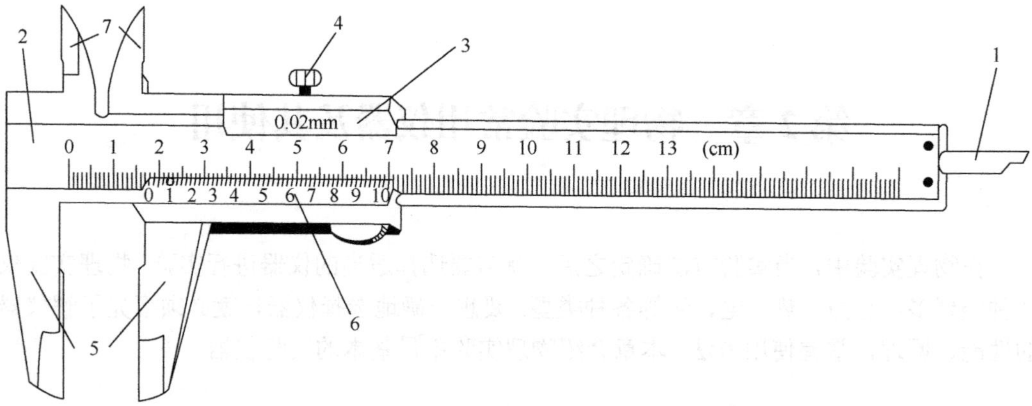

图 2.1-1　游标卡尺的构造

1. 尾尺；2. 主尺；3. 尺框；4. 紧固螺钉；5. 外量爪；6. 游标；7. 内量爪

2. 读数原理

游标卡尺的主尺和普通钢卷尺一样，最小分度值为 1mm. 游标则有多种分度规格，常见的有 10 分度、20 分度、50 分度三种. 10 分度的卡尺是指主尺上的 9 个分格与游标上的 10 个分格同长度，20 分度的卡尺是指主尺上的 19 个分格的长度与游标上的 20 个分格同长度……即游标上 n 个分度的总长与主尺上 $(n-1)$ 个分度的总长相等. 因此，若设主尺每分度长为 a mm，游标每分度长为 b mm，据上面介绍，则有

$$(n-1)a = nb$$

$$(a-b)n = a$$

解之得

$$a - b = \delta = \frac{a}{n} \tag{2.1-1}$$

式中，$\delta = a - b = \dfrac{a}{n}$ 称为游标卡尺的分度差，代表着游标卡尺能读出的最小读数，其值越小，其精度就越高，因此，常将游标卡尺的分度差 δ 称为游标卡尺的精度或最小分度值.

容易算出，10 分度的精度

$$\delta_{10} = \frac{1}{10}\text{mm} = 0.1\text{mm}$$

20 分度的精度

$$\delta_{20} = \frac{1}{20}\text{mm} = 0.05\text{mm}$$

50 分度的精度

$$\delta_{50} = \frac{1}{50}\text{mm} = 0.02\text{mm}$$

下面以 10 分度尺为例来讨论卡尺的读数原理.

如图 2.1-2 所示，游标尺零刻度线和主尺零刻度线间的距离为被测长度 L，其数值由游标尺上零刻度线的位置读出. 这一数值包括两部分，L 的毫米以上的整数部分 l 可以从主尺上直接读出，图中$l=9$mm，至于 9mm 刻度线与游标尺零刻度线间的毫米以下部分Δl则应从游标尺上读出，这时应细心地寻找与主尺对得最齐的那条刻度线. 图中游标尺上第 8 条刻度线与主尺某一刻度线对齐，即游标尺相对主尺 9mm 刻度线右移了 8δ 的距离，这个距离正是Δl. 所以测量结果是$L=l+\Delta l=9+8\delta=9.8$mm.

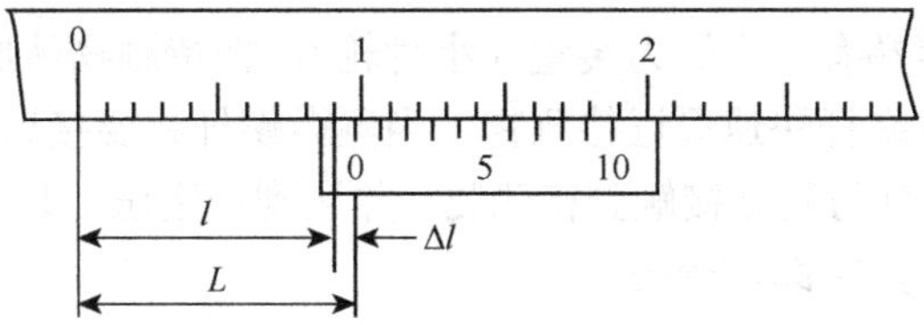

图 2.1-2　游标卡尺的读数方法

3. 注意事项

（1）测量前应合拢量爪，检查游标零线和主尺零线是否重合，若不重合，则应记下零线读数，对测量结果需进行修正.

（2）用游标卡尺测物体时，松紧要适度，以免损坏卡尺或待测物. 游标卡尺在使用时严禁磕碰，以免损坏量爪或尾尺.

2.1.3　螺旋测微器

1. 构造

螺旋测微器是比游标卡尺更精密的长度测量仪器，可用于测量金属丝的直径和薄片的厚度等较小的长度.

螺旋测微器的构造如图 2.1-3 所示，主要由测微螺杆、固定套管等组成，测微螺杆的右端带一个具有 50 分度的微分筒，固定套管的螺距为 0.5mm. 当微分筒转过一个分度时，测微螺杆前进或后退 0.01mm.

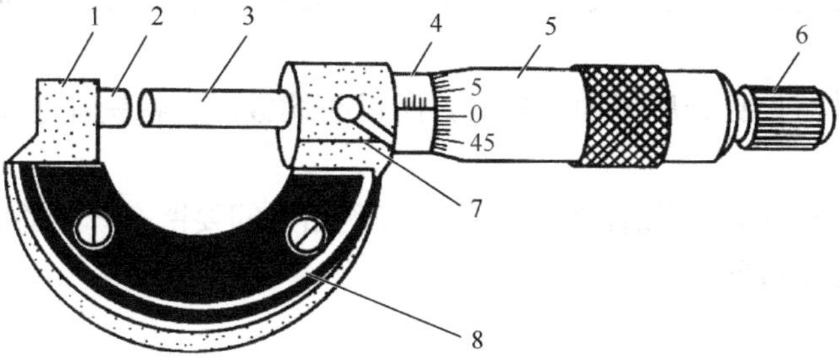

图 2.1-3　螺旋测微器

1. 尺架；2. 测砧；3. 测微螺杆；4. 固定套管；5. 微分筒；6. 测力装置；7. 锁紧装置；8. 绝热装置

2. 测微原理及使用方法

螺旋测微器是根据螺旋推进原理设计的. 假设螺距为a，微分筒的分度数为n，当微分筒相对于固定套管转动一周时，测微螺杆将沿轴线方向前进或后退一个螺距 a，因而当微分筒转过一个分格时，螺杆移动 a/n（mm），这就使沿轴线方向的微小长度用圆周上较大的长度精确地表示出来，实现了机械放大，从而提高了精确度. 若螺距为 0.5mm，微分筒为 50 分度，则其分度值为 0.5mm/50 = 0.01mm = 0.001cm，即千分之一厘米，故螺旋测微器又称千分尺.

在螺旋测微器的尾端有一个测力装置（小棘轮），把待测物体放在测砧与测微螺杆之间，转动微分筒使测微螺杆快速逼近待测物，当测微螺杆将要接近但没有接触待测物时，转动小棘轮，使测微螺杆与测砧接触到待测物，并达到一定压力时，即听到“咔、咔”声，这说明小棘轮已打滑，此时即可读数.

读数时先根据微分筒的边缘在固定套管上的位置，读出毫米与半毫米的数值，再根据固定套管的中心横线读出微分筒上 0.5mm 以内的读数，两者相加就是测量值. 在图 2.1-4 中，（a）的读数为 4.180mm，（b）的读数为 4.685mm，（c）的读数为 1.976mm. 其中最后一位是估计读数.

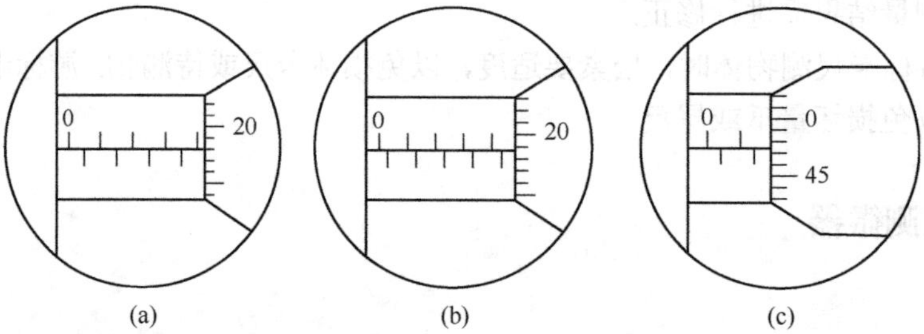

图 2.1-4　螺旋测微器读数方法

3. 注意事项

（1）测量前先检查零点读数. 不加待测物而使测微螺杆和测砧接触时，微分筒上的零线应当刚好与固定套管上的横线对齐. 如果不对齐，测量前应记下零点读数，顺刻度方向读出的零点读数记为正值，逆刻度方向读出的零点读数记为负值. 测量值为测量读数减去零点读数值.

（2）螺旋测微器尺身分度值为 0.5mm，所以在读数时要特别注意半毫米刻度线是否露出来.

（3）螺旋测微器使用完毕后，在测微螺杆和测砧之间要留有一定的间隙，以免螺杆受热膨胀而损坏螺旋测微器.

2.1.4　读数显微镜

1. 构造

读数显微镜又叫测量显微镜或工业显微镜. 它是将显微镜和螺旋测微装置组合起来，用来测量微小距离或微小距离变化的精密仪器. 它的优点是可以实现非接触测量，如毛细管的内径、狭缝的宽度、干涉条纹的宽度等. 读数显微镜的型号很多，这里以 JCD-Ⅱ型为例，其量程为 50mm，最小分度值为 0.01mm. 读数显微镜的外形图如图 2.1-5 所示.

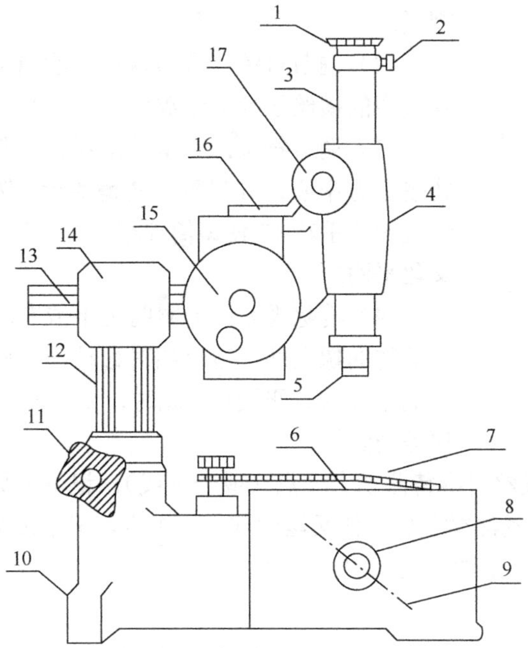

图 2.1-5　读数显微镜的外形图

1. 目镜；2. 目镜锁紧螺钉；3. 目镜套筒；4. 镜筒；5. 物镜；6. 测量工作台；7. 压片；8. 旋钮；9. 反光镜；10. 底座；11. 紧固螺钉；12. 立柱；13. 支架；14. 固定螺丝；15. 测微鼓轮；16. 标尺；17. 调焦手轮

读数显微镜的目镜 1 安插在目镜套筒 3 的上端，其内装有十字叉丝. 目镜锁紧螺钉 2 可以固定目镜的位置. 物镜 5 直接旋在镜筒 4 上，转动调焦手轮 17 可以使显微镜筒上下移动进行调焦. 支架 13 紧固在立柱 12 的适当位置上. 测量工作台 6 装配在底座 10 上，立柱 12 可用紧固螺钉 11 制紧，反光镜 9 在工作台下，可以转动，从而得到明亮的视场.

读数显微镜与测微螺杆上的螺母套管相连，旋转测微鼓轮 15，就转动了测微螺杆，从而带动显微镜左右移动. 测微螺杆的螺距为 1mm，测微鼓轮圆周上刻有 100 个分格，分度值为 0.01mm. 读数方法类似于螺旋测微器，毫米以上的读数从标尺 16 上读取，毫米以下的读数从测微鼓轮上读取. 由于螺纹配合存在间隙，所以螺杆由正转到反转时必空转，反之亦然. 这种空转会造成读数误差，故测量过程中必须避免空回，应使测微鼓轮始终朝同一方向旋转时读数.

2. 读数显微镜的光学系统

读数显微镜的光学系统如图 2.1-6 所示，外界光线通过反光镜 9 垂直向上反射，与测量工作台 6 上的待测物相遇，被照亮的工件和背景由物镜 5 放大后，再进入目镜 1 成像在分划板上（分划板上刻有十字叉丝），经过目镜进入观察者眼中.

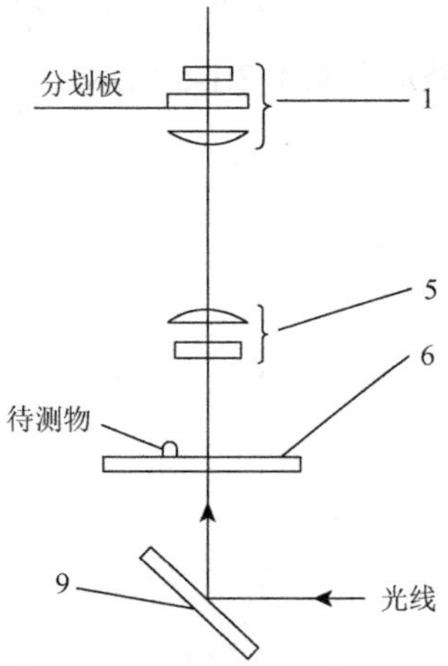

图 2.1-6　读数显微镜的光学系统

3. 使用方法

（1）利用工作台下面附有的反光镜，使显微镜有明亮的视场.

（2）调节目镜：调节目镜，看清叉丝，调节叉丝方向，使其中的横丝平行于读数标尺，亦即平行于镜筒移动方向.

（3）调节物镜：先从外部观察，降低物镜使待测物处于物镜下方中心，并尽量与物镜靠近. 然后通过目镜观察，并通过调焦手轮 17 使镜筒缓缓升高，直至待测物清晰地成像于叉丝平面.

（4）消除视差：当眼睛上下或左右少许移动时，叉丝和待测物的像之间不应有相对移动，否则表示存在视差，说明它们不在同一平面内. 此时，要反复调节目镜和物镜，直至误差消除.

（5）读数：先让叉丝对准待测物上一点（或一条线），记下读数，注意这个读数反映的只是该点的坐标. 转动测微鼓轮，使叉丝对准另一个点，记下读数，这两点间的距离就是两次读数之间的差值. 读数一定要防止空回.

2.2　基本的质量测量仪器

质量是描述物体本身固有性质的物理量，是基本的物理量之一. 物体质量的测定是科研及实验中的一个重要的物理测定. 常用的质量测量仪器有物理天平和分析天平.

2.2.1　物理天平

1. 构造

物理天平是常用的测量物体质量的仪器. 它的构造如图 2.2-1 所示，主要由底板、立柱、横梁和两个秤盘组成. 横梁上有三个刀口，中间刀口置于固定在升降杆顶端的刀垫上，作为横梁的支点，两侧的刀口各悬挂一个秤盘. 制动旋钮可使横梁上升或下降，横梁上升时，横梁即可灵活地摆动，进行称衡；横梁下降时，支架就会把它托住，避免刀口磨损. 横梁下面固定一个指针，横梁摆动时，指针的尖端在固定于立柱下方的标尺前左右摆动，以此来判断天平是否平衡. 当横梁平衡时，指针应指在标尺的中央位置. 横梁的两端有两个平衡螺母，用于天平空载时调整平衡. 横梁上装有游码，用于称量 1g 以下的物体. 底板上装有水准仪，调节底板前的调平螺丝，当水准仪中的气泡居中时，立柱处于铅直位置.

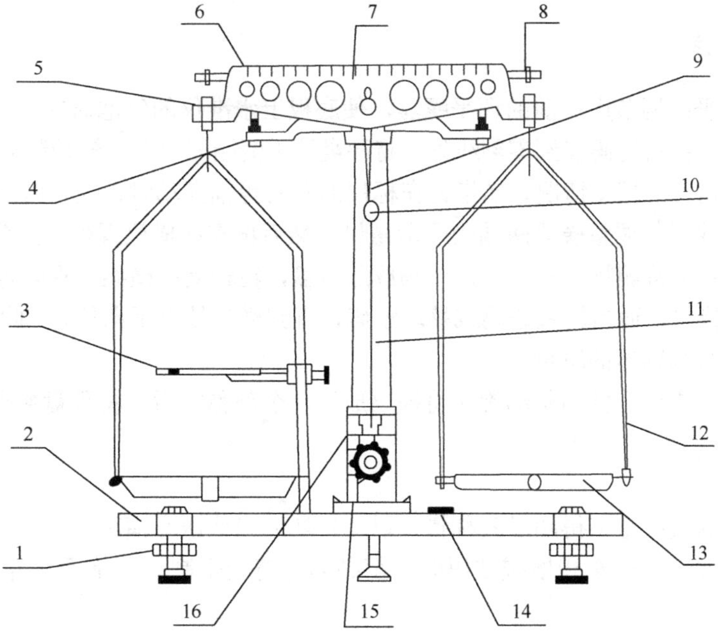

图 2.2-1 物理天平的构造

1. 水平螺丝；2. 底板；3. 托架；4. 支架；5. 刀口；6. 游码；7. 横梁；8. 平衡调节螺母；9. 读数指针；10. 感量调节器；11. 立柱；12. 盘梁；13. 秤盘；14. 水准器；15. 制动旋钮；16. 读数标尺

2. 性能指标

1）灵敏度

表示托盘每增加单位负载（质量）所引起的指针在标尺上的偏移格数，即

灵敏度 = 指针偏移格数/托盘增加质量

2）感量

灵敏度的倒数称为感量，表示天平平衡时，为使指针偏转一个小格在一端托盘所需增加的最小质量. 感量越小，天平的灵敏度就越高.

3）称量

天平允许称量的最大质量称为最大称量，有时亦简称为称量.

4）精度

天平感量与最大称量之比称为天平的精度，亦称为天平的级别. 我国的天平精度级别分为 10 级，如表 2.2-1 所示.

表 2.2-1 天平精度的分级

精度级别	1	2	3	4	5	6	7	8	9	10
(感量/最大称量)/($\times10^{-6}$)	0.1	0.2	0.5	1	2	5	10	20	50	100

3. 使用方法

（1）调水平：调节底板前的调平螺丝，使底板上水准仪的气泡居中.

（2）调零点：将游码移到零刻线处，将秤盘挂于两端刀口上，转动制动旋钮，支起天平横梁，观察指针的摆动情况，当指针在标尺的左右等幅摆动时，天平就平衡了. 如不平衡，应将横梁放下，调整横梁两端的平衡螺母，然后再支起横梁观察，直到平衡.

（3）称衡：将待测物放入左盘，砝码放入右盘，轻轻支起横梁，观察是否平衡. 如不平衡，则放下横梁，适当加减砝码或移动游码，直到横梁处于平衡位置. 此时砝码质量加游码质量即为待测物体的质量.

（4）称衡完毕后，转动制动旋钮将横梁放下，全部称完后，将秤盘摘离刀口.

4. 注意事项

（1）天平的负载量不得超过其称量，以免损坏刀口或压弯横梁.

（2）在进行天平调整和增减砝码时，都必须先将天平制动，绝不允许在摆动中进行操作.

（3）砝码不能用手拿，只能用镊子夹取，从秤盘中取下后应立即放入砝码盒中.

（4）高温物体、液体及带有腐蚀性的化学药品不能直接放入秤盘中称量.

2.2.2　分析天平

分析天平的构造原理和物理天平一样，所不同的是它具有更高的灵敏度，被安放在玻璃柜中. 它的各种技术指标也与物理天平类似，只是具体数值不同.

为了适应高灵敏度要求，分析天平的各部分都加工得比较精细，特别是它的刀口和刀承都是用玛瑙和红玉石精密磨制的，刀口耐磨性高，能保持比较锐利的刀刃，但比较脆，受到冲击时容易产生裂纹或缺损，因此，使用时更要注意操作规程. 分析天平是放在一个能让大量光线通过的玻璃柜子中，可使天平避免灰尘、空气流动和偶然冲击的影响.

用分析天平时，10mg 以下的小砝码可用游码代替，游码用细金属丝做成弯钩状，跨置在游码标尺上，游码标尺的中间刻度为零，两端各有 10 个大刻度，每个大刻度表示 1mg. 例如，将游码放置在游码标尺右边“5”处，相当于右盘加 5mg 砝码，游码标尺上每一大格又分为 10 小格或 5 小格，最小分度值为 0.1mg 或 0.2mg. 游码的安放和取下利用游码滑杆一端的小钩，不必打开柜门.

2.3　基本的时间测量仪器

时间是基本物理量之一，许多物理量的测量都归结为时间的测量. 时间的测量在现代科技、工农业、国防等领域以及物理实验中都有着重要的地位.

常用的计时仪器主要有秒表（机械式或电子式）和数字毫秒计等.

2.3.1　机械秒表

机械秒表的外形如图 2.3-1 所示，表盘上有一个长的秒针和短的分针，长针每转一圈是 30s. 表盘上的数字分别是秒和分的数值. 这种秒表的分度值是 0.1s，还有一圈表示 60s、10s、3s 的秒表.

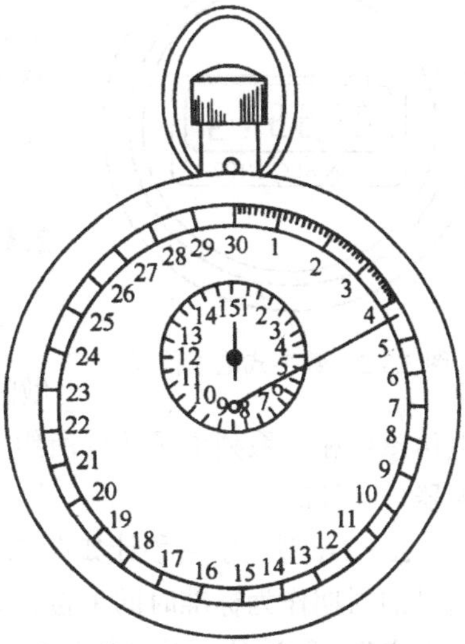

图 2.3-1　机械秒表的外形

秒表上端有个柄头，用于旋紧发条和控制秒表的走动和停止. 使用前先上发条，但不宜上得过紧，以免发条受损. 测量时用手握住秒表，将柄头置于大拇指的关节下，并预先用平稳的力将其稍稍压住，当计时开始时，突然用力将其按下，秒表便开始走动. 当需要秒表停止时，可依同上方法再按一次. 第三次再按时，秒针和分针都弹回零点. 也有一些秒表用不同的柄头或键钮分别控制走动、停止和回复.

注意事项：

（1）使用前上紧发条，但不要过紧，以免发条断裂；

（2）检查零点是否准确为零，如不指零，应记下读数，并对测量结果进行修正；

（3）按端钮时不要用力过猛，不要摔碰秒表，以免损坏机件；

（4）秒表的起动和停止各有 0.1s 的误差，因此可取 $\Delta t_{估} = 0.2s$；

（5）避免在强磁场环境中使用，避免在潮湿、含有腐蚀性介质的环境中使用与保存，后盖不要随便拧开；

（6）实验结束后，应让秒表继续走动，使发条放松.

2.3.2　电子秒表

电子秒表是数字显示秒表，它是一种比较精密的电子计时仪器. 电子秒表的机芯全部由电子元件组成，利用石英振荡频率作为时间基准，经过分频、计数、译码、驱动，最后由液晶显示器显示所测量的时间. 常用六位液晶显示器显示，具有精度高、显示清楚、使用方便、功能较多等优点. 电源常为纽扣式电池.

电子秒表具有基本秒表显示、累加计时、取样和计时等功能. 它的最小测量单位为 0.001s，最长可测 59min59.99s. 和机械秒表一样，一般可取 $\Delta t_{估} = \pm 0.2s$.

电子秒表一般配有三个按钮，控制着不同的显示状态. 如图 2.3-2 所示，各按钮的作用如下.

S_1 按钮：起动/停止、调整、计时/计历.

S_2 按钮：暂停/回零、调整位置、分段计时.

S_3 按钮：状态选择.

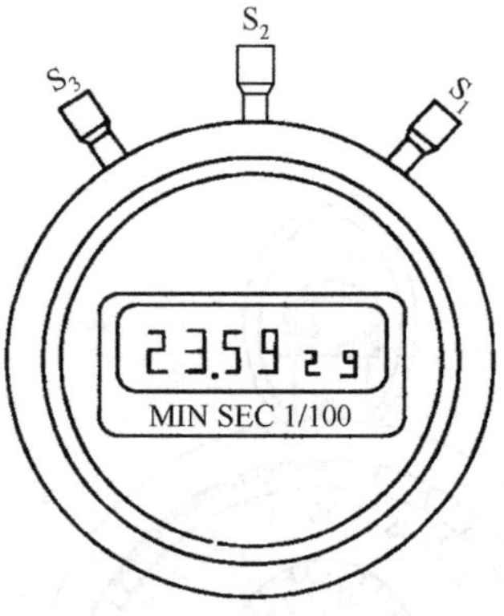

图 2.3-2 数字式电子秒表

使用方法：

在计时显示的情况下，按一下 S_3，即可呈现秒表功能，数字显示全为零. 按一下 S_1，即可开始自动计时，当再按一下 S_1 时，停止计时，如图 2.3-2 所示，液晶显示的时间为 23min59.29s，即为测量的时间. 要想恢复正常计时显示，再按一下 S_3 即可.

2.3.3 数字毫秒计

数字毫秒计的基本原理是利用一个频率高的石英晶体做时间信号发生器，不断地产生标准的时基信号，并通过光电传感器和一系列电子元件所组成的控制电路来控制时基信号进行计时，也可利用光电探测器自动计时.

JSJ-3A 型数字毫秒计如图 2.3-3 所示，它是以 10kHz 石英晶体振荡器输出的方波脉冲信号的周期作为标准时间单位，即 0.1ms. 开始计时和停止计时的控制信号由光电元件或电键产生. 脉冲信号从开始计时到停止计时的时间间隔推动计数器计数. 计数器所显示的脉冲个数就是以标准时间为单位的被测时间. “光控”分 A 和 B 两种功能，可根据具体情况选用. A 挡记录遮光时间，即光敏二极管的光被遮挡的时间；B 挡记录两遮光信号的时间间隔，即遮挡一下光敏二极管的光照计数器开始计数，再遮挡一下计数器便停止计时，两次遮光信号的时间间隔由数码管显示出来. 用“机控”时将双线插头插入“机控”插座. 当双线插头的两根导线接通时开始计时，断开时停止计时.

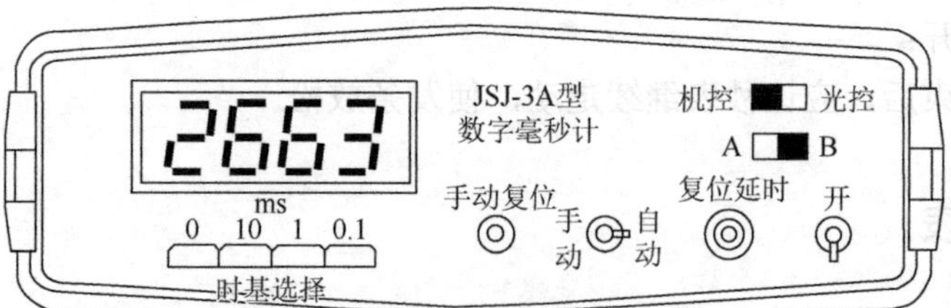

图 2.3-3 JSJ-3A 型数字毫秒计

“自动复位”和“手动复位”指数码显示管显示的数字恢复为零方式. 利用“自动复位”时，数字显示时间的长短可由“复位延时”电位器进行调节.

“时基选择”开关按测量需要选择，有 0.1ms、1ms、10ms 各挡.

2.3.4 MUJ-Ⅱ型电脑通用计数器

MUJ-Ⅱ型电脑通用计数器是以 MCS-51 单片机为核心的智能化数字测量仪表，它具有测频、测周期、计时、测转速、计数等功能. 图 2.3-4 是其前面板图，图 2.3-5 是其后面板图，该机采用了薄膜面板和触摸开关，可使用触摸开关进行人机对话、预置光电门个数和被测周期、选择显示方式等，还具有暂停功能，按下暂停键，一切测量都停止，显示停在暂停前的测量结果上. 该机所有功能键上都设有指示灯，指示当前执行的功能，本机还设有发声电路，当触摸功能键时，如果触摸有效，则发出短促的声响，在计量溢出时会发声提示.

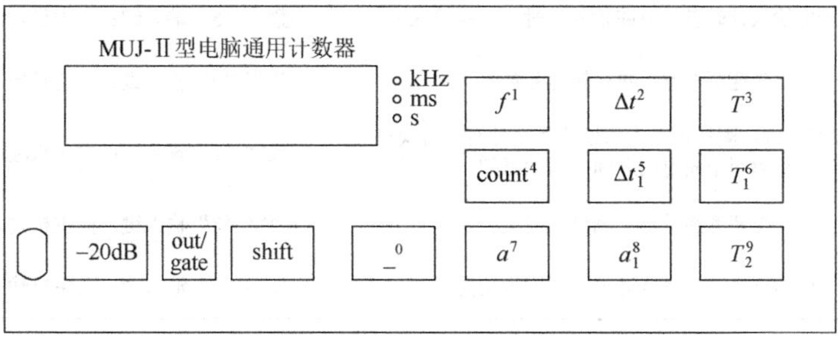

图 2.3-4　前面板图

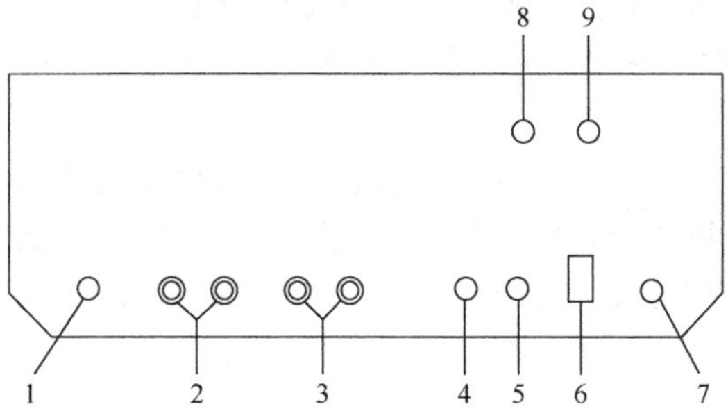

图 2.3-5　后面板图

1. 频标输入插口；2. 光电输入 P_1 插口；3. 光电输入 P_2 插口（均可接两个光电门）；4. 电源开关；5. 电源保险；6. 接 220V 电源；7. 大屏幕显示器接口；8. 直流输出保险；9. 直流输出插口 DC6V 1A

使用方法：

电脑通用计数器各键功能见表 2.3-1. 直接按任意键为一态，先按 shift 再按功能键为二态.

表 2.3-1　电脑通用计数器各键功能

键符	一态功能	二态功能
−20dB	电信号衰减键：被测信号衰减 20dB	
out / gate	时标输出：每按键一次，时标更换一挡，显示器显示	时标选择：由后面板 1 口输出选定时脉冲
shift	上下位功能选择键：按下此键，各键执行上位功能	
$\_^0$	光电门输入键：预选光电门数和显示内容	数字“0”输入键：向主机输入数字“0”
f^1	测频键：测量电信号频率	数字“1”输入键：向主机输入数字“1”

续表

键符	一态功能	二态功能
Δt^2	计时键：执行光电计时功能（P_1 口输入）	数字“2”输入键：向主机输入数字“2”
T^3	电信号周期测量键：执行电信号后期测量	数字“3”输入键：向主机输入数字“3”
count^4	光电计数键：执行光电计数功能	数字“4”输入键：向主机输入数字“4”
Δt_1^5	两路光电输入计时键：双路输入计时（P_1P_2 输入）	数字“5”输入键：向主机输入数字“5”
T_1^6	转速测量键：执行转速测量	数字“6”输入键：向主机输入数字“6”
a^7	加速度测量键：测量各光电门处的挡光时间及滑块在相邻两个光电门之间的运动时间	数字“7”输入键：向主机输入数字“7”
a_1^8	加速度测量键：测量加速度	数字“8”输入键：向主机输入数字“8”
T_2^9	周期测量键：执行光控周期测量功能	数字“9”输入键：向主机输入数字“9”

该机功能较多，这里仅介绍加速度测量的操作方法.

（1）两个光电门分别接在后面板光电门输入 P_1 及 P_2 口上（见图 2.3-5）.

（2）按 out / gate 键，每按一次，显示器的小数点就变化一次，根据需要选择单位及小数点位置.

（3）按 a^7 键，再按 $\_^0$ 键，再按 Δt^2 键，显示管上显示出_2 即可开始做实验.

（4）使安装好挡光板的滑动器依次通过气轨上的光电门，计数器循环显示挡光板通过第一、第二光电门的时间 Δt_1、Δt_2 及两光电门之间的时间 Δt_{12}.

（5）按 a^7 键清零.

2.4　基本的温度测量仪器

温度是表示物体受热程度或其热状态程度的物理量，是热学中的基本物理量之一. 许多物质的特征参数与温度有着密切的关系，因此在科学研究和农业生产中对温度的控制和测量显得特别重要.

测量温度的仪器很多，物理实验中测量温度的基本仪器有液体温度计、热电偶温度计、电阻温度计等.

2.4.1　液体温度计

以液体为感温物体，根据液体体积热胀冷缩特性制成的温度计称为液体温度计. 液体温度计的构造如图 2.4-1 所示，这种温度计下端是个储液泡，内盛感温液体，一般为水银、酒精、甲苯或煤油等，上接一均匀的玻璃毛细管，管壁上有刻度.

测量时将温度计与待测物接触，或置于待测温度场中. 热交换后，感温液体的温度与环境温度平衡，与此相应，液体的体积，亦即毛细血管内液柱的高度有一定值，这样从管壁的标度可读出待测的温度. 在一定温度范围内，液体体积随温度变换的关系是线性的，所以温度标尺刻度是均匀的.

水银作为感温材料有许多优点，如不浸润玻璃、膨胀系数变化很小、测温范围广等，所以水银温度计在液体温度计中应用范围最广. 水银温度计可分为标准用、实验室用和工业用三种. 实验室用水银温度计测温范围为–30～300℃，最小分度值为 0.1℃或 0.2℃.

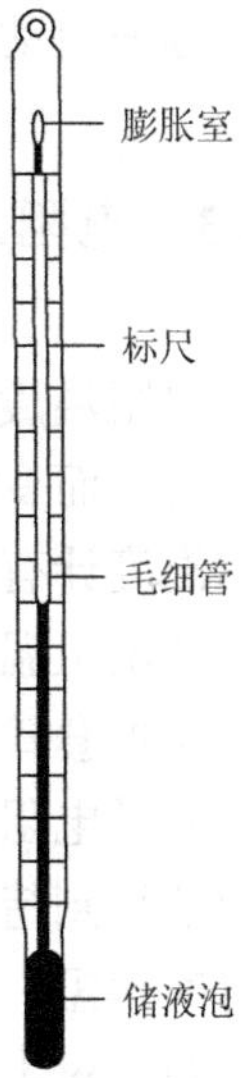

图 2.4-1　液体温度计的构造

注意事项：

（1）使用温度计时，待测物质的容量须超过温度计储液泡液体容积的几百倍，或有恒温补给源；

（2）温度计浸入待测物质的深度应大于或等于温度计本身标明的深度，若温度计上没有标明，一般把温度计浸到被测读数的分度线；

（3）使用温度计时，应避免震动和移动，且不能使温度计经受剧烈温度变化；

（4）在测高温或低温时，要注意所用温度计的适用范围，使用时应逐步浸入待测物质中.

2.4.2　热电偶温度计

热电偶亦称温差电偶，是由 A、B 两种不同成分的金属或合金两端紧密接触，形成一个闭合回路，如图 2.4-2 所示. 当两个接触点处于不同的温度 t 和 t_0 时，在回路中就有直流电动势产生，并且有电流流过. 该电动势称为温差电动势或热电动势，它的大小与组成热电偶的两种金属（或合金）的材料、两端温差的大小以及接触状态有关. 对于 A、B 一定的两金属，接触比较理想时，温差电动势与温差之间有稳定的关系，温差越大，温差电动势也越大. 热电偶温度计就是利用此规律测温的，其中，直接用作测量介质温度的一端叫做热端（也称为测量端），另一端叫做冷端（也称为补偿端）.

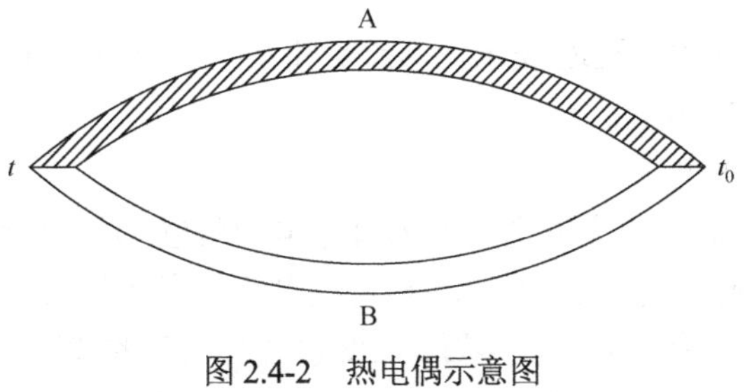

图 2.4-2　热电偶示意图

测量时把冷端放在冰水混合物中，即令 $t_0 = 0$℃，热端放在待测处，用电势差计测出电动势，查电动势-温度表，可得待测温度.

温差电动势的测量，在精密测量中应使用电势差计，要求较低时可使用毫伏计.

2.4.3 电阻温度计

电阻温度计包括金属电阻温度计和半导体电阻温度计. 金属和半导体的电阻都随温度的变化而变化，因此，可以利用它们的阻值随温度变化的规律来测量温度，常用的金属电阻温度计有铂电阻温度计和铜电阻温度计.

铂电阻温度计是用一根很细的铂丝（尽可能是纯铂）在特制的绝缘架上绕制成线圈，封在保护套管中构成电阻温度计的测温探头. 测温时将探头置于待测物质中，并用导线将其与测量电阻的仪器（如惠斯通电桥）相接，根据其已知的电阻与温度的关系，由测得的电阻值得到待测物质的温度. 电阻测量可以达到很高的精度，因而使测量精度提高，测量的时间缩短，但它们的稳定性相对较差.

随着对半导体材料的研究和开发，具有热敏特性的半导体电阻已被利用制成了半导体电阻温度计. 由于半导体材料的温度系数比金属材料大得多，所以可提高测温的灵敏度；同时，由于半导体电阻的体积小，探头可做得很小，与待测物交换热量非常少，因而使测量精度提高，测量时间缩短，但它们的稳定性相对较差.

2.5 基本的电磁学实验仪器

电磁学实验离不开电源和各种电测仪表. 常用的基本仪器包括电源、电阻、电表等. 因此，必须了解常用基本仪器的原理和性能，掌握仪器的使用方法和要领. 本节对常用基本电磁学仪器的结构、原理、性能及使用注意事项进行简要介绍.

2.5.1 电源

电源是把其他形式的能量转变为电能的装置. 电源分为直流电源和交流电源两种.

1. *直流电源*

直流电源在电路中以符号DC表示，目前实验室主要使用的直流电源有：晶体管直流稳压电源、铅蓄电池和干电池.

1）晶体管直流稳压电源

晶体管直流稳压电源是将交流电转变为直流电的装置. 这种电源具有电压稳定性好，输出电压基本上不随交流电源电压的波动和负载电流的变化起伏，而且内阻小、功率较大、使用方便等优点，有些还有过载保护装置，在偶尔短时过载的情况下，电源停止对外输出，直到外电路恢复正常又重新开始工作. 实验室常用的晶体管直流稳压电源面板如图2.5-1所示，输出电压的大小由仪器面板给出，其输出电压一般连续可调，最大允许输出电压为30V，最大允许输出电流为3A. 电源的接线柱上标有正、负极和接地，正极表示电流流出的方向，负极表示电流流入的方向. 注意：使用时切勿超过最大允许输出电压和电流，切勿将接地误认为负极连接.

技术规格：

（1）输出电压，即最大额定输出电压；

（2）输出电流，即允许输出的最大额定电流.

2）铅蓄电池

电动势每单瓶为 2V，实验室常用的蓄电池的额定电流为几安培，容量为几十安培小时.

3）干电池

干电池是将化学能转变为电能的化学电池，使用在小功率、稳定度要求不高的场合. 干电池是很方便的直流电源. 实验室常用的干电池的电动势一般为 1.5V，额定放电电流为 300mA. 使用时，工作电流应小于额定放电电流. 也可用多节串联使用. 干电池使用后，由于化学材料逐渐消耗，电动势不断下降，内阻不断上升，最后由于内阻很大，不能提供电流，电池即告报废. 常用干电池的有关数据见表 2.5-1.

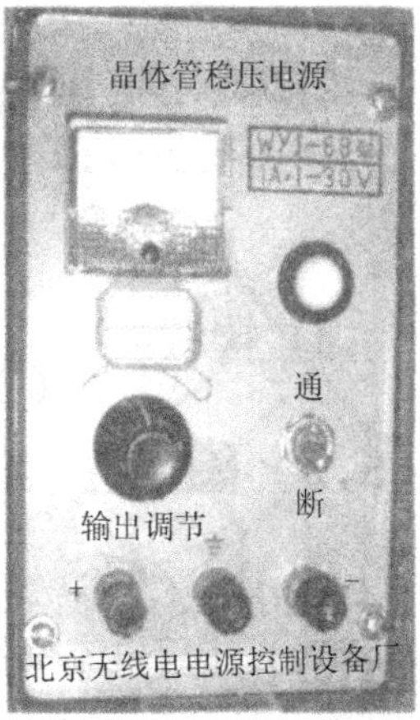

图 2.5-1　晶体管直流稳压电源面板

表 2.5-1　常用干电池的有关数据

型号	容量/(A·h)	额定电流/mA
1	2	<300
2	0.5	100
3	0.2	50

2. 交流电源

交流电源在电路中一般用符号 AC 表示. 常用交流电源有两种：一种是单相电压 220V，频率为 50Hz，多用于照明和一般电器；另一种是三相电压 380V，频率为 50Hz，多用于机械的动力用电. 如果需要低于或高于 220V 的交流电压，则需要用变压器把它降低或升高. 为了防止电压的波动，实验室常用交流稳压器来获得较稳定的交流电压. 交流仪表的读数一般指有效值，交流 220V 就是指有效值，其峰值为 $\sqrt{2}\times 220\text{V}\approx 311\text{V}$.

3. 调压变压器

用调压变压器可获得连续可调的交流电压. 其主要技术指标有容量（用千伏表示）和最大允许电流. 调压变压器如图 2.5-2 所示. 从①、④两接线柱输入 220V 交流电压，转动手柄 A 从②、③两接线柱可输出 0～250V 连续可调的交流电压.

4. 电源使用注意事项

（1）严禁电源短路，否则电源将急剧发热而损坏.

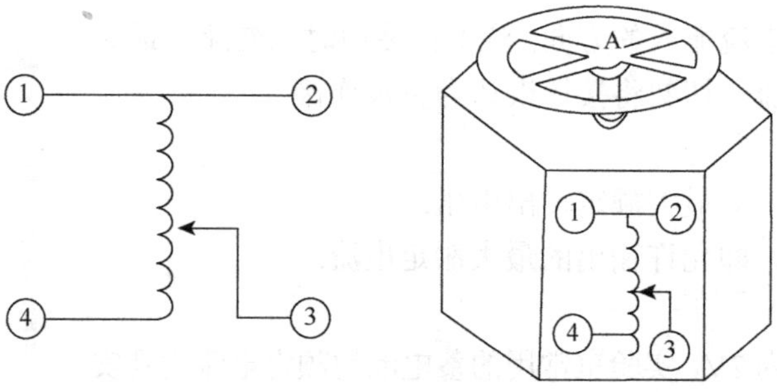

图 2.5-2　调压变压器

（2）使用电流不得超过电源的额定电流. 根据负载选择输出电压和输出电流合适的电源.

（3）使用直流电源时，注意正、负极不能接错，电流从正极流出，经过外电路由负极流入.

（4）接线时，应断开电源开关，电压调节旋钮调至零位置，使输出电压值最小.

2.5.2　电阻

为了改变电路中的电流和电压或作为特定电路的组成部分，在电路中经常需要接入各种大小不同的电阻. 电阻的种类很多，下面介绍常用的几种.

1. 滑线变阻器

滑线变阻器的结构如图 2.5-3 所示. 它是把电阻丝（如铜镍丝）密绕在绝缘瓷管上，两端分别与接线柱 A、B 相连. A、B 之间的电阻为总电阻. 滑块和接线柱 C 连接，其下端和电阻丝接触，滑块滑动时可以改变 A、C（或 B、C）之间的电阻值. 滑线变阻器的符号如图 2.5-4 所示.

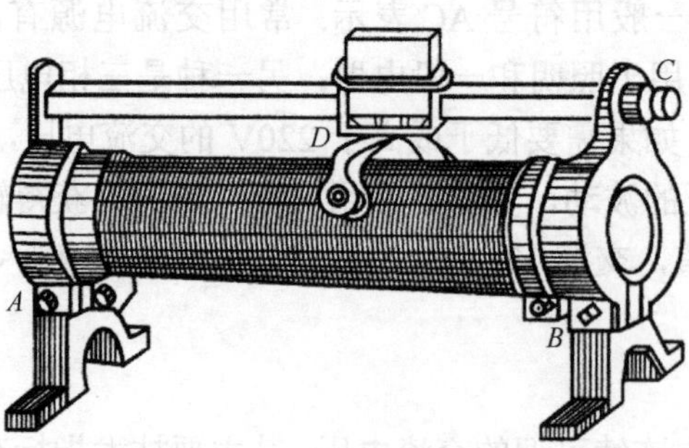

图 2.5-3　滑线变阻器的结构

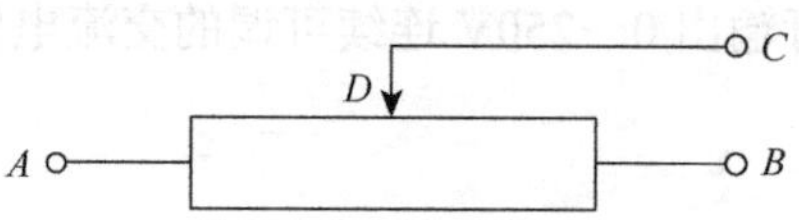

图 2.5-4　滑线变阻器的符号

技术规格：

（1）全电阻：接线柱 A、B 之间电阻丝的电阻值.

（2）额定电流：变阻器允许通过的最大电流，具体值见铭牌.

使用要点如下.

（1）限流器：主要用于改变电路中电流的大小，其接法如图 2.5-5 所示，即将变阻器中的一个固定端 A（或 B）与滑动触头 C 串联在电路中. 改变滑动触头 C 的位置，就改变了 A（或 B）、C 之间的电阻，也就改变了电路中的总电阻，从而改变了电路中的电流. 必须注意：为了保证安全，在接通电源之前，应使滑动触头处在回路电流最小位置.

（2）分压器：用来改变电路中电压的大小，其接法如图 2.5-6 所示，即将变阻器的两个固定端 A、B 分别与电源的两极相连，将滑动触头 C 和任一固定端 B（或 A）输出到负载 R_L 上，改变滑块位置，即可改变负载上的电压值，其输出的电压 U_{AC} 可在 $0 \sim U_{AB}$ 范围内连续变化. 注意：为了保证安全，在接通电源之前，应使滑动触头处于分压最小位置.

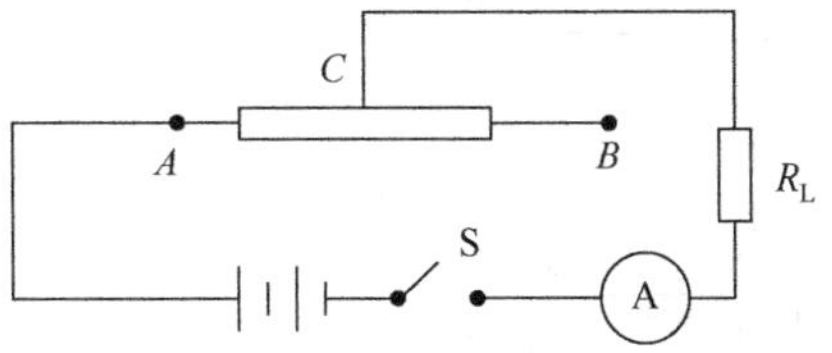

图 2.5-5　用滑线变阻器改变电流

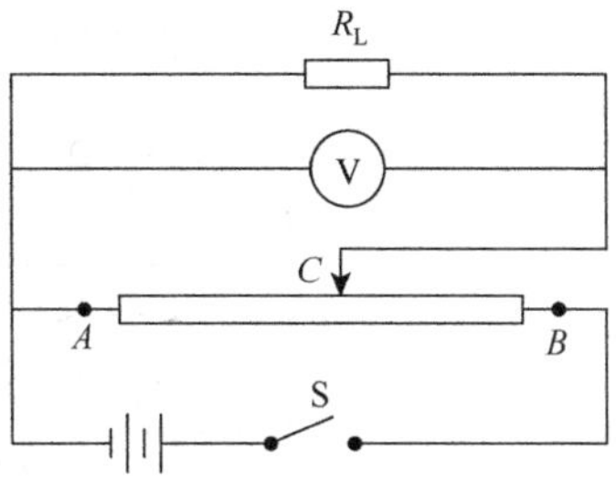

图 2.5-6　用滑线变阻器改变电压

2. 电位器

小型滑线变阻器又称电位器，外形如图 2.5-7 所示. A、B 为固定端，C 为滑动端. 电位器的额定功率很小，只有零点几瓦至数瓦，视体积大小而定. 电位器根据使用的材料不同，又分为用电阻丝绕制成的线绕电位器和用碳质薄膜制成的碳膜电位器，前者阻值较小，后者阻值较大，可达千欧（kΩ）到兆欧（MΩ）. 电位器的规格、型号种类很多，在电子线路中有着广泛的应用. 使用时切勿超过它的额定功率，否则容易烧毁.

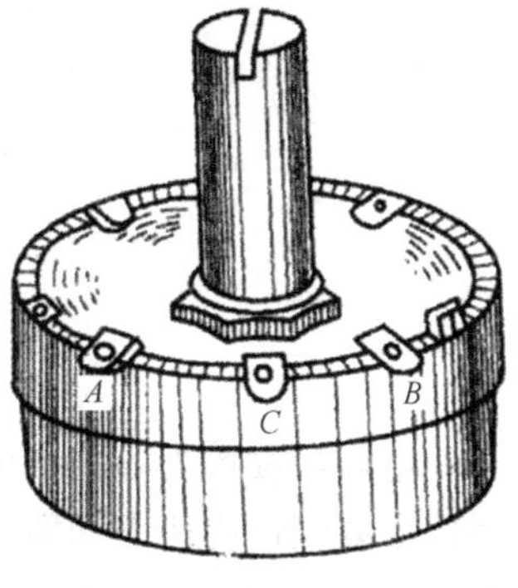

图 2.5-7　电位器的外形

3. 电阻箱

电阻箱是把一系列电阻，经相当准确的测量及选择后，串联起来装在箱中，并在箱的面板上标明它们的阻值，利用插塞或旋盘，可以任意选取所需电阻. 实验室用得较多的是旋转式电阻箱. 这里仅以 ZX21 型旋转式电阻箱为例进行介绍.

ZX21 型旋转式电阻箱的面板如图 2.5-8 所示. 它是由若干个准确的固定电阻按照一定的组合方式接在特殊的换向开关上构成的. 其内部电路如图 2.5-9 所示，内部电阻元件采用高稳定性锰铜合金线制成. 每挡电阻由 9 个相同的电阻器串联而成，准确度等级为 0.1

级. 电阻箱面板上有 4 个接线柱和 6 个旋钮. 每个旋钮的边缘都标有 0, 1, 2, 3, …, 9 等数. 旋钮下面的面板上刻有×0.1, ×1, ×10, …, ×10000 等字样，称为倍率.

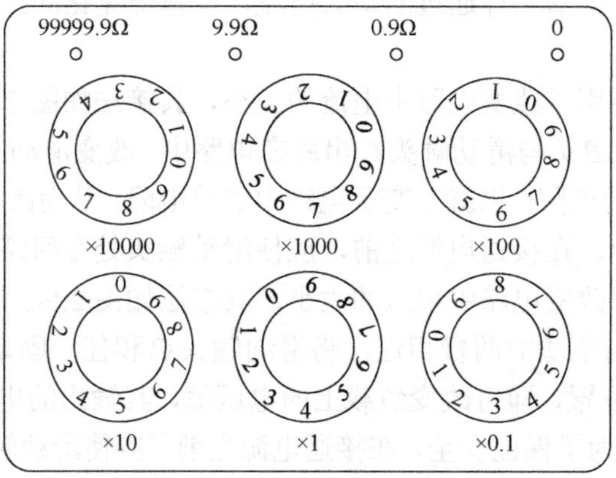

图 2.5-8　ZX21 型旋转式电阻箱的面板

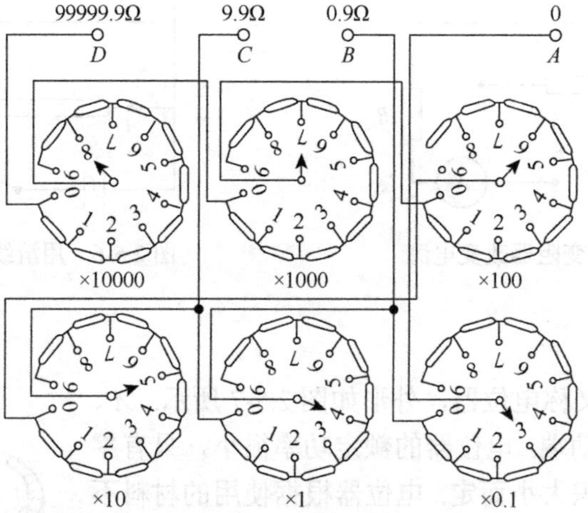

图 2.5-9　ZX21 型旋转式电阻箱内部电路

电阻箱读数为各挡示值与其倍率乘积之和. 当旋钮上的某个数字对准所示的倍率时，用倍率乘以该旋钮上的数字，即为相应的电阻. 例如，在图 2.5-8 中，电阻箱面板上每个旋钮所对应的电阻分别为 3×0.1Ω、4×1Ω、5×10Ω、6×100Ω、7×1000Ω、8×10000Ω，总电阻为 3×0.1Ω+ 4×1Ω+ 5×10Ω+ 6×100Ω+ 7×1000Ω+ 8×10000Ω= 87654.3Ω. 四个接线柱上分别标有 0，0.9Ω，9.9Ω，99999.9Ω 等字样，表示 0 与 0.9Ω 两接线柱的阻值调节范围为 0.1～9×0.1Ω；0 与 9.9Ω 两接线柱的阻值调节范围为 0.1～9×（0.1＋1）Ω；0 与 99999.9Ω 两接线柱的阻值调节范围为 0.1～9×（0.1＋1＋10＋100＋1000＋10000）Ω. 在使用时，如只需要 0.1～9×0.1Ω 或 0.1～9.9Ω 的阻值变化，则将导线接到“0”和“0.9Ω”或“9.9Ω”两接线柱. 这种接法可以避免电阻箱其余部分的接触电阻和导线电阻对低电阻带来不可忽略的误差. 电阻箱各挡电阻允许通过的电流是不同的，现在以 ZX21 型旋转式电阻箱为例，列表 2.5-2.

表 2.5-2　ZX21 型旋转式电阻箱各挡额定电流

旋转倍率	×10000	×1000	×100	×10	×1	×0.1
额定电流/A	0.005	0.0158	0.05	0.158	0.5	1.58

与直读式仪表相似，根据误差大小，电阻箱分为若干等级. 根据国家计量检定规程（JJG 982—2003）将直流电阻箱的准确度等级从 0.002 级到 10 级分为 12 个等级. 电阻箱的仪器误差限通常用下面公式计算：

绝对误差　$$\varDelta_{R_{仪}} = (Ra + bm)\%$$

式中，a 为电阻箱的准确度等级；R 为电阻箱示值；b 为与准确度等级有关的系数（等级为 0.1 时一般取 0.2）；m 为所使用的电阻箱的旋钮数.

上述电阻箱如果用在交流电路中，只有在低频（不超过 1kHz）下才能用作“纯电阻”，所以也称为直流电阻箱. 它的额定功率为 0.25W，故各挡以 1 为首位时的电阻额定功率为 0.25W，取以 2 为首位的电阻时，电阻箱的额定功率为（0.25×2）W. 当几挡联用时，额定电流按最大挡计算，根据

$$I = \sqrt{\frac{P}{R}} \tag{2.5-1}$$

可算出电阻箱所能承受的最大电流值，各挡最大允许电流如表 2.5-2 所示.

例如，6539Ω 电阻最大允许通过的电流，应以×1000 挡来计算

$$I = \sqrt{\frac{P}{R}} = \sqrt{\frac{0.25 \times 2}{2000}}\text{A} = 0.0158\text{A}$$

电阻箱的误差主要包括电阻箱的基本误差和零电阻误差两个部分. 零电阻值包括电阻箱本身的接线、焊接、接触等产生的电阻值. 为了减少零电阻引起的误差，ZX21 型电阻箱增加了低电阻 B 接线柱. 它与 R×0.1 盘相连，AB 端的最大电阻值为 0.9Ω，同理，在 R×1 盘抽头设置了 C 接线柱，AC 端的最大电阻值为 9.9Ω；D 端钮就是六个电阻挡相互串联起来后的输出端，AD 端的最大电阻值为 99999.9Ω.

电阻箱的准确度 a%各挡不同，均标在铭牌上，其允许基本误差 ΔR 为

$$\Delta R = R \times a\%$$

其中，R 为电阻箱读数.

使用注意事项：

（1）先旋转一下各组旋钮，能使接触稳定可靠；

（2）电阻箱在使用中，绝不能超过各挡步进电阻所规定的额定电流；

（3）电阻箱应放在有遮蔽的室内，空气温度应为 5～45℃，相对湿度在 80%以下，不应该接触具有腐蚀性的有害气体.

4. 固定电阻

阻值不能调节的电阻器叫做固定电阻. 这种电阻体积小，造价低，应用广泛，一般分

为碳膜电阻、线绕电阻等类型. 每个电阻都注明了阻值的大小和允许通过的电流(或功率). 如图 2.5-10 所示是将参数直接写在电阻上的金属膜电阻.

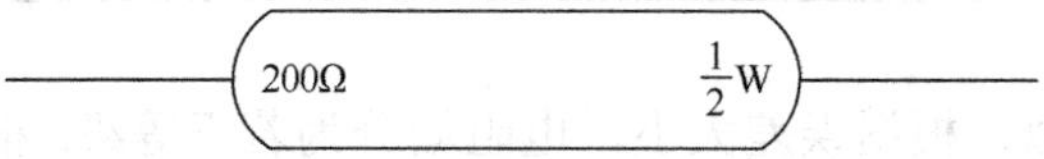

图 2.5-10　固定电阻的标称值

使用电阻时应注意以下几点：

(1) 每个电阻都有其允许通过的最大电流，使用时切勿超过此限制；

(2) 滑线变阻器限流时，实验前应将其（有效）电阻放在最大位置，分压时应放在最小位置；

(3) 滑线变阻器作限流器或分压器用时，要注意其阻值与负载的配比关系.

2.5.3　磁电系电表

在电磁学实验中经常涉及电量的测量，用于测量各种电参数的仪表统称为电工仪表，它们能用于测量电流、电阻、功率、相位和频率等.

电表种类繁多，分类方法各异. 常用的有以下几种分类方法.

(1) 按结构原理：主要分为磁电系、电磁系、电动系、整流系、感应系、热电系、静电系和电子系. 大学物理实验中常用的是磁电系仪表.

(2) 按单位和名称：主要分为电流表（包括安培表、毫安表、微安表)、电压表（包括伏特表、毫伏表)、欧姆表、兆欧表、万用表、功率表、频率表、功率因数表等.

(3) 按使用方法：分为安装式和便携式，前者准确度等级通常在 1.0 以下，后者通常在 0.5 以上.

(4) 按工作电流：分为直流电表、交流电表和交直流两用电表.

(5) 按准确度等级：分为 11 级，详见第 3 章的表 3.7-2.

电表表盘上的符号: 电表的表盘上用数字或符号标有该表的准确度等级、仪表的类型、使用条件及其他参数，它们表示该仪表的各项基本特征. 我国电气仪表面板上的符号如表 2.5-3 所示，详细内容可参阅国家标准 GB/T 7676.1～GB/T 7676.9—2017.

表 2.5-3　我国电气仪表面板上的符号

符号	说明	符号	说明
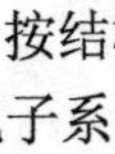	磁电系仪表	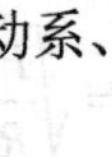	整流系仪表
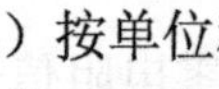	水平放置	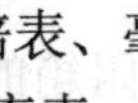	垂直放置
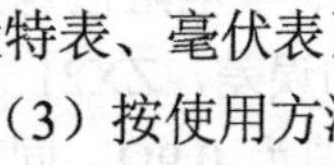	2kV 绝缘实验	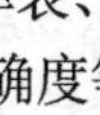	二级防外磁场

续表

符号	说明	符号	说明
2.5	量程百分数表示的等级	(2.5)	指示值百分数表示的等级
2.5（V 形符号）	标度尺长百分数表示的等级	B（三角形内）	B 组仪表，−20～+50℃工作

1. 磁电系仪表

磁电系仪表是应用最广泛的一类仪表，这种电表具有较高的灵敏度和准确度，较小的功耗，以及刻度均匀便于读数等优点，但一般只能用于直流测量，如果要用于交流测量，则需要另加整流装置. 当采用特殊结构时，还可以构成灵敏度极高的检流计.

磁电系仪表的结构如图 2.5-11 所示.

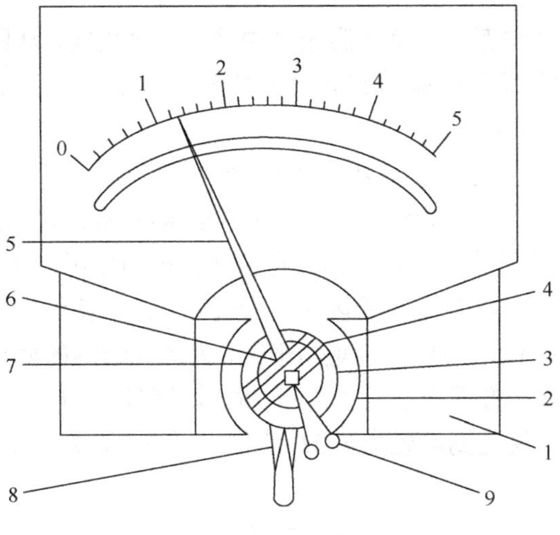

图 2.5-11　磁电系仪表结构示意图

1. 永久磁铁；2. 极掌；3. 圆柱形软铁芯；4. 线圈；5. 指针；6. 游丝；7. 半轴；8. 调零螺杆；9. 平衡锤

磁电系仪表是利用永久磁铁的磁场和载流线圈相互作用的原理制成的. 仪表的测量机构包含固定部分和活动部分. 磁电系仪表的磁路系统是固定的，它是由永久磁铁 1，在其两个极上连接两个带有圆柱形孔腔的“极掌”2，以及孔腔中央固定着的小圆柱形软铁芯 3 等部分构成，这种结构使磁感应线集中于孔腔之中并呈均匀的辐射状，如图 2.5-12 所示. 活动部分则包括活动（通电）线圈和指示器（如指针和转轴等）.

通电线圈匀称地放置在磁场中，并可绕软铁芯轴线自由地转动，在垂直于圆柱轴线的两个线圈边的中点各连接一个半轴，借以把线圈支撑在轴承里，轴上装有指针，线圈偏角的大小由指针在刻度盘上的方位示出.

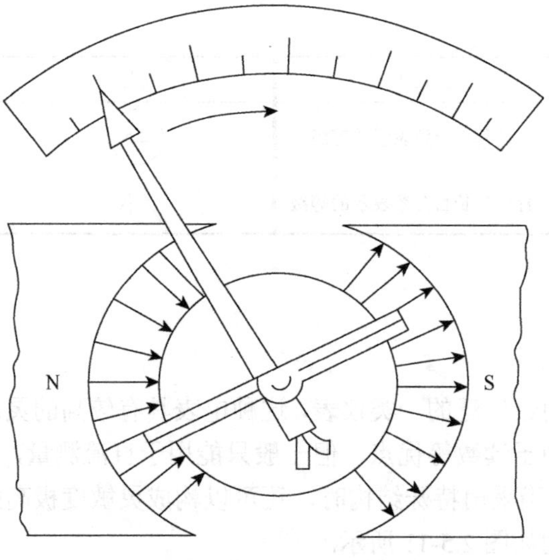

图 2.5-12 磁电系测量机构气隙中的磁场

当线圈通以恒定电流 I 后，它将在磁场 B 中受到一个力矩，从图 2.5-12 可以清楚地看到，由于线圈所在的磁场呈均匀辐射状（沿半径方向），故线圈不论转到什么方位，其所受力矩 M_I 的大小均由下式决定：

$$M_I = Fa = 2BNIab = BNSI \tag{2.5-2}$$

式中，a 为线圈宽度的一半；b 为线圈边长；N 为线圈匝数；S 为线圈面积.

线圈在此力矩作用下发生偏转，假如只有转动力矩的作用，则不论电流大小如何，指针会一直偏转下去，直到刻度盘边缘受阻后才会停止. 为了使偏转大小和被测电流的大小相对应，就需要有一个反作用力矩与转矩相平衡，为此在线圈的两半轴上各连接一个螺旋形游丝 6（图 2.5-11），它一方面产生反抗力矩，同时又兼作把电流引入线圈的引线. 因此，当线圈通以电流时，它不仅受到电磁力矩 M_I 的作用，同时又受到游丝的反作用力矩 M_D 的作用.

$$M_D = -D\alpha \tag{2.5-3}$$

式中，D 是弹性系数，负号表示力矩和转动方向相反. 当线圈转到一定角度时，两力矩相平衡

$$M_I + M_D = 0$$

$$BNSI = D\alpha$$

$$\alpha = \frac{BNSI}{D} = S_I I \tag{2.5-4}$$

式中，$S_I = \dfrac{BNS}{D}$ 为磁电系测量机构的灵敏度，电表制定后 B、S、D、N 均为定值，S_I 为常量.

由式（2.5-4）可以看出，磁电系仪表可用于测量电流以及与电流有关的物理量，因为线圈的偏转角 α 与通过线圈的电流 I 成正比，所以标度尺上的刻度是均匀的.

为了使指针式仪表起始位置在零位，还设有一个“调零器”，如图 2.5-13 所示. 调零

器 5 的一端与游丝 3 相连，如果仪表起始时不在零位，可用螺钉旋具轻轻调节露在表壳外面的“调零器”螺杆 6，使指针处在零刻度位置.

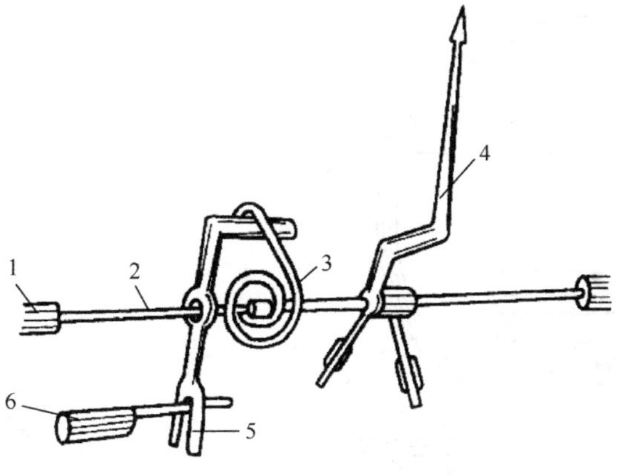

图 2.5-13 调零器结构图

1. 宝石轴承；2. 轴；3. 游丝；4. 指针；5. 调零器；6.“调零器”螺杆

磁电系测量机构（亦称表头）所能通过的电流是很微小的. 测量范围一般在几十微安到几十毫安，如果需要测量较大的电流，必须扩大量程.

根据磁电系仪表的结构和工作原理，得出磁电系仪表具有以下优点：准确度高，可以达到 0.1 级甚至更高；灵敏度高；仪表消耗的功率小；刻度均匀. 但有过载能力低，直接测量的只能是直流电，结构比较复杂而且成本较高等弊端.

2. 电流测量仪表

常见电流测量仪表有直流电流表、交流电流表、直流检流计等.

1）直流电流表

由于磁电系电表只能用来测量微小电流和电压，或检查电路中有无电流，不能作为测量使用. 要想作为测量电流的仪表，必须对其进行改装，即在表头两端并联一个分流电阻，分流电阻越小，电流表的量程就越大，如图 2.5-14 所示. 改装原理参见本书第 3 章实验 3.7“电表的改装与校准”.

电流表按其所测电流大小可分为微安表、毫安表、安培表. 直流电流表的接线柱都注明了正负极，“+”端应接在线路中的高电势，“−”端则接在线路的低电势. 对于多量程的电流表，有的公共端钮用“*”表示负端，若加上整流器，则可构成交流电流表. 电流表的内阻越小，则电路由于接入电表带来的系统误差就越小.

主要规格如下.

（1）量程：指测量的上限与下限的差值，即测量范围，如 0～100mA，0～5A，−50～+ 50μA. 有多量程的电流表.

（2）内阻：内阻越小，量程越大，一般安培计内阻在 0.1Ω 以下，毫安表一般为几欧姆至一两百欧姆，微安表一般为几百欧姆至一两千欧姆.

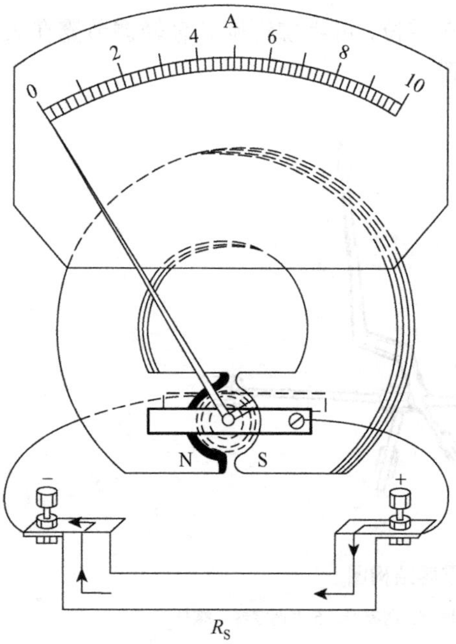

(a)直流电流表结构示意图

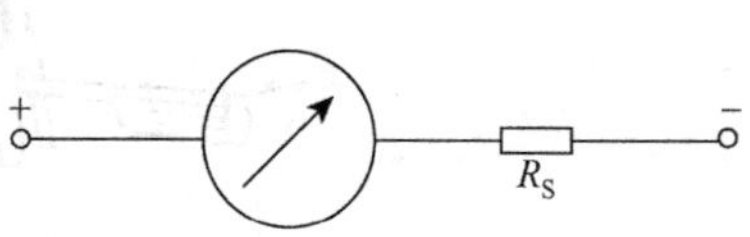

(b) 直流电流表电路图

图 2.5-14　直流电流表

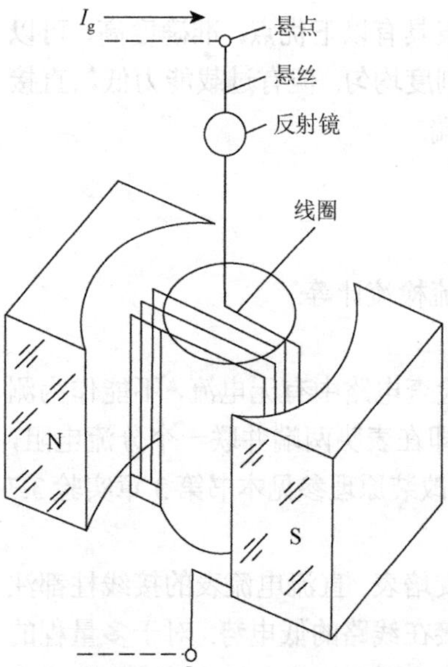

图 2.5-15　直流检流计结构

2）直流检流计

直流检流计本质上是量程较小、灵敏度较高的电流表，通常用作指零仪器，即检验电路中有无电流，有时也用于测量微小电流，电路中常用 G 表示，它的零点在刻度盘中央，且刻度上并不标出电流的实际值.

直流检流计结构如图 2.5-15 所示. 为了提高直流检流计的灵敏度而用张丝或悬丝代替轴和轴承，去掉机械摩擦力，张丝不但是支撑动圈的器件，也是导流和产生反力矩的元件.

物理实验中常用的直流检流计有指针式和复射式两种. 目前，指针式常用AC5型系列，复射式常用AC15型系列. 下面简要介绍这两种检流计.

指针式（如 AC5 型）直流检流计属于磁电系结构，它采用刀形指针式和反射镜相配合的读数装置. 其特征是指针零点位于刻度盘的中央，便于直流检出不同方向的微小直流电，可用作示零器. 直流检流计允许通过的电流很小，一般为 10^{-6}A，内阻为几欧至几百欧，故只能作为电桥、电势差计的指零仪器. 在使用时要串联一个保护电阻以免过流损坏.

AC5 型直流指针式检流计的主要技术参数见表 2.5-4.

表 2.5-4　AC5 型直流指针式检流计的主要技术参数

参数	检流计型号			
	AC5/1	AC5/2	AC5/3	AC5/4
内阻/Ω	<20	<50	<250	<1200
外临界电阻/Ω	<150	<500	<3000	<14000
分度值/(A/div)	$<5\times10^{-6}$	$<2\times10^{-6}$	$<7\times10^{-7}$	$<4\times10^{-7}$
临界阻尼时间/s	2.5			

面板介绍：

AC5 型直流指针式检流计面板如图 2.5-16 所示.

（1）“+”“−”接线柱. 接入被测电流；

（2）零位调节盘. 用于调节指针的机械零点；

（3）“电计”按钮. 按下“电计”按钮时，检流计与外电路接通. 使用过程中需要短时间将检流计与外电路接通，只要将“电计”按下即可. 若需长时间接通，则可将“电计”按钮锁住；

（4）“短路”按钮. 若使用过程中指针不停地摆动，按下“短路”按钮，指针便会立即停止摆动；

（5）开放/锁定钮. 面板上标有红、白圆点的锁扣. 当锁扣指向红色圆点时，指针即被制动. 只有当锁扣放松或转到白点时才能调零位调节旋钮和正常工作.

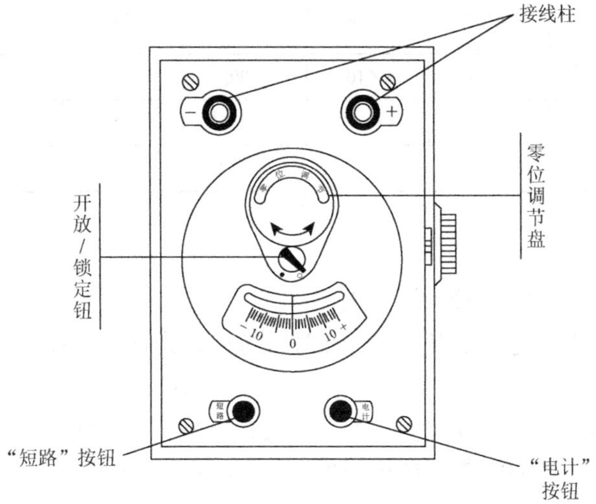

图 2.5-16　AC5 型直流指针式检流计面板

使用要点：

（1）把锁扣扳向“○”，调节零点调节旋钮，使指针指零. 检流计不用、搬动或改变电路时，应将锁扣扳向“●”；

（2）直流检流计只允许通过微小电流，实验时应采取保护措施，防止损坏直流检流计；

（3）使用完毕，应松开“电计”和“短路”按钮.

直流复射式检流计可分为墙式和便携式两种，图 2.5-17 是 AC15/4 型直流复射式检流计面板，其数量级可达 10^{-10}～10^{-5}A.

AC15 型直流复射式检流计的主要技术参数见表 2.5-5.

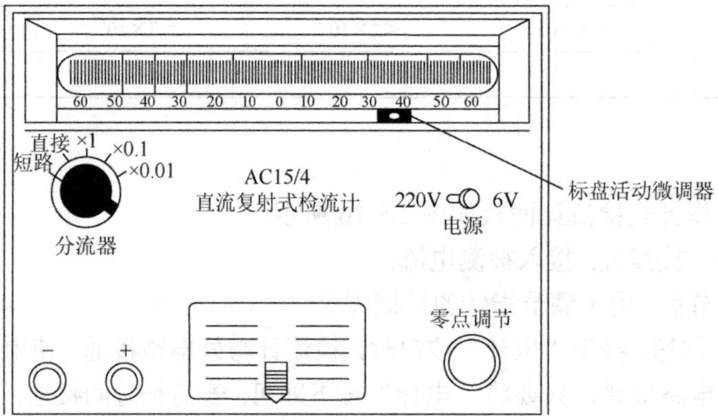

图 2.5-17　AC15/4 型直流复射式检流计面板

表 2.5-5　AC15 型直流复射式检流计的主要技术参数

参数	检流计型号						
	AC15/1	AC15/2	AC15/3	AC15/4	AC15/5	AC15/6	
内阻/Ω	1.5×10^3	≤500	≤100	≤50	≤30	“-”～“1” 50	“-”～“2” 500
外临界电阻/Ω	100×10^3	10×10^3	1×10^3	500	40	500	10×10^3
分度值/(A/div)	3×10^{-10}	1.5×10^{-9}	3×10^{-9}	5×10^{-9}	1×10^{-8}	5×10^{-9}	1.5×10^{-9}
临界阻尼时间/s	4						

面板介绍：

（1）“+”“−”接线柱. 接入被测电流；

（2）零点调节. 用于光标零点粗调，顺时针方向，光标向左移；逆时针方向，光标向右移；

（3）标盘活动调零器. 直接拨动标盘，可进行光标零点细调；

（4）分流器开关. ×0.01 挡灵敏度最低，×0.1 挡、×1 挡灵敏度相对提高.“短路”挡止住光标摆动；

（5）电源选择开关. 当 220V 电源插座接上 220V 电压时，电源开关置于 220V 处，电源接通；当 6V 电源插座接上 6V 直流电源时，电源开关置于 6V 处，电源接通.

使用要点：

（1）轻拿轻放，以防止悬丝震断. 在搬运、改变电路或停止使用时，应将分流器开关旋至“短路”挡；

（2）检查电源开关所在位置与所用电压是否一致. 特别注意勿将 220V 电源和 6V 电源搞错；

（3）经常检查光标零点；

（4）力争使检流计工作在临界阻尼状态，例如，当 $R_{外} \approx R_c$ 时，可选用“直接”挡；当 $R_{外} \geqslant R_c$ 时，可选用“×1”挡；

（5）不允许有过载电流通过直流检流计.

（a）用直流检流计测电流时，为防止过大电流通过直流检流计，应从灵敏度最低开始；

（b）用直流检流计作指零器时，应串联大阻值（约 $10^6\Omega$）的保护电阻，当电路接近平衡时，将保护电阻逐渐减至零；

（c）不允许用万用表、欧姆表测量直流检流计的内阻.

3. 电压测量仪表

实验中常用电压表来测量电压，电压表分为直流电压表和交流电压表. 电压表按其所测电压大小可分为毫伏表、伏特表、千伏表. 下面主要介绍直流电压表.

通过将电流表分压的方法就可以改装成电压表. 改装原理参见本书第 3 章实验 3.7“电表的改装与校准”. 直流电压表由小量程直流电流表串联一个电阻构成，串联不同的电阻构成不同量程的电压表，如图 2.5-18 所示. 将电压表与待测电路两端并联，可测量电路两端电压的大小. 使用时电压表要并接在线路上. 对于直流电压表，一定要将“+”端接在线路中的高电势的一端，“−”端则接在低电势的一端. 若配上整流器，则可构成交流电压表. 电压表的内阻越大，给电路带来的系统误差越小.

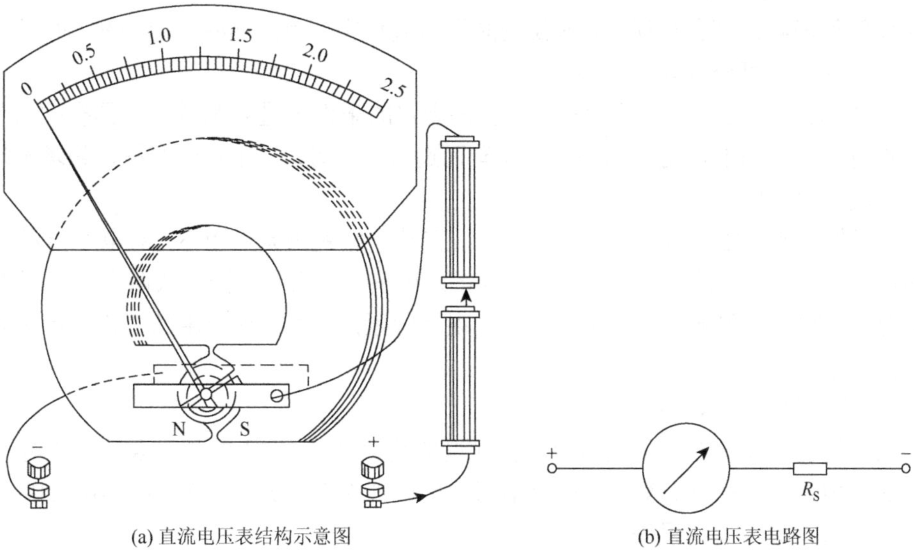

(a) 直流电压表结构示意图　　(b) 直流电压表电路图

图 2.5-18　直流电压表

主要规格有

（1）量程：指针满度时的电压值. 有多量程的电压表.

（2）内阻：电压表的内阻越大，对被测对象的影响就越小. 电压表各量限的内阻与相应电压量程之比为一常量，它在电压表刻度盘上标明，单位为Ω/V. 它是电压表的重要参量.

4. 仪表的正确使用与合理选用

（1）直流电表只能在直流电路中使用，电流表应串联在电路中，电压表应并联在电路中. 注意电表的正、负极不能接反.

（2）满足仪表正常工作条件. 要调好机械零点，按仪表规定的工作方式安放，如水平放置或垂直放置. 环境温度要满足仪表工作的温度要求.

（3）读数时视线要垂直于表盘，避免视差. 有指针反射镜的仪表，读数时应使刻度线、指针和指针在反射镜中的像成一线. 在指针与镜中的像重合时读数，以减少由视差引入的误差.

（4）按被测量值的大小选择合适量程的电表. 在一般测量中，应使指针偏转在刻度盘的 2/3 以上.

（5）按被测量的误差要求合理选择仪表的准确度级别. 在保证满足误差要求的前提下，不必追求更高准确度的仪表.

（6）根据被测对象内阻的大小来正确选择仪表. 电压表的内阻越大，内阻造成的测量误差越小；电流表的内阻越小，内阻造成的测量误差越小.

5. 仪表的误差和不确定度

1）电表的误差来源

用任何仪表测量都会有误差，即仪表的指示值和实际值之间有一定差异. 根据产生的原因，电表的误差可分为以下两种.

（1）基本误差（又称固有误差）：电表在规定的条件下进行测量时所具有的误差. 它是电表本身缺陷带来的，是由结构上不完善而造成的. 例如，轴承的摩擦、磁场不均匀、刻度不准确等引起的误差.

（2）附加误差：由于偏离正常工作条件或在某一影响因素作用下，对电表指示值的影响而引起的误差. 附加误差是一个因素引起的示值变化，而不是两个或两个以上因素引起变化的总和，因此在附加误差前常冠以产生误差因素的名称，如温度的变化、外界磁场的作用等的影响.

2）电表误差的表示形式

电表的绝对误差即电表的指示值与被测量的真值之差，电表的相对误差是绝对误差与被测量的真值之比，两种误差均随选用不同的量程挡而有所改变，都不能准确反映电表的精度，因此引入最大引用误差.

最大引用误差：电表某量程上的最大绝对误差$\varDelta_{\max}$与该量程N_m之比，用百分数表示

$$E_{\max}=\frac{\varDelta_{\max}}{N_m}\times 100\% \tag{2.5-5}$$

国家标准规定，对单向标尺电表以最大引用误差表示电表的基本误差. 电表标尺工作部分所有分度值的误差不允许超过最大绝对误差 $\Delta_{\max}$，因此 $\Delta_{\max}$ 又称电表的最大允许误差（仪器误差限）.

3）电表的准确度等级

根据国家标准，电表的准确度分为 11 个等级（参看本书实验 3.7 的实验原理），电表出厂时一般已将它标在刻度盘上. 设电表的等级为 a_n，它与最大引用误差的关系是

$$a_n \geqslant \frac{\Delta_{\max}}{N_m} \times 100\% \tag{2.5-6}$$

4）电表测量值的不确定度

电表按国家标准根据准确度大小划分等级，其仪器误差限可通过准确度等级给出

$$\Delta_{仪} = \pm N_m \times a_n\% \tag{2.5-7}$$

式中，N_m 为电表的量程；a_n 为电表的准确度等级.

在基础物理实验中，把仪器误差限引入的不确定度分量简化地看成标准不确定度的 B 类分量，它不是高斯分布，也不是均匀分布，但比较接近均匀分布. 因此我们规定：单次测量时，电测量值的不确定度为

$$E_{仪} = \frac{\Delta_{仪}}{\sqrt{3}} \tag{2.5-8}$$

此时，电表测量值的相对不确定度可表示为

$$E = \frac{E_{仪}}{X_i} \times 100\% \tag{2.5-9}$$

式中，X_i 为电表示值.

由此可见，测量值越接近满量程，$E_{仪}$ 越小. 因此，在使用电表时，应选择合适的量程，使测量值接近满量程，一般在满量程的 2/3 以上.

5）电表读数的有效数字

根据不确定度决定有效数字是正确决定有效数字的基本依据.

例如，量程为 100mA、0.5 级的电流表分为 100 格，电表的示值为 88.6mA. 因为由电流表的基本误差引入的电流的标准不确定度是 B 类评定，因此可先由电表的准确度等级与量程求出电表的仪器误差限

$$\Delta_{仪} = 100\text{mA} \times 0.5\% = 0.5\text{mA}$$

则

$$E_{仪} = \frac{\Delta_{仪}}{\sqrt{3}} = 0.3\text{mA}$$

故单次测量结果为

$$I = (88.6 \pm 0.3)\text{mA}$$

测量的相对不确定度为

$$E = \frac{E_{仪}}{X_i} \times 100\% = \frac{0.3}{88.6} \times 100\% = 0.3\%$$

对于需要作进一步运算的读数，可在最小分度间再估读一位，根据仪器的分辨率和实验者的判断能力估读到最小分度的 1/10～1/2.

6）数字电表的读数与表示方法

数字电表具有准确度高、灵敏度高、测量速度快等优点. 数字电表读数的有效位数为数字式仪表的显示值.

数字电压表的允许基本误差Δ表示为

$$\Delta=\pm(a\%U_x+b\%U_m) \tag{2.5-10}$$

式中，U_x为测量指示值；U_m为测量上限值；a为与示值有关系数；b为与满度值有关系数.

例如，PZ95 $4\frac{1}{2}$直流数字电压表 200mV 挡，准确度等级为 0.05，允许基本误差

$$\Delta=\pm(0.04\%U_x+0.01\%U_m)$$

2.5.4 万用电表

万用电表是实验室常用的一种仪表，可用来测量交、直流电压和电流、电阻，还可用以检查电路和排除电路故障.

万用电表主要由磁电系测量机构（亦称表头）和转换开关控制的测量电路组成，它是根据改装电表的原理，将一个表头分别连接各种测量电路而改成多量程的电流表、电压表和欧姆表，既能测量直流又能测量交流的复合表，如图 2.5-19 所示. 它们合用一个表头，表盘上有相应于不同测量量的标度尺. 表头用以指示被测量的数值，测量线路的作用是将各种被测量转换到适合表头测量的直流微小电流，转换开关实现对不同测量线路的选择，以适应各种测量的要求. 电表的表盘上按表的功能有各种不同的刻度，以指示相应的值，如电流值、电压值（有交、直流之分）及电阻值等. 对于某一测量内容一般分成大小不同的几挡，测量电阻时每挡标明不同的倍率. 每挡标明的是它相应的量程，即使用该挡测量时所允许的最大值. 下面介绍欧姆表的简单原理.

欧姆表测量电阻的基本原理如图 2.5-20 所示. 表头、干电池、可变电阻R_0及待测电阻R_x串联构成回路，电流I通过表头使指针偏转，有

$$I=\frac{E}{R_g+R_0+R_x} \tag{2.5-11}$$

在电池电压一定的条件下，指针偏转和回路的总电阻成反比，可见表头的指针位置与被测电阻的大小一一对应，如果表头的标度尺按电阻刻度，就可以直接用指针指示的刻度值表示电阻值，电阻越小，指针的偏转越小，当R_x为无穷大（即表笔A、B两端开路）时，$I=0$，表头指针为零，因此欧姆表的标尺刻度与电流表、电压表的标尺刻度方向相反. 由于工作电流I与被测电阻R_x不成正比关系，所以欧姆表标度尺的分度是不均匀的，如图 2.5-19 所示.

电池的电动势会逐渐下降，这将造成较大的测量误差，故这种结构形式的欧姆表都设有“零欧姆”调整电路，使用时必须将表笔两端短路（$R_x=0$），调节“零欧姆”旋钮，使指针指向满度，即指针指向 0Ω 处. 每当改变欧姆表的量程后，都必须重新调节“零欧姆”旋钮.

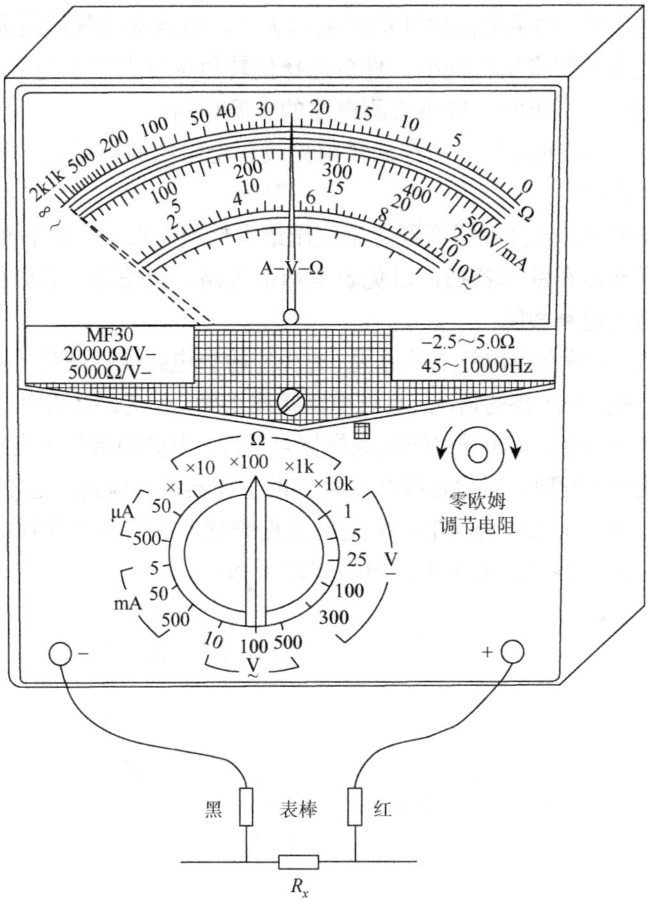

图 2.5-19　MF-30 型万用电表外形图

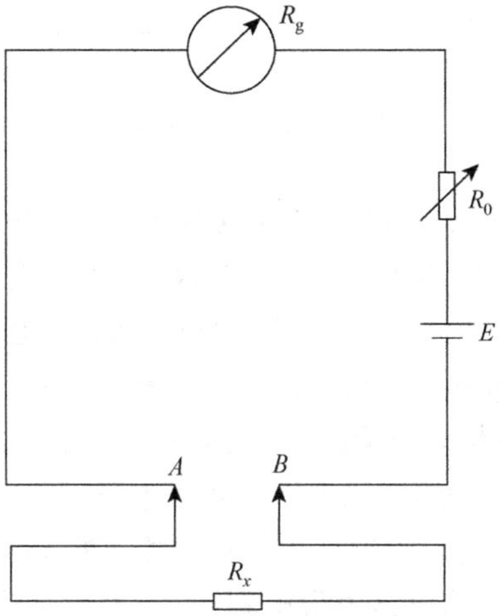

图 2.5-20　欧姆表测量电阻的基本原理

使用注意事项：

（1）首先要搞清待测物理量，切勿用电流挡、欧姆挡测量电压；

（2）正确选择量程. 如果无法估计被测量的大小，应当选择量程最大的一挡，以防仪表过载，若偏转过小，则将量程变小，直至选择偏转角尽量大而未超格的量程；

（3）测量电路中的电阻时，应将被测电路的电源切断；

（4）用万用电表测量电阻时，应在测量前先校正电阻挡的零点，在换量程后也需重新调零，否则读数不正确；

（5）万用电表用毕，应将旋钮调到交流电压最大挡或空挡，以免下次使用时不慎损坏电表，特别注意不要放在欧姆各挡，以免表笔两端短路，致使电池长时间通电.

用万用电表检查电路故障.

检查电路的故障，就是找出故障的原因. 首先应检查电路设计图是否错误；其次检查电路是否存在错接、漏接和多接的情况. 有时电路接线正确，但电路还存在故障，如电表或元件损坏而导致断路或短路；又如导线断路或焊接点假焊、电键的接触不良均会造成断路. 这些故障往往无法从外观发现，排除这些故障要借助于仪器进行检查，通常是用万用电表.

（1）电压检查法：在通电情况下，常采用逐点测试电压的方法寻找故障，如图 2.5-21 的分压电路，当接通电路时，电压表、电流表均无指示.

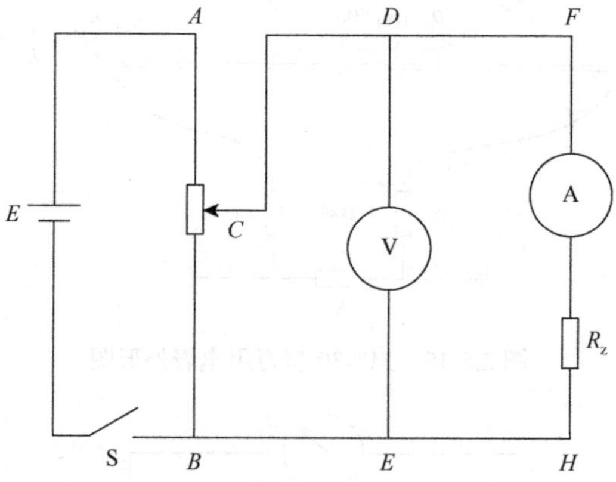

图 2.5-21　分压电路

用万用电表的电压挡进行测量检查（注意万用电表的电压量程应大于或等于电源电压），先检查电源电压是否正常，然后测量 *A*、*B* 两端电压，若电压正常，则移动滑动头 *C*，观察分压电压 *D*、*E* 两端是否变化，若无变化再量 *C*、*B* 间电压，若正常则故障一定在 *C*、*D* 之间，可能 *C*、*D* 间导线内部断开，或 *C*、*D* 两端接触不良，若 *C*、*D* 之间更换完好的导线后，电压表指示正常，但安培表仍无指示，则故障一定在 *DFH* 的支路里，该支路导线至少有一处断开或接触不良，或安培表已损坏，负载本身断路，只要有其中一个原因均会引起安培表无指示，故从电压的异常情况就可以找到故障的原因和位置.

这种方法的优点是在有源的电路中带电测量，检查运行状态下的电路问题，简便快捷.

（2）电阻检查法：它要求在切断电源后不带电的情况下检查，并且待测部分无其他分路，对电路各个元件、导线逐个进行检查测量. 这种方法对检查各个元件、导线等的质量好坏，查明故障原因和位置是十分有用的.

2.5.5 开关

开关又称电键，在电路中具有重要作用，用来接通或断开电源、选择电流回路或改变电流、电压方向. 在物理实验中最常用的有单刀单掷开关、按键开关、单刀双掷开关、双刀双掷开关、保护开关组及反向开关，另外还有光电开关等. 表 2.5-6 列举了常见电器元件和各种开关的图形符号.

表 2.5-6　常见电器元件和各种开关的图形符号

名称	符号	名称	符号
变阻器（可调变阻器）	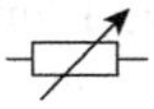	可变电容器	
电容器的一般符号	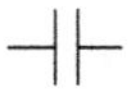	电感线圈	
互感线圈	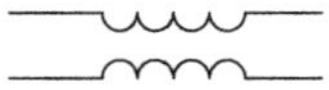	单刀双掷开关	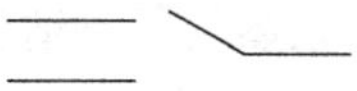
二极管	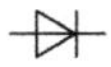	双刀双掷开关	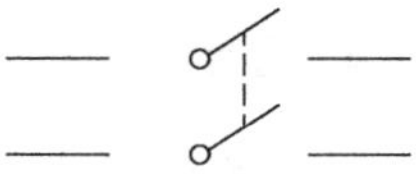
三极管（PNP 型）	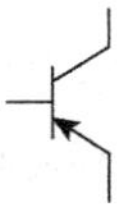	反向开关	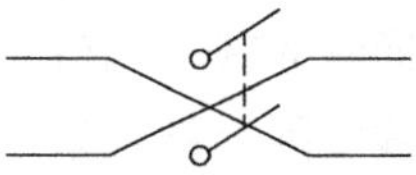
单刀单掷开关		保护开关组	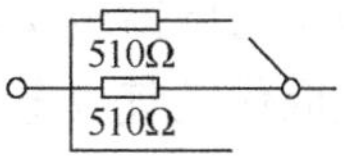
按键开关			

2.6　普通物理实验室常用光源

1. 白炽灯

白炽灯是以热辐射形式发射光能的电光源. 它以高熔点的钨丝为发光体，通电后温度约 2500K，达到白炽发光. 玻璃泡内抽成真空，充进惰性气体，以减少钨的蒸发. 这种灯的光谱是连续光谱. 白炽灯可做白光源和一般照明使用. 使用低压灯泡应特别注意是否与电源电压相适应，避免误接电压较高的插座，造成损坏事故.

2. 卤素灯

卤素灯如投影灯、汽车雾灯、放映灯等，常作为强光源使用. 在白炽灯中加入一定量的碘或溴等卤族元素，就成为碘钨灯或溴钨灯等卤素灯. 目前主要的卤素灯是碘钨灯或溴钨灯. 由于卤族元素和钨的化合物极易挥发，因此当卤族原子和钨蒸发在玻璃壳壁处化合，生成卤化钨以后，卤化钨很快挥发成气体又反过来向灯丝扩散，由于灯丝附近温度很高，卤化钨分解，因而灯丝附近的钨浓度大于没有卤族原子时的浓度，使钨沉淀在钨丝上. 这种灯具有发光效率高、光效稳定、光色较好、灯壳不发黑、体积小等优点.

3. 汞灯

汞灯是一种气体放电光源. 常用的低压汞灯，其玻璃管胆内的汞蒸气压强很低（几十到几百帕），发光效率不高，是小强度的弧光放电光源，可用它产生汞元素的特征光谱线. GP20 型低压汞灯的电源电压为 220V，工作电压为 20V，工作电流为 1.3A.

高压汞灯也是常用的光源，它的管胆内汞蒸气压强较高（有几个大气压），发光效率也较高，是中高强度的弧光放电灯. 该灯用于需要较强光源的实验，加上适当的滤光片可以得到一定波长的单色光. GGQ50 型仪器高压汞灯额定电压为 220V，功率为 50W，工作电压为（95±15）V，工作电流为 0.62A，稳定时间为 10min.

汞灯工作时必须串接适当的镇流器，否则会烧断灯丝. 为了保护眼睛，不要直接注视强光源. 正常工作的灯泡如遇临时断电或电压有较大波动而熄灭，必须等待灯泡逐步冷却，汞蒸气降到适当压强之后才可以重新起动.

4. 钠灯

钠光谱在可见光范围内有 589.59nm 和 588.99nm 两条波长很接近的特强光谱线，实验室通常取其平均值，以 589.3nm（D 线）的波长直接作为近似单色光使用. 此时其他的弱谱线实际上被忽略. 低压钠灯与低压汞灯的工作原理相类似. 充有金属钠和辅助气体的玻璃泡是用抗钠玻璃吹制的，通电后先是氖放电呈现红光，待钠滴受热蒸发产生低压蒸气，很快取代氖气放电，经过几分钟以后发光稳定，射出强烈黄光.

5. 光谱管（辉光放电管）

光谱管是一种主要用于光谱实验的光源，大多数在两个装有金属电极的玻璃泡之间连接一段细玻璃管，内充极纯的气体. 两极间加高电压，管内气体因辉光放电发出具有该种气体特征光谱成分的光辐射. 它发光稳定，谱线宽度小，可用于光谱分析实验作波长标准参考. 使用时把霓虹灯变压器的输出端接在放电管的两个电极上，因各元素光谱管起辉电压不同，所以在霓虹灯变压器的输入端接一个调压器，调节电压到管子稳定发光为止. 光谱管只能配接霓虹灯变压器或专用的漏磁变压器，不可接普通变压器，否则会被烧毁. 光谱管工作电压一般在几百到几千伏，必须注意人身安全. 每次换接光谱管之前，必须先拔下 220V 插头，以免触电. 还要注意，升压不可过高，因为过高的电压会使光谱管寿命缩短，还会增加不需要的杂线干扰.

6. 氦氖激光器

以上光源都属自发辐射光源，而氦氖激光器则是受激辐射光源，其外形结构如图 2.6-1 所示. 它与霓虹灯的一个重要不同之处是以适当的混合气体造成受激原子暂时居留的亚稳态，使原子在各能级上集居数的分布反常，高能级上的原子数目大大多于低能级上的原子数目，受激辐射占据优势，又在毛细管两端的反射镜形成的谐振腔内得到反馈放大，形成笔直的强光. 与其他光源相比,它具有极好的单色性、高度的相干性和很强的方向性. 因为光能高度集中加之光振荡放大，所以亮度也非常高.

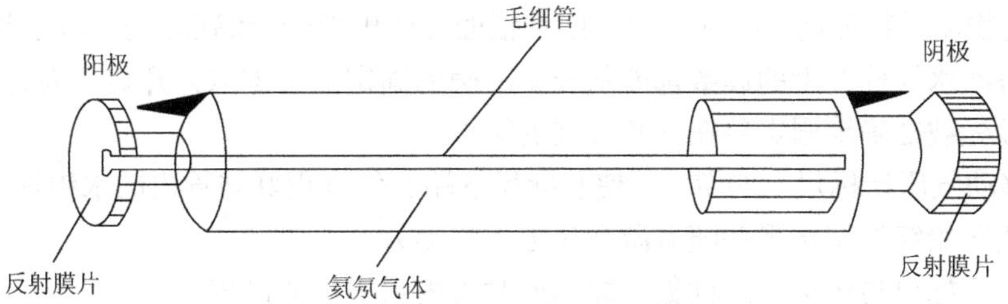

图 2.6-1　氦氖激光器外形结构

常用的全内腔小功率氦氖激光器输出功率 1～2mW，管长约 250mm，用直流高压激励和工作，筒状电极为阴极，最佳工作电流 4～5mA，出射的红光波长为 632.8nm.

激光器使用注意事项：

（1）按线路接线，严禁正、负极接错，严禁空载. 严格控制工作电流范围，点燃后应立即调节到最佳工作电流（即激光输出较强、较稳定的工作电流），通常约为 5.6mA；

（2）激光管是两端由多层介质膜片组成的光学谐振腔，必须保持清洁，防止灰尘、油污，严禁用手触摸；

（3）使用中不要用手触摸接线头，以防电击. 由于激光电源一般都有大电容，即使电源已切断，高压也会维持相当长的时间，因此，电源切断后也不能用手触摸接线头. 必要时，可将电源的输出端短接，让电容放电；

（4）激光束能量很集中，不能用眼睛直接观察，否则会造成人眼视网膜永久损伤.

2.7　气　压　计

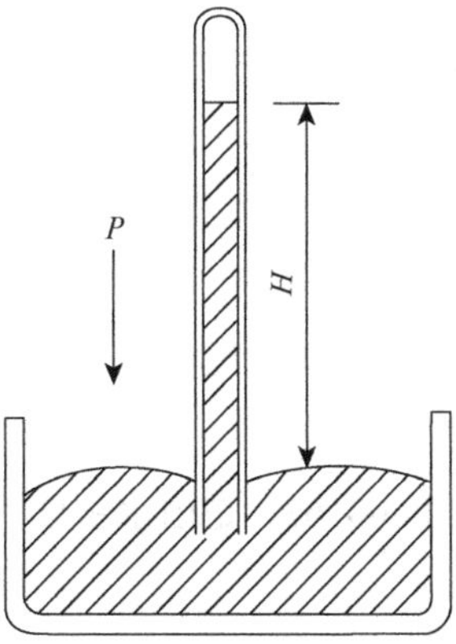

图 2.7-1　水银气压计测量原理

在影响实验的各种环境因素中，居首位的当属温度，其次便是空气的湿度和大气压强. 大气压强将影响气体和液体的密度，液体的沸点、固体的凝固点，以及声音在空气中的传播速度等. 因此，气压计也是实验室常用的环境监测仪器.

实验室里测量气体压强的常用仪器是水银气压计. 水银气压计测量原理如图 2.7-1 所示. 管上面封闭，管内为真空. 管内水银柱之高度即表示水银池面上的大气压强，实际上，这就是托里拆利实验的原理.

一般物理实验中最常见的水银气压计为福廷式，它的构造如图 2.7-2 所示. T 为上端封闭的一支玻璃管（即托里拆利管）；C 为水银槽；S 为调整螺钉，是用来使水银槽升降以调节水银面高度的；I 为白色象牙指标.

使用方法：

（1）将气压计调整到与水平面垂直；

（2）调整螺钉 S，使象牙指标 I 的尖端恰好与水银面外接触（此时，S 再略往下转，I 的像与 I 实物就重新分离；略往上转，则水银面上就出现一个涡形的小点）. 这项调整的目的是使每次水银柱高度的读数都能从一个准确的固定点（零点）开始，因为象牙指标 I 的尖端已预先被准确地固定装在读数标尺的零点上；

（3）移动气压计标尺上的游标，使游标尺下端的位置正好与管内的水银柱面相切（观察时，视线应始终保持水平并随着游标尺上下移动）；

（4）记下标尺与游标上的读数，即为此时管内水银柱的高度；

（5）记录温度计（常附装在气压计的套管面上）上的温度 t；

（6）代入下式便可求得此时该地的实际气压 H（用毫米汞柱来表示）为

$$H = H_t(1 - 0.000163t)$$

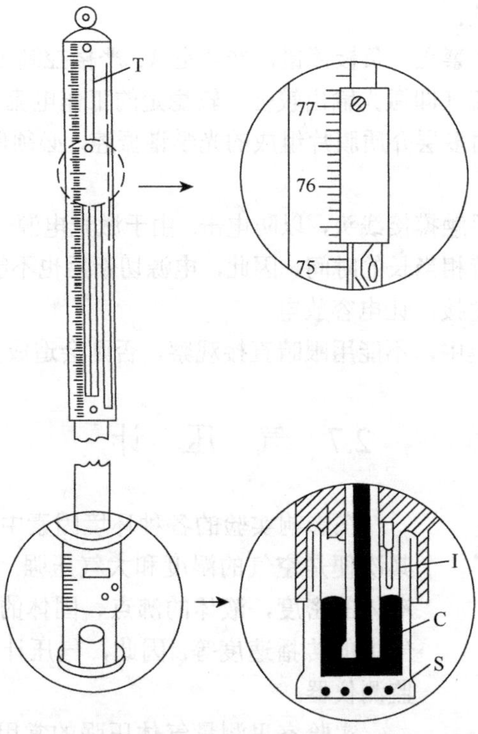

图 2.7-2　福廷式水银气压计

式中，H_t 是观察温度 t 时气压计的直接读数. 这里的压强系数为 0.000163，是由水银的热膨胀及管内水银蒸气压变化等因素决定的.

为便于应用，可按上式直接作成校正曲线，在以后应用时直接查出校正值.

第 3 章　基础性实验

3.1　长度的测量

【实验目的】

（1）了解游标卡尺、螺旋测微器（千分尺）的结构和测量原理.
（2）掌握游标卡尺、螺旋测微器的使用方法.
（3）练习做好记录和计算不确定度.

【实验仪器】

游标卡尺、螺旋测微器、空心圆柱体、钢球等.

【实验原理】

游标卡尺和螺旋测微器的工作原理及其使用方法见本书 2.1 节.

【实验内容】

1. 用游标卡尺测量空心圆柱体的几何尺寸

（1）记录游标卡尺的零点读数、分度值、仪器误差限.
（2）分别对空心圆柱体的外径、内径和高度在不同位置各测 5 次，将测量结果记入表 3.1-1 中.

2. 用螺旋测微器测量钢球直径

（1）记录螺旋测微器的零点读数、分度值、仪器误差限.
（2）在不同的位置测量钢球的直径 5 次，将测量结果记入表 3.1-2 中.

【数据处理】

1. 空心圆柱体的几何尺寸

游标卡尺的分度值 δ = ________ mm

零点读数 $D_0 = d_0 = H_0$ ____________ mm

游标卡尺的仪器误差限 $\Delta_{仪}$ = __________ mm

表 3.1-1　测量数据记录表

次数	1	2	3	4	5	平均值
外径 *D*/mm						
内径 *d*/mm						
高度 *H*/mm						

标准不确定度的 A 类分量

$$u_A(\bar{D}) = \sigma(\bar{D}) = \frac{\sigma(D)}{\sqrt{n}} = \sqrt{\frac{\sum_{i=1}^{n}(D_i - \bar{D})^2}{n(n-1)}} = \_\_\_\_\_\_\_\_\_\_ \text{ mm}$$

$$u_A(\bar{d}) = \sigma(\bar{d}) = \frac{\sigma(d)}{\sqrt{n}} = \sqrt{\frac{\sum_{i=1}^{n}(d_i - \bar{d})^2}{n(n-1)}} = \_\_\_\_\_\_\_\_\_\_ \text{ mm}$$

$$u_A(\bar{H}) = \sigma(\bar{H}) = \frac{\sigma(H)}{\sqrt{n}} = \sqrt{\frac{\sum_{i=1}^{n}(H_i - \bar{H})^2}{n(n-1)}} = \_\_\_\_\_\_\_\_\_\_ \text{ mm}$$

标准不确定度的 B 类分量

$$u_B(D) = \frac{\Delta_{仪}}{\sqrt{3}} = \_\_\_\_\_\_\_\_\_\_ \text{ mm}$$

$$u_B(d) = \frac{\Delta_{仪}}{\sqrt{3}} = \_\_\_\_\_\_\_\_\_\_ \text{ mm}$$

$$u_B(H) = \frac{\Delta_{仪}}{\sqrt{3}} = \_\_\_\_\_\_\_\_\_\_ \text{ mm}$$

合成标准不确定度

$$u_C(D) = \sqrt{u_A^2(\bar{D}) + u_B^2(D)} = \_\_\_\_\_\_\_\_ \text{ mm}$$

$$u_C(d) = \sqrt{u_A^2(\bar{d}) + u_B^2(d)} = \_\_\_\_\_\_\_\_ \text{ mm}$$

$$u_C(H) = \sqrt{u_A^2(\bar{H}) + u_B^2(H)} = \_\_\_\_\_\_\_\_ \text{ mm}$$

测量值的修正

$$D = \bar{D} - D_0 = \_\_\_\_\_\_\_\_ \text{ mm}$$

$$d = \bar{d} - d_0 = \_\_\_\_\_\_\_\_ \text{ mm}$$

$$H = \bar{H} - H_0 = \_\_\_\_\_\_\_\_ \text{ mm}$$

测量结果

$$D \pm u_C(D) = \_\_\_\_\_\_\_\_ \text{mm}$$
$$d \pm u_C(d) = \_\_\_\_\_\_\_\_ \text{mm}$$
$$H \pm u_C(H) = \_\_\_\_\_\_\_\_ \text{mm}$$

2. 钢球直径

螺旋测微器的分度值 $\delta =$ ________ mm，零点读数 $D_0 =$ __________ mm

螺旋测微器的仪器误差限 $\Delta_{仪} =$ _________ mm

表 3.1-2　测量数据记录表

次数	1	2	3	4	5	平均值
直径 D/mm						

标准不确定度的 A 类分量

$$u_A(\bar{D}) = \sigma(\bar{D}) = \frac{\sigma(D)}{\sqrt{n}} = \sqrt{\frac{\sum_{i=1}^{n}(D_i - \bar{D})^2}{n(n-1)}} = \_\_\_\_\_\_\_\_\_\_ \text{mm}$$

标准不确定度的 B 类分量

$$u_B(D) = \frac{\Delta_{仪}}{\sqrt{3}} = \_\_\_\_\_\_\_\_\_\_ \text{mm}$$

合成标准不确定度

$$u_C(D) = \sqrt{u_A^2(\bar{D}) + u_B^2(D)} = \_\_\_\_\_\_\_\_ \text{mm}$$

测量值的修正

$$D = \bar{D} - D_0 = \_\_\_\_\_\_\_\_ \text{mm}$$

测量结果

$$D \pm u_C(D) = \_\_\_\_\_\_\_\_ \text{mm}$$

【思考题】

（1）本实验中使用的游标卡尺的分度值是多少？它是怎么来的？
（2）用游标卡尺和螺旋测微器测量待测物，为什么要在不同位置进行多次测量？

3.2　固体密度的测量

【实验目的】

（1）熟悉物理天平的构造和使用方法.
（2）掌握测量规则固体密度的方法.

【实验仪器】

游标卡尺、螺旋测微器、物理天平、待测圆柱体等.

【实验原理】

设体积为V的某一物体的质量为m，则该物体的密度ρ为

$$\rho=\frac{m}{V} \tag{3.2-1}$$

若待测圆柱体的直径为d，高为h，其体积为$V=\frac{1}{4}\pi d^2 h$，代入式（3.2-1）得

$$\rho=\frac{4m}{\pi d^2 h} \tag{3.2-2}$$

实验中利用长度测量仪器直接测量圆柱体的直径d、高h，用物理天平称出其质量，代入式（3.2-2）即可求出圆柱体的密度.

【实验内容】

1. 用物理天平测量待测圆柱体的质量

（1）按使用要求调节物理天平，并记录天平的分度值、仪器误差限.

（2）将待测圆柱体放入天平左盘，称出其质量并作记录.

2. 测量待测圆柱体的几何尺寸

（1）记录游标卡尺和螺旋测微器的分度值、零点读数和仪器误差限.

（2）分别用螺旋测微器和游标卡尺测量待测圆柱体的直径d和高h，重复5次，将测量结果记入表3.2-1中.

【数据处理】

天平的分度值$\delta=$__________g，仪器误差限$\Delta_{m仪}=$__________g

游标卡尺的分度值$\delta=$__________mm，零点读数$h_0=$__________mm

仪器误差限$\Delta_{h仪}=$__________mm

螺旋测微器的分度值$\delta=$__________mm，零点读数$d_0=$__________mm

仪器误差限$\Delta_{d仪}=$__________mm

圆柱体质量$m=$__________g

1. 测量数据

表 3.2-1　测量数据记录表

次数	1	2	3	4	5	平均值
直径 d/mm						
高 h/mm						

标准不确定度的 A 类分量

$$u_A(\bar{d})=\sigma(\bar{d})=\frac{\sigma(d)}{\sqrt{n}}=\sqrt{\frac{\sum_{i=1}^{n}(d_i-\bar{d})^2}{n(n-1)}}=\_\_\_\_\_\_\_\_\text{ mm}$$

$$u_A(\bar{h})=\sigma(\bar{h})=\frac{\sigma(h)}{\sqrt{n}}=\sqrt{\frac{\sum_{i=1}^{n}(h_i-\bar{h})^2}{n(n-1)}}=\_\_\_\_\_\_\_\_\text{ mm}$$

标准不确定度的 B 类分量

$$u_B(d)=\frac{\Delta_{d仪}}{\sqrt{3}}=\_\_\_\_\_\_\_\_\text{ mm}$$

$$u_B(h)=\frac{\Delta_{h仪}}{\sqrt{3}}=\_\_\_\_\_\_\_\_\text{ mm}$$

合成标准不确定度

$$u_C(d)=\sqrt{u_A^2(\bar{d})+u_B^2(d)}=\_\_\_\_\_\_\_\_\text{ mm}$$

$$u_C(h)=\sqrt{u_A^2(\bar{h})+u_B^2(h)}=\_\_\_\_\_\_\_\_\text{ mm}$$

单次测量标准不确定度

$$u_C(m)=u_B(m)=\frac{\Delta_{m仪}}{\sqrt{3}}=\_\_\_\_\_\_\_\_\text{ g}$$

2. 测量值的修正

$$d=\bar{d}-d_0=\_\_\_\_\_\_\_\_\text{ mm}$$

$$h=\bar{h}-h_0=\_\_\_\_\_\_\_\_\text{ mm}$$

3. 测量结果

$$d\pm u_C(d)=\_\_\_\_\_\_\_\_\text{ mm}$$

$$h\pm u_C(h)=\_\_\_\_\_\_\_\_\text{ mm}$$

$$m\pm u_C(m)=\_\_\_\_\_\_\_\_\text{ g}$$

$$\rho=\frac{4m}{\pi\bar{d}^2\bar{h}}=\_\_\_\_\_\_\_\_\text{ g/cm}^3$$

$$E=\frac{u_C(\rho)}{\rho}=\sqrt{\left(\frac{u(m)}{m}\right)^2+\left(\frac{2u(d)}{d}\right)^2+\left(\frac{u(h)}{h}\right)^2}=\_\_\_\_\_\_\%$$

$$u_C(\rho)=E\rho=\_\_\_\_\_\_\ \text{g/cm}^3$$

$$\rho\pm u_C(\rho)=\_\_\_\_\_\_\ \text{g/cm}^3$$

【思考题】

（1）使用天平测量前应对天平进行哪些调节？使用中应注意哪些问题？

（2）在本实验中，哪一个直接测量量的测量对实验结果影响最大？如何改进？

3.3　气垫导轨测速度和加速度

【实验目的】

（1）掌握气垫导轨的调整方法和光电计时器的应用.

（2）学习和初步掌握在气垫导轨上测速度和加速动的方法.

【实验仪器】

气垫导轨、滑块、光电门、MUJ-Ⅱ型电脑通用计数器、气泵、游标卡尺等.

【仪器介绍】

气垫导轨是一种摩擦很小的运动实验装置. 它的构造如图 3.3-1 所示，主要由导轨、滑块、光电门组成.

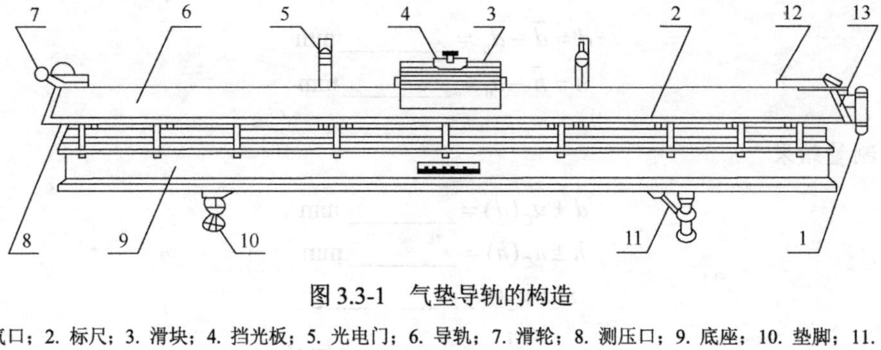

图 3.3-1　气垫导轨的构造

1. 进气口；2. 标尺；3. 滑块；4. 挡光板；5. 光电门；6. 导轨；7. 滑轮；8. 测压口；9. 底座；10. 垫脚；11. 支脚；12. 发射架；13. 端盖

导轨是一个三角形中空长直管体. 轨面上两侧有一排排喷气孔. 导轨一端封闭，一端装有进气口，当压缩空气进入管腔后，就从小孔喷出，在轨面与轨上滑块之间形成很薄的空气膜（即所谓气垫），将滑块从导轨上托起 0.1mm，从而把滑块与导轨之间接触的滑动摩擦变成空气层之间的气体内摩擦，极大地减少了摩擦力的影响. 导轨两端有缓冲弹簧，一端安有滑轮. 整个导轨安在钢梁上，其下有三个用以调节导轨水平的底脚螺丝.

滑块是用角型铝材制成的，其两侧内表面与导轨面精密吻合. 滑块两端装有缓冲器，其上面可安置挡光板或附加重物.

光电门由光源和光敏二极管组成，立在导轨的一侧. 光敏二极管与计数器相接. 当光照到光敏二极管上时，光敏二极管不输出电脉冲；当光源和光敏二极管之间被挡住时，光敏二极管输出一个电脉冲触发计数器开始计数，当第二次遮挡光敏二极管时，光敏二极管再输出一个电脉冲触发计数器停止计数.

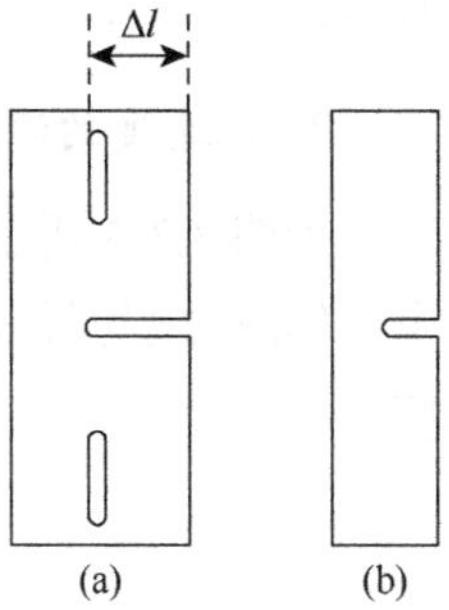

图 3.3-2　挡光板

挡光板由金属制成，主要有条形和槽形两种，如图 3.3-2 所示，把它装在滑块上，通过挡光控制计数器.

使用气垫导轨的注意事项：

（1）防止碰伤轨面和滑块. 滑块和轨面之间只有不到 0.2nm 的间隙，如果轨面和滑块内表面被碰伤或变形，则可能出现接触摩擦使阻力显著增加；

（2）检查轨面喷气孔是否堵塞. 气轨供气后，用薄的小纸片逐一检查气孔，发现堵塞要用细钢丝通一下；

（3）用纱布蘸取少许酒精擦拭轨面及滑块内表面；

（4）气轨未供气时，不要在轨上推动滑块；

（5）实验后取下滑块，盖上罩布.

【实验原理】

1. 瞬时速度的测定

一个做直线运动的物体，在 Δt 时间内在某点附近产生一段位移 Δx，则该物体在 Δt 时间内的平均速度

$$\bar{v}=\frac{\Delta x}{\Delta t} \tag{3.3-1}$$

Δt 越小，所计算出来的平均速度就越接近该点的瞬时速度. 当 $\Delta t \to 0$ 时，平均速度趋向于一个极限，即

$$v=\lim_{\Delta t\to 0}\frac{\Delta x}{\Delta t} \tag{3.3-2}$$

这就是物体在该点的瞬时速度.

由于极限值不能在实验中直接测量，所以本实验采用作图法来求瞬时速度. 先测量不

同微小有限量 Δt 及相应时段的位移 Δx，求得各 Δt 内物体的平均速度 $\bar{v}$，然后用作图法得出平均速度 $\bar{v}$ 与 Δt 的趋势规律，由趋势图中得出 $\Delta t = 0$ 时的 $\bar{v}$ 值，此即物体通过测量点时的瞬时速度 v.

实验中采用两块挡光板，其中一块挡光板沿运动方向固定在滑块的前端，另一块根据需要固定在滑块的不同地方. 使滑块从倾斜的气垫导轨上某一固定位置自由下滑，当挡光板通过光电门时，两块挡光板对光电门的两次遮光自动开启和关闭光电计时器，这样就可以得到不同距离 Δx 通过测量点的时间 Δt，然后通过作图法就可求出滑块通过测量点的瞬时速度.

2. 加速度的测量

如图 3.3-3 所示，当滑块在气垫导轨上做匀加速直线运动时，滑块通过 P_1、P_2 两个光电门的瞬时速度分别为 v_1、v_2，滑块在两个光电门之间运动的时间为 Δt_{12}，则滑块的加速度为

$$a = \frac{v_2 - v_1}{\Delta t_{12}} \tag{3.3-3}$$

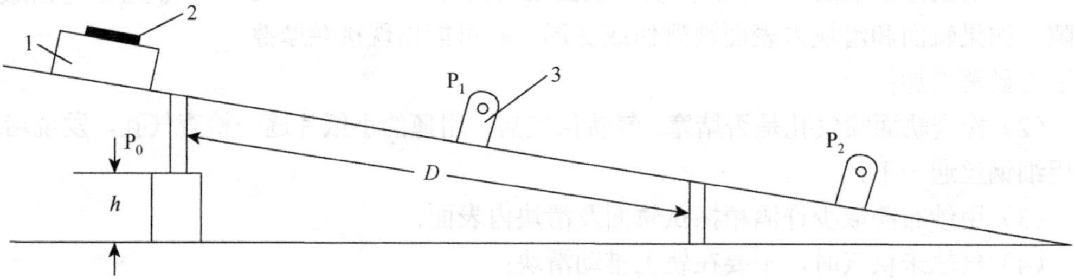

图 3.3-3　加速度的测量

1. 滑块；2. 挡光板；3. 光电门

实验中利用作图法求出 v_1、v_2，Δt_{12} 由光电计时器测出，则利用式（3.3-3）就可计算出滑块的加速度.

【实验内容】

1. 气垫导轨的调整

打开气泵给气垫导轨送气，用酒精清洁导轨和滑块表面，并将滑块放在导轨上，调节气垫导轨下的单脚螺丝，使气垫导轨处于水平状态（滑块在气垫导轨上各处都能保持静止状态或在气垫导轨上做匀速直线运动）.

2. 计数器的调整

MUJ-Ⅱ型电脑通用计数器的调整和测量速度、加速度的方法请参阅 2.3.4 节.

3. 测量速度及加速度

（1）在调平后的气垫导轨单脚螺丝下加 30.00mm 厚的垫块，使导轨倾斜，如图 3.3-3 所示，并将光电门固定于气垫导轨 P_1、P_2 处，其引线插入计数器后面板的插孔内．将两块条型挡光板之一固定于滑块的前端（沿运动方向），另一块挡光板固定于 $x = 40.00$mm 左右（参见图 3.3-4）．将滑块放在气垫导轨的某一固定位置.

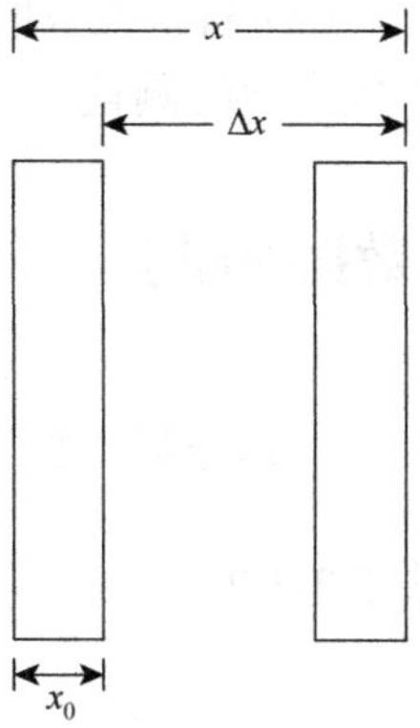

图 3.3-4　挡光板的放置

（2）按光电计数器面板的 [out / gate] 键，直至时标为 ms，并且显示器中显示小数点后有两位数（.00）；按 [a^7][$\_^0$][Δt^2] 次序按面板上的各键，使显示器显示_2 提示符．使滑块在气垫导轨上自由下滑，计数器循环显示滑块通过第一、第二光电门的时间 Δt_1、Δt_2，以及通过两个光电门之间的时间 Δt_{12}，并在显示时间之前有相应的提示符 1.2.1_2.

（3）每次记录完毕，按 [a^7] 键进行清零，重复测量 6 次，将测量结果记录在表 3.3-1 中.

表 3.3-1　测量数据记录表

序号	挡光板宽度 x_i/mm	时间/ms	测量次数					
			1	2	3	4	5	6
1		Δt_1						
		Δt_2						
		Δt_{12}						
2		Δt_1						
		Δt_2						
		Δt_{12}						
3		Δt_1						
		Δt_2						
		Δt_{12}						
4		Δt_1						
		Δt_2						
		Δt_{12}						
5		Δt_1						
		Δt_2						
		Δt_{12}						
6		Δt_1						
		Δt_2						
		Δt_{12}						

（4）将挡光板间距分别调为 $x=50.00$mm，60.00mm，70.00mm，80.00mm，90.00mm，重复上面的测量.

【数据处理】

（1）分别计算滑块通过两个光电门的平均速度 $\overline{v_i}=\dfrac{\Delta x_i}{\Delta t_i}$（其中 $\Delta x_i=x_i-x_0$），填入表 3.3-2 中.

表 3.3-2　平均速度数据表

序号	有效遮光宽度 Δx_i/mm	平均时间 $\Delta\overline{t_{1i}}$/ms	平均速度 $\overline{v}_{1i}$/(m/s)	平均时间 $\Delta\overline{t_{2i}}$/ms	平均速度 $\overline{v}_{2i}$/(m/s)
1					
2					
3					
4					
5					
6					

（2）用作图法分别求出滑块通过两个光电门的瞬时速度．$v_1=$__________m/s，$v_2=$__________m/s．

（3）计算滑块的加速度.

（a）计算滑块通过两个光电门之间的时间的平均值

$$\Delta\overline{t_{12}}=\frac{1}{36}\sum_{i=1}^{36}\Delta t_{12i}=\_\_\_\_\_\_\_\_\_\_\ \text{s}$$

（b）计算加速度的测量值

$$a=\frac{|v_2-v_1|}{\Delta\overline{t_{12}}}=\_\_\_\_\_\_\_\_\_\_\_\_\ \text{m/s}^2$$

（c）计算加速度的理论值

$$a_0=\frac{h}{D}g=\_\_\_\_\_\_\_\_\_\_\_\_\_\_\ \text{m/s}^2$$

（4）测量结果的相对误差

$$E=\frac{|a-a_0|}{a_0}\times 100\%=\_\_\_\_\_\_\_\_\_\_\_\_$$

【思考题】

（1）检查气垫导轨是否水平有几种方法?

（2）本实验中，瞬时速度还能用其他方法求出吗？

3.4　金属杨氏弹性模量的测定

【实验目的】

（1）学习用拉伸法测定金属丝的杨氏弹性模量的方法.
（2）掌握用光杠杆法测量微小长度变化量的原理和方法.
（3）学会用逐差法处理实验数据.

【实验仪器】

杨氏模量测定仪、螺旋测微器、游标卡尺、米尺、砝码等.

【仪器介绍】

杨氏模量测定仪主要由光杠杆和标尺望远镜组成，如图 3.4-1 所示. 光杠杆由平面镜和三脚架组成. 标尺望远镜由望远镜和标尺组成，如图 3.4-2 所示. 使用时，将光杠杆的两个前脚放在支架平台的槽内，后脚放在金属丝夹头的平台上. 当金属丝伸长时，三脚架的后脚尖也将随之下降，这时会带动平面镜发生微小的偏转. 用望远镜观察平面镜内标尺的像，观察到的刻度变化反映了入射到望远镜的光线的偏转情况.

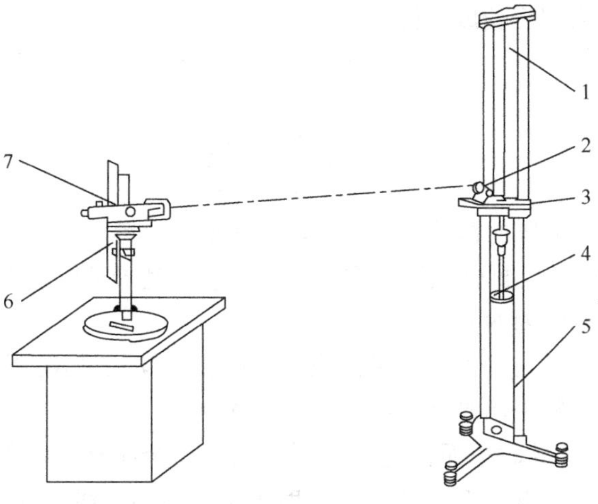

图 3.4-1　杨氏模量测定仪

1. 金属丝；2. 光杠杆；3. 平台；4. 砝码托；5. 支架；6. 望远镜；7. 标尺

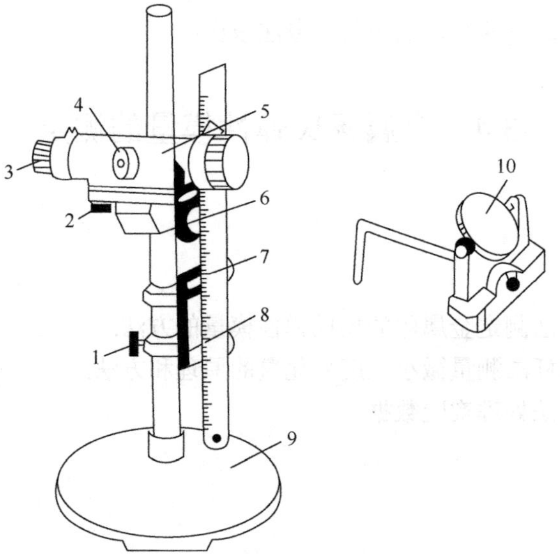

图 3.4-2　标尺望远镜

1. 标尺支架锁紧旋钮；2. 仰角微调旋钮；3. 目镜旋钮；4. 内调焦旋钮；5. 望远镜；6. 望远镜锁紧手柄；7. 标尺；8. 毫米尺支架；9. 底座；10. 反射镜

【实验原理】

物体在外力的作用下发生形状与大小改变的现象称为形变. 当形变较小时，外力撤除后形变随之消失，物体完全恢复原状，称这样的形变为弹性形变. 若形变超过了一定限度，外力撤除后，物体不能完全恢复原状，仍有剩余形变，称为塑性形变.

设金属丝长为 L，横截面积为 S，若在沿长度方向受到力 F 的作用，金属丝伸长了 ΔL，比值 F/S 称为应力，相对伸长量 $\Delta L/L$ 称为应变，根据胡克定律，若应变很小，在弹性限度范围内，应力和应变成正比

$$\frac{F}{S}=Y\frac{\Delta L}{L} \tag{3.4-1}$$

$$Y=\frac{F/S}{\Delta L/L}=\frac{FL}{S\Delta L} \tag{3.4-2}$$

式中，比例系数 Y 称为金属的杨氏弹性模量，它在数值上等于单位应变的应力. 其值仅与材料有关，而与物体的横截面积、长度、所受外力无关，是表征固体性质的一个物理量. 在国际单位制中，Y 的单位为 N/m^2.

式（3.4-2）中的 F、L、S 都容易测出，只有微小伸长量 ΔL 用通常测长度的仪器不容易测准确，为此本实验采用光杠杆放大原理测 ΔL.

如图 3.4-3 所示，开始时平面镜处于 M 的位置，当金属丝长度变化 ΔL 时，平面镜 M 转过 θ 角，转到 M′ 位置. 根据反射定律，入射到望远镜的光线转过 2θ 角，设从望远镜中观察到的标尺刻度的改变量为 Δn，镜面到标尺的距离为 D，光杠杆后脚至两前脚的连线的距离为 b. 则

$$\tan\theta = \frac{\Delta L}{b}, \quad \tan 2\theta = \frac{\Delta n}{D}$$

因为$b \gg \Delta L$，θ角很小，故$\tan\theta \approx \theta$，$\tan 2\theta \approx 2\theta$，所以

$$\theta = \frac{\Delta L}{b}, \quad 2\theta = \frac{\Delta n}{D}$$

于是

$$\Delta L = \frac{b\Delta n}{2D} \tag{3.4-3}$$

金属丝的横截面积

$$S = \frac{1}{4}\pi d^2 \text{（}d\text{ 是金属丝直径）} \tag{3.4-4}$$

$$F = \Delta mg \tag{3.4-5}$$

将式（3.4-3）～式（3.4-5）代入式（3.4-2）中得

$$Y = \frac{8\Delta mgLD}{\pi d^2 b\Delta n} \tag{3.4-6}$$

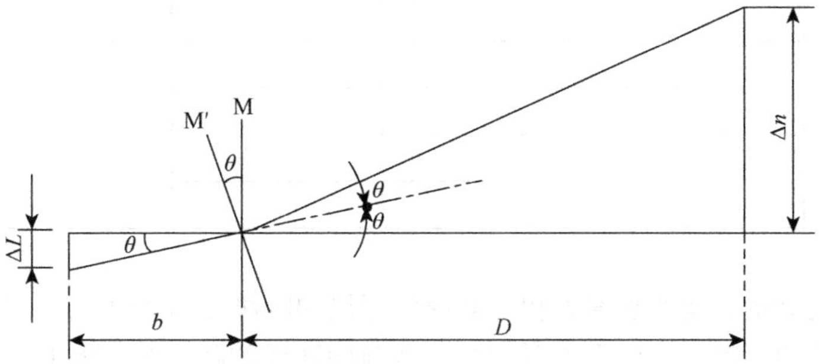

图 3.4-3　光杠杆测量原理图

【实验内容】

（1）调整杨氏模量测定仪的三脚架底座螺钉，使杨氏模量测定仪立柱处于垂直状态. 轻轻按动砝码托，检查金属丝夹子能否在平台孔中上下自由地移动.

（2）将光杠杆放在平台上，两前脚放在平台上的横槽内，后脚放在金属丝夹头的平台上，不得与金属丝相碰.

（3）转动平面镜，使其镜面铅直.

（4）标尺望远镜的调整.

（a）目测粗调. 粗调望远镜的高度，使其中心与平面镜的中心等高；调节望远镜水平调节螺钉，使望远镜基本水平；调节标尺的高度，使标尺零刻线与望远镜主光轴高度相近；通过移动底座，改变标尺望远镜的位置，调节平面镜和望远镜的倾度等，直到从望远镜外沿缺口和准星连线方向观察到平面镜中标尺的像.

（b）望远镜调节. 旋转望远镜的目镜，看清楚分划板十字叉丝. 旋转望远镜的调焦旋

钮，通过望远镜能看到平面镜. 调整望远镜的水平调节螺钉，使平面镜的像落在望远镜视场中，再继续调节望远镜的调焦旋钮，看清楚标尺像（此时不会看到平面镜了）. 调节望远镜的水平调节螺钉或细调平面镜的倾角，使标尺的零刻线在分划板中央准线附近，并且在望远镜整个视场中标尺像都清晰.

（c）消除视差. 仔细调节望远镜的调焦手轮，使眼睛上下移动时，分划板上的水平叉丝与标尺刻线像之间无相对移动，即标尺读数不会因为眼睛位置的变化而改变.

（5）在砝码托上放一个砝码，记录分划板叉丝水平线对准的标尺刻度. 每次增加一个砝码，记录相应的标尺读数. 增加砝码到 6 个后，再每次取下一个砝码，记录相应标尺的读数，并将读数记录在表 3.4-1 中.

表 3.4-1 实现数据记录表

次数	砝码/kg	标尺读数			$\Delta n_i=(n_{i+3}-n_i)$/cm	$\overline{\Delta n}$/cm
		增加砝码 n_+/cm	减少砝码 n_-/cm	平均 $\bar{n}_i=\dfrac{n_++n_-}{2}$/cm		
1	1.00					
2	2.00					
3	3.00					
4	4.00					
5	5.00					
6	6.00					

（6）用直尺测量金属丝长度 L 和平面镜到标尺的距离 D（测 1 次）；将光杠杆放在纸上压出三脚足尖的痕迹，用直尺测量后脚至两前脚连线的距离 b（测 1 次）；用螺旋测微器测金属丝的直径 d（测 5 次），将 d 的测量结果记录在表 3.4-2 中.

【注意事项】

（1）调节望远镜时，要注意消除视差，否则将会影响读数的准确性.

（2）开始记录资料后，不得移动任何装置及相对位置，否则应重新测量所有数据.

（3）加减砝码时，应轻拿轻放，保持砝码始终处于稳定状态，并且要避免碰撞支架.

（4）钢丝增减荷重后，并不是立即伸长、缩短到应到长度，而是存在着滞后效应，所以每次增减砝码要等待片刻再进行测量.

【数据处理】

1. 用逐差法处理标尺读数，并计算标准不确定度

仪器误差限 $\Delta_{仪}=$ ______________ mm

标准不确定度的A类分量

$$u_A(\overline{\Delta n})=\sigma(\overline{\Delta n})=\frac{\sigma(\Delta n)}{\sqrt{n}}=\sqrt{\frac{\sum_{i=1}^{n}(\Delta n_i-\overline{\Delta n})^2}{n(n-1)}}=\_\_\_\_\_\_\_\_\ \text{cm}$$

标准不确定度的B类分量

$$u_B(\Delta n)=\frac{\Delta_{仪}}{\sqrt{3}}=\_\_\_\_\_\_\_\_\ \text{cm}$$

合成标准不确定度

$$u_C(\Delta n)=\sqrt{u_A^2(\overline{\Delta n})+u_B^2(\Delta n)}=\_\_\_\_\_\_\_\_\ \text{cm}$$

2. 多次测量 d

螺旋测微器的仪器误差限 $\Delta_{仪}=$ ________ mm

螺旋测微器的零点读数 $d_0=$ ________ mm

表 3.4-2 金属丝直径数据表

次数	1	2	3	4	5	平均值 $\bar{d}$
直径 d/mm						

标准不确定度的A类分量

$$u_A(\bar{d})=\sigma(\bar{d})=\frac{\sigma(d)}{\sqrt{n}}=\sqrt{\frac{\sum_{i=1}^{n}(d_i-\bar{d})^2}{n(n-1)}}=\_\_\_\_\_\_\_\_\ \text{mm}$$

标准不确定度的B类分量

$$u_B(d)=\frac{\Delta_{仪}}{\sqrt{3}}=\_\_\_\_\_\_\_\_\ \text{mm}$$

合成标准不确定度

$$u_C(d)=\sqrt{u_A^2(\bar{d})+u_B^2(d)}=\_\_\_\_\_\_\_\_\ \text{mm}$$

计算砝码变化量的不确定度（$\Delta m=3.000\text{kg}$）

$$u_C(m)=u_B(m)=\frac{\Delta_{m仪}}{\sqrt{3}}=\_\_\_\_\_\_\_\_\ \text{kg}$$

3. 单次测量 L、D、b

米尺的仪器误差限 $\Delta_{仪}=$ ________ mm

$L=$ ________ mm， $D=$ ________ mm， $b=$ ________ mm

单次测量标准不确定度

$$u_C(L)=u_B(L)=\frac{\Delta_{仪}}{\sqrt{3}}=\_\_\_\_\_\_\_\_\ \text{mm}$$

$$u_C(D)=u_B(D)=\frac{\Delta_{仪}}{\sqrt{3}}=\_\_\_\_\_\_\_\_\_\_\text{ mm}$$

$$u_C(b)=u_B(b)=\frac{\Delta_{仪}}{\sqrt{3}}=\_\_\_\_\_\_\_\_\_\_\text{ mm}$$

4. 计算杨氏弹性模量及其标准不确定度

$$Y=\frac{8\Delta mgLD}{\pi\bar{d}^2b\Delta n}=\_\_\_\_\_\_\_\_\_\_\text{ N/m}^2$$

$$E=\frac{u_C(Y)}{Y}=\sqrt{\left(\frac{u(L)}{L}\right)^2+\left(\frac{u(D)}{D}\right)^2+\left(\frac{u(b)}{b}\right)^2+\left(\frac{2u(d)}{d}\right)^2+\left(\frac{u(\Delta m)}{\Delta m}\right)^2+\left(\frac{u(\Delta n)}{\Delta n}\right)^2}$$

$$=\_\_\_\_\_\_\_\_\_\_$$

$$u_C(Y)=EY=\_\_\_\_\_\_\_\_\_\_\text{ N/m}^2$$

$$Y\pm u_C(Y)=\_\_\_\_\_\_\_\_\_\_\text{ N/m}^2$$

【思考题】

（1）以本实验说明光放大测量法的优点.

（2）用逐差法处理数据的好处是什么？

3.5　三线摆法测物体的转动惯量

【实验目的】

掌握用三线摆测量物体转动惯量的原理和方法.

【实验仪器】

三线摆、游标卡尺、米尺、物理天平、秒表、待测圆环.

【实验原理】

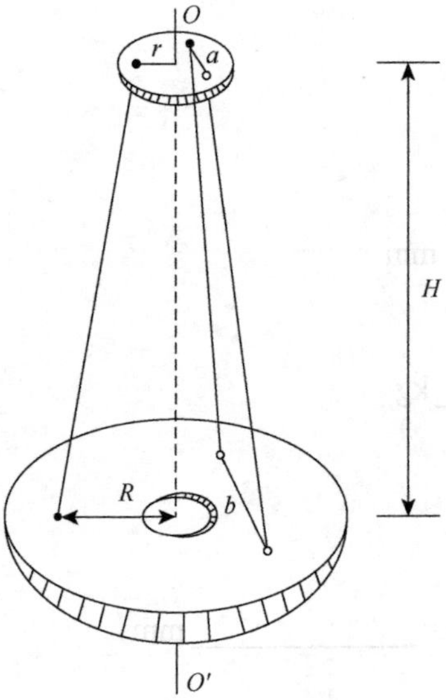

图 3.5-1　三线摆

三线摆如图 3.5-1 所示，由两个大小不同的圆盘用三根等长的悬线对称连接而成. 上圆盘固定不动，下圆盘可绕中心轴 OO' 扭动，扭转摆动的周期与其绕中心轴转动惯量的大小有关. 三线摆法就是通过测量摆动周期来测定转动惯量的.

设下圆盘的质量为 M， r 和 R 分别为上、下圆盘悬点到中心轴的距离，H 为两圆盘间的距离，T_0 为下圆盘的摆动周期，则下圆盘绕中心轴 OO' 的转动惯量 I_0 可用下式计算（推导见本实验附录）：

$$I_0 = \frac{MgRr}{4\pi^2 H} T_0^2 \tag{3.5-1}$$

式（3.5-1）的适用条件是：摆角很小（$<5°$），摆线很长，圆盘水平，转轴为圆盘中心轴.

若要测量质量为 m 的圆环绕定轴的转动惯量 I，可将该物体放在下圆盘上，使其转轴与中心轴重合，测量圆盘与待测物共同转动的周期 T，则由

$$I_{总} = \frac{(M+m)gRr}{4\pi^2 H} T^2 = I_0 + I \tag{3.5-2}$$

可得该物体绕定轴的转动惯量

$$I = I_{总} - I_0 \tag{3.5-3}$$

本实验用该方法测量圆环绕中心轴的转动惯量，其理论计算公式为

$$I_{环} = \frac{1}{2} m (R_1^2 + R_2^2) \tag{3.5-4}$$

式中，R_1，R_2 分别为圆环的内、外半径；m 为圆环的质量，可用实验值与理论值进行比较，以估算实验值的误差.

【实验内容】

1. 调整三线摆

（1）调整上圆盘上的卷线螺丝，使三条悬线长度相等.

（2）调支架底脚螺丝，使下圆盘水平.

2. 测量仪器常数

（1）用物理天平分别称出下圆盘质量 M 和待测圆环的质量 m（或由实验室给出）.

（2）用米尺测量上、下圆盘间的垂直距离 H.

（3）用游标卡尺分别测量上圆盘悬点之间的距离 a 和下圆盘悬点之间的距离 b（图 3.5-1），各取其平均值，算出悬点到中心轴的距离 r 和 R（r 和 R 分别为以 a 和 b 为边长的等边三角形外接圆的半径）.

（4）用游标卡尺测量圆环内、外直径.

（5）将以上数据记录在表 3.5-1 中.

3. 测转动周期

（1）将下圆盘转动一小角度后返回，使下圆盘开始摆动，用秒表测量下圆盘摆动 50 次所需的时间（$50T_0$），重复 3 次求平均值，算出周期 T_0.

（2）把待测圆环置于下圆盘上，使两者中心轴线重合，按上述方法测出圆盘和圆环共同摆动的周期 T.

（3）将以上数据记录在 3.5-2 中.

【数据处理】

1. 仪器常数的测定

表 3.5-1　测量数据记录表

次数	上圆盘悬点间距离 a/m	下圆盘悬点间距离 b/m	待测圆环		下圆盘质量 M/kg	圆环质量 m/kg	上下圆盘间距 H/m
			内直径 $2R_1$ /m	外直径 $2R_2$ /m			
1							
2							
3							
平均	$a = r = \frac{\sqrt{3}}{3}a =$	$b = R = \frac{\sqrt{3}}{3}b =$	$R_1 =$	$R_2 =$			

2. 周期的测定

表 3.5-2　测定周期数据记录表　　（单位：s）

次数	圆盘	圆盘 + 圆环
	$50\,T_0$	$50\,T$
1		
2		
3		
平均值		
平均周期		

3. 转动惯量的计算

（1）用式（3.5-1）计算圆盘转动惯量 I_0.

（2）用式（3.5-2）计算圆盘 + 圆环的转动惯量 $I_{总}$.

（3）用式（3.5-3）计算圆环绕中心轴的转动惯量的理论值 $I_{环}$.

（4）将理论值与实验值作比较，并作误差分析，$E = \dfrac{|I_{环} - I|}{I_{环}} \times 100\%$.

【思考题】

（1）测圆环的转动惯量时，应把圆环放在与圆盘的同心位置上，若放偏了，则测出的结果是偏大了还是偏小了？为什么？

（2）三线摆放待测物后，它的转动周期是否一定比空盘的转动周期大？为什么？

（3）本实验中，哪个量的测量误差对结果影响较大？应如何测得更精确些？

【附录】三线摆转动惯量公式的推导

如图3.5-2所示，设下圆盘的质量为M，上、下圆盘的悬点到中心轴OO'的距离分别为r和R，悬线长l. 当下圆盘绕中心轴OO'作小角度θ扭动时，圆盘上升高度为h，它的势能增加E_p，则

$$E_p = Mgh$$

当下圆盘回到平衡位置时，它具有动能

$$E_k = \frac{1}{2}I_0\omega^2$$

式中，I_0为下圆盘对于通过其质心且垂直于盘面的OO'轴的转动惯量；ω为回到平衡位置时的角速度. 忽略空气摩擦力的影响，按机械能守恒定律得

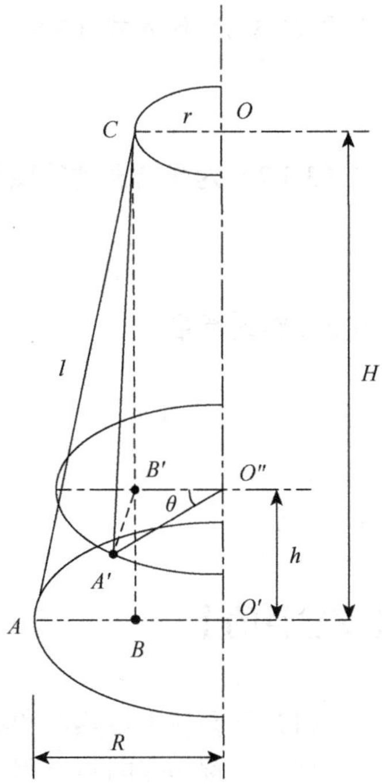

图3.5-2 三线摆原理图

$$\frac{1}{2}I_0\omega^2 + Mgh = \text{恒量} \tag{3.5-5}$$

式中，$\omega = \frac{d\theta}{dt}$. 所以有

$$\frac{1}{2}I_0\left(\frac{d\theta}{dt}\right)^2 + Mgh = \text{恒量}$$

由图3.5-2可找出θ和H的几何关系. 圆盘由平衡位置转过θ角时，悬点C在下圆盘上垂足由B变为B'，则圆盘上升高度

$$h = \overline{BB'} = \overline{CB} - \overline{CB'} = \frac{\overline{CB}^2 - \overline{CB'}^2}{\overline{CB} + \overline{CB'}}$$

其中

$$\begin{cases} \overline{CB}^2 = \overline{CA}^2 - \overline{AB}^2 = l^2 - (R-r)^2 \\ \overline{CB'}^2 = \overline{CA'}^2 - \overline{A'B'}^2 = l^2 - (R^2 + r^2 - 2Rr\cos\theta) \end{cases}$$

又$\overline{CB} + \overline{CB'} = 2H$，所以

$$h = \frac{2Rr(1-\cos\theta)}{2H} = \frac{2Rr}{H}\sin^2\frac{\theta}{2}$$

θ很小时，$\sin\frac{\theta}{2} \approx \frac{\theta}{2}$，故

$$h = \frac{Rr}{2H}\theta^2 \tag{3.5-6}$$

将式（3.5-6）代入式（3.5-5），并对时间 t 求微分得

$$\frac{d^2\theta}{dt^2}+\frac{MgRr}{HI_0}\theta=0 \tag{3.5-7}$$

式（3.5-7）为简谐振动的微分方程，故摆动周期

$$T_0=\frac{2\pi}{\omega}=2\pi\sqrt{\frac{HI_0}{MgRr}}$$

由此得转动惯量

$$I_0=\frac{MgRr}{4\pi^2 H}T_0^2$$

3.6　测定冰的熔解热

【实验目的】

（1）学会使用量热器和温度计.
（2）了解相变的热过程.
（3）学习用混合法测定冰的熔解热.

【实验仪器】

量热器、天平、温度计、冰等.

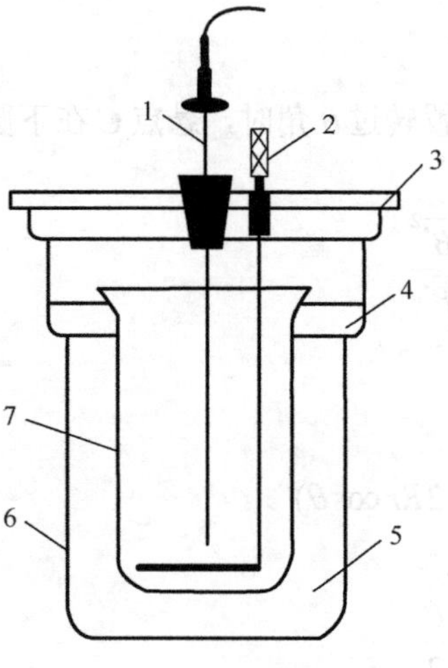

图 3.6-1　量热器结构图

1. 温度计；2. 带绝热柄的搅拌器；3. 绝热盖；4. 绝热架；5. 空气；6. 表面镀亮的金属外筒；7. 表面镀亮的金属内筒

【仪器介绍】

为了使实验系统接近于孤立系统，本实验采用了量热器. 量热器的种类很多，随测量的目的、要求、测量精度的不同而异，最简单的一种如图 3.6-1 所示，它由良导体做成的内筒放在一较大的外筒中组成. 通常在内筒中放水、温度计及搅拌器，它们（内筒、温度计、搅拌器及水）连同放进的待测物就构成了我们进行实验的系统. 铜制的内筒放在一个较大的外筒内部的绝热架上，外筒用绝热盖盖住. 因此筒内的空气与外界对流很小，又因空气是不良传热体，所以内、外筒间传导的热量很小. 另外，内筒的外壁和外筒壁都电镀得十分光亮，使得它们发射或吸收辐射热的能力弱. 这样量热器内的实验系统接近于孤立系统.

【实验原理】

物质以固态、液态或气态形式存在. 三种状态称为三个相. 压强不变时，在一定温度下，不同状态之间的转变叫相变. 相变时一般要吸收（或放出）热量，称为相变潜热.

单位质量的物质，在熔点时，由固体状态完全熔解为同温度的液体状态所需要吸收的热量，叫做该物质的熔解热，这就是一种相变潜热.

混合法测定冰的熔解热的基本做法是：将质量为 m 、温度为 0℃的冰投入质量为 m_1 、温度为 t_1 的水中，假设冰全部熔解为水后，达到热平衡的温度为 t_2 . 水的比热容 $c_1 = 4.18\times 10^3\,\mathrm{J/(kg\cdot ℃)}$. 量热器内筒和搅拌器总质量为 m_2 ，铜的比热容 $c_2 = 3.85\times 10^2\,\mathrm{J/(kg\cdot ℃)}$. 如果实验系统为孤立系统，并忽略温度计的热容量，设 λ 为冰的熔解热，则有

$$(c_1 m_1 + c_2 m_2)(t_1 - t_2) = m\lambda + c_1 m t_2 \tag{3.6-1}$$

$$\lambda = \frac{(c_1 m_1 + c_2 m_2)(t_1 - t_2)}{m} - c_1 t_2 \tag{3.6-2}$$

在实验中应当尽可能地减少系统与外界的热交换. 为此，除了采用量热器外，在实验过程中还必须注意绝热问题. 例如，不用手直接把握量热器的外筒，不在阳光的直接照射下或空气流通太快的地方做实验. 在实验进行过程中，量热器中水温随时间变化关系如图 3.6-2 所示. 当系统温度高于环境温度 t_θ 时，系统向外界散热. 而当系统温度低于环境温度 t_θ 时，系统从外界吸热. 系统向外界放出的热量与从外界吸收的热量的多少，决定于系统和外界的温差以及热交换的时间. 既然不能完全避免系统与外界之间存在热交换，就应注意尽量使系统向外界放出的热量与从外界吸收的热量相平衡. 为此，在实验中要适当选取实验参数，使 $t_1 - t_\theta > t_\theta - t_2$ ，基本上满足 $S_\mathrm{A} \approx S_\mathrm{B}$ ，使系统从外界的吸热和对外界的散热互相抵消.

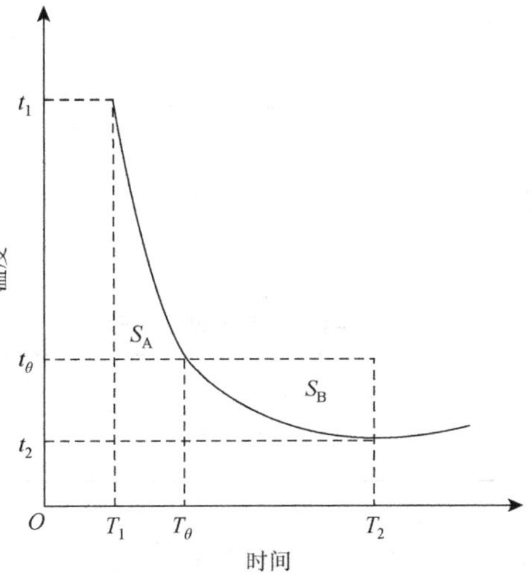

图 3.6-2　量热器中水温随时间变化关系

【实验内容】

（1）用天平称出量热器内筒和搅拌器的总质量m_2.

（2）把比室温高 10～15℃的水倒入量热器内筒，内筒水面高度控制在 1/2 左右为宜. 用天平测出内筒、搅拌器和水的总质量m_3.

（3）准备好冰块，在投放冰之前测筒内的出水温t_1. 迅速将冰块投入筒中，注意不要将水溅出，并迅速盖好绝热盖.

（4）不断轻轻地搅拌量热器中的水，注意观察温度的变化，记下冰水混合后的最低温度，即平衡温度t_2.

（5）用天平测出量热器内筒、搅拌器及其中水（包含冰熔解后的水）的总质量m_4.

【注意事项】

（1）实验中不要用手直接把握量热器外筒.

（2）水的初始温度选择合适，为使系统向外界释放和吸收的热量大致相等，一般满足$t_1 - t_\theta \approx 2(t_\theta - t_2)$，其中$t_\theta$为室温.

（3）水量和放入冰的多少要合适，保证实验过程中水不会洒出，而且要满足温度补偿条件.

（4）将冰表面的水擦拭干净后再投入内筒.

（5）使用局浸温度计时，尽量使液面高度在温度计浸没标志处. 读数时要消除视差.

【数据处理】

将测量数据填入表 3.6-1 中.

天平的仪器误差限$\Delta_{m仪}$ = ____________g，$u_B(m) = \frac{\Delta_{m仪}}{\sqrt{3}}$ = ____________g

温度计的仪器误差限$\Delta_{t仪}$ = ____________℃，$u_B(t) = \frac{\Delta_{t仪}}{\sqrt{3}}$ = ____________℃

表 3.6-1　测量数据记录表

初温 t_1/℃	末温 t_2/℃	量热筒＋搅拌器质量 m_2/g	量热筒＋搅拌器＋水质量 m_3/g	量热筒＋搅拌器＋水＋冰质量 m_4/g

（1）写出t_1、t_2、m_2、m_3、m_4的测量结果表达式.

（2）计算出水的质量并写出水的质量测量结果表达式.

（3）计算出冰的质量并写出冰的质量测量结果表达式.

（4）计算出冰的熔解热并写出冰的熔解热测量结果表达式.

【思考题】

（1）式（3.6-2）成立的条件是什么？为了满足式（3.6-2）成立的条件，实验中采取了哪些措施？

（2）如果投放冰时冰表面的水没擦干净，会使实验测得的熔解热 λ 值比实际值偏大还是偏小？

（3）如何判断筒内的冰完全熔解了？

（4）如果在投放冰时，不慎将水溅出来一些，会使实验测得的熔解热 λ 值比实际值偏大还是偏小？

3.7　电表的改装与校准

【实验目的】

（1）掌握改装电表的原理和方法.

（2）学习电表校准的基本知识.

【实验仪器】

FZ-DJB 型电表改装与校准实验仪.

【实验原理】

检流计是非数字式测量仪器的一个基本组成部分. 检流计（表头）一般只能测量较小的电流和电压，如果要用它测量较大的电流和电压，就必须进行改装，即扩大其量程. 改装后的表必须进行校准. 若在表中配以整流电路，将交流变为直流，则改装表还可以测量交流电压等有关量.

1. 将检流计改装成大量程电流表

欲将检流计改装成大量程电流表，只需在检流计表头两端并联一个分流电阻 R_S，如图 3.7-1 所示，由表头和电阻 R_S 组成的整体就是改装的电流表. 选择合适的分流电阻 R_S，使超过检流计表头所能承受的那部分电流从电阻 R_S 流过，就可以将检流计改装为不同量程的电流表.

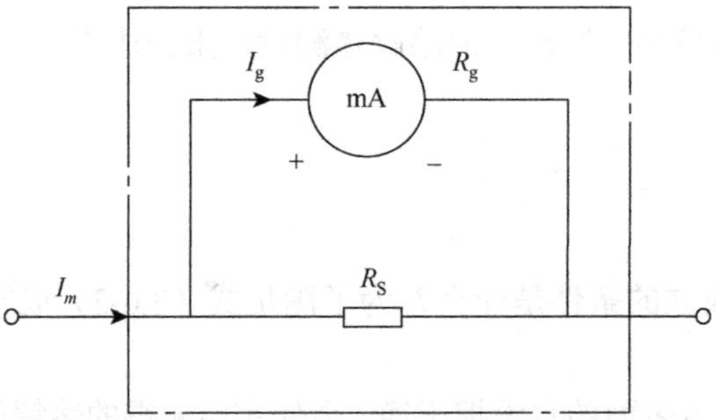

图 3.7-1　将检流计改装成大量程电流表

设检流计的量程为 I_g，内阻为 R_g，改装后电表的量程为 I_m，根据欧姆定律可得

$$(I_m - I_g)R_S = I_g R_g$$

$$R_S = \frac{I_g R_g}{I_m - I_g}$$

若 $I_m = nI_g$，则

$$R_S = \frac{R_g}{n-1} \tag{3.7-1}$$

在检流计头上并联一个电阻值为 $R_g/(n-1)$ 的分流电阻后，就可以将表的量程扩大 n 倍.

测量电流时，电流表是串联在被测电路中的. 电流表的内阻大小理所当然地会对电路产生影响. 为了减少这种影响，在电流表量程满足要求的条件下应当尽量选择内阻较小的电流表，使它接入电路后对电路的影响较小，电路中的电流不至于因为接入它而改变太多，所测得的电流大小视为原电路中的实际电流值.

2. *将检流计改装为电压表*

欲将检流计改装为电压表，只需在检流计上串联一个分压电阻 R_H，如图 3.7-2 所示，检流计表头和串联的电阻 R_H 组成的整体就是电压表. 选择合适的电阻 R_H，使超过表头所能承受的那部分电压降由电阻 R_H 承担，就可以将检流计改装成不同量程的电压表.

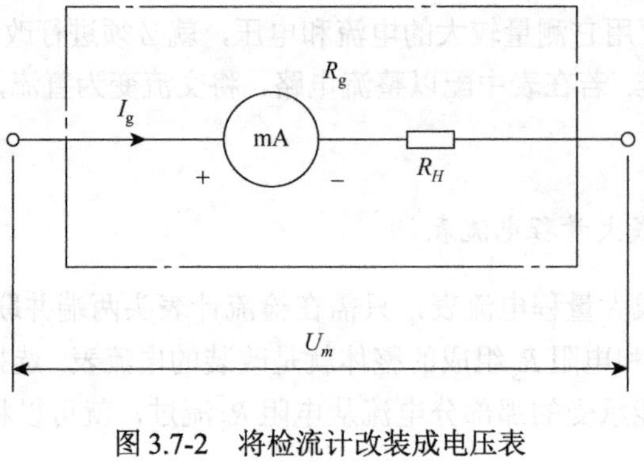

图 3.7-2　将检流计改装成电压表

设检流计的量程为I_g，内阻为R_g，改装后电压表的量程为U_m，由欧姆定律得到

$$I_g(R_g + R_H) = U_m$$

$$R_H = \frac{U_m}{I_g} - R_g \tag{3.7-2}$$

在检流计表头上串联一个电阻值为$\left(\frac{U_m}{I_g} - R_g\right)$的分压电阻后，可以将量程为$I_g$的检流计改装成量程为$U_m$的电压表.

改装后的电压表的内阻为

$$R_V = R_g + R_H$$

式（3.7-2）可改写成

$$\frac{1}{I_g} = \frac{R_g + R_H}{U_m} = \frac{R_V}{U_m}$$

此式表明电压表内阻与相应量程之比是一常数，它等于表头量程的倒数，称之为电压灵敏度，记作S_V，单位是Ω/V. 如果知道电压表的电压灵敏度，就可以计算出电压表各量程的内阻，即

$$R_V = U_m S_V \tag{3.7-3}$$

测量电压时，电压表是并联在被测电路上的，电压表的内阻大小理所当然地会对电路产生影响. 为了减少这种影响，在电压表量程满足要求的条件下应当尽量选择内阻较大的电压表，使它接入电路后对电路的影响较小，电路中的电压不致因为接入它而改变太多，所测得的电压大小视为原电路中的实际电压值.

3. 电流表和电压表的校准

改装后电流表和电压表的量程是否达到设计要求必须经过实验校正. 没有达到设计要求的改装表必须调整附加电阻才能使其合格. 改装表的准确度等级也要通过实验来确定，而不能直接认为就是原表头的准确度级别. 校准工作是改装电表的不可缺少的重要环节，精密计量仪表在使用中需要定期地进行校准.

不同级别的电流表和电压表校准的方法有很大的差异. 对于准确度较高的电流表和电压表，通常采用补偿法校准；对于准确度较低的电流表和电压表，通常采用准确度较高的电流表和电压表作为标准表，通过对比的方法来校准，选用时可参考表 3.7-1.

表 3.7-1　标准表的选用等级指数

被检表的等级指数	0.5	1.0（1.5）	2.0（2.5）	5.0
标准表的等级指数	0.1	0.2	0.5	0.5

根据国家计量检定规程 JJG 124—2005 规定，对标准表有以下要求：

（1）标准表和被检表的工作原理要尽量相同；

（2）标准表的测量上限与被检表的测量上限之比应在 1～1.25 范围内；

（3）标准表的等级指数应符合表 3.7-1 的要求.

4. 改装表的校准程序

1）校准步骤

（1）调准机械零点. 在不通电的情况下，把改装表和标准表的指针调到零点.

（2）校准量程. 调整被测量的电流或电压使标准表指示到满量程，用改装表测量同一个量，调整分流或分压电阻使改装表也指示到满量程.

（3）校准刻度. 对改装表的每个带有标度数字的分度线进行校准. 调整被测量的电流或电压使改装表的示值取整数，并记下相应的标准表的读数.

2）作校准曲线

以改装表的校准点为横坐标，以标准表的读数与改装表相应读数之差为纵坐标，在直角坐标纸上作图，两个校准点之间用直线连接. 图 3.7-3 所示是某个电流表的校准曲线.

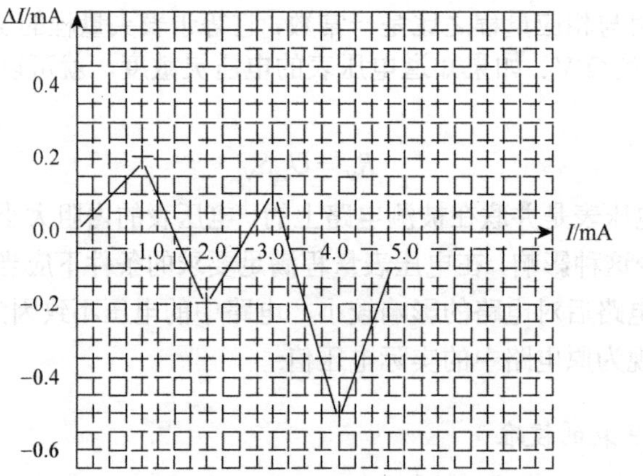

图 3.7-3　电流表的校准曲线

3）确定改装表的级别

改装表的级别按下式计算：

电流表

$$a_{改} = \left| \frac{\Delta I_{\max}}{I_m} \right| \times 100$$

电压表

$$a_{改} = \left| \frac{\Delta U_{\max}}{U_m} \right| \times 100$$

式中，$\Delta I_{\max}$、$\Delta U_{\max}$ 为标准表的读数与改装表相应读数的最大差值；I_m、U_m 为改装表量程.

当计算出的 $a_{改}$ 值在国家标准所规定准确度等级的两个级别之间时，应取较低的级别. 当计算的级别高于原表头的级别时，采用原表头的级别；当计算的级别低于原表头的级别时，用计算的级别作为改装表的级别. 所定的级别应符合国家标准系列（参见表 3.7-2）.

表 3.7-2 磁电系仪表准确度等级

国家标准	准确度等级									
GB/T 7676.2—2017	0.05	0.1	0.2	0.3	0.5	1	1.5	2	2.5	3	5

电表的准确度等级标志着电表结构的好坏，准确度等级低的电表的稳定性、重复性都相对较差，不可能通过校准工作来大幅度减小误差.

例如，原表头的级别 $a_{表} = 1.5$，改装后的电压表计算的级别 $a_{改} = 2.3$，改装表计算出来的级别低于原表头的级别（数值大的级别低），按国家标准系列，这个改装电压表级别应定为 $a_{改} = 2.5$.

【实验内容】

1. 将检流计（1mA）改装为电流表（5mA）并校准

根据给定的 I_g、R_g 和 I_m，按式（3.7-1）计算 R_S，并将电阻箱预先设定到此值. 按图 3.7-4 接好校准线路. 标准表的量程挡设定在 5mA.

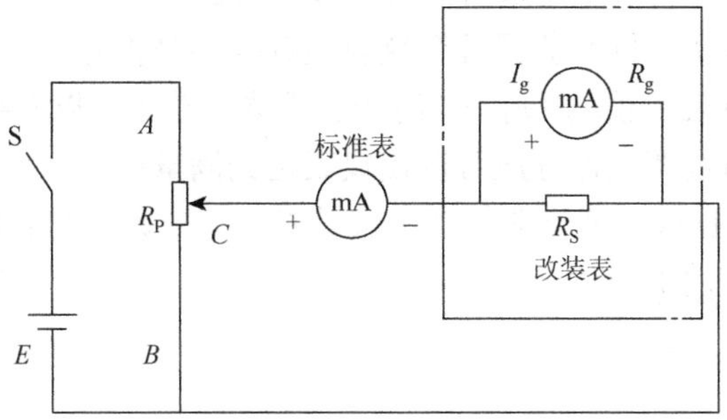

图 3.7-4 将检流计改装为电流表的校准线路

（1）调准检流计的零点后接通电源.

（2）调节变阻器 R_P 改变分压电路的输出电压，同时配合调整分流电阻 R_S，使标准表和改装表都指示满量程. 记下分流电阻 R_S 的实验值.

（3）调节变阻器 R_P，使电流每隔 1mA 由大到小逐步减小到零，同时记下标准表相应的读数，然后再按原间隔由小到大调节电流至满量程再次进行测量，将测量结果记录在表 3.7-3 中.

2. 将检流计（1mA）改装为电压表（1V）并校准

（1）根据给定的 I_g、R_g 和 U_m，按式（3.7-2）计算 R_H，并将电阻箱预先设定到此值. 按图 3.7-5 接好校准线路. 标准表的量程挡设定在 1V.

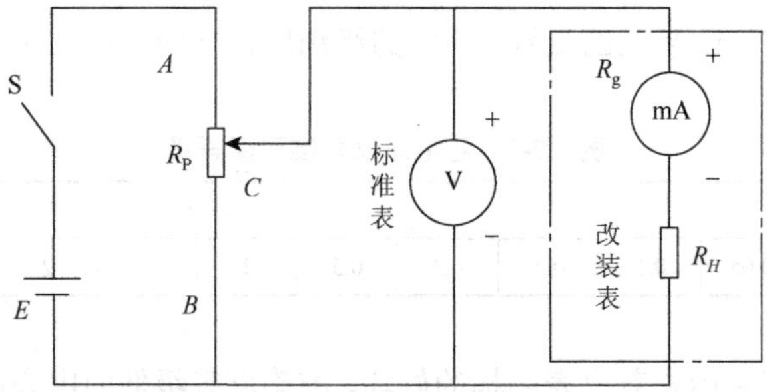

图 3.7-5 将检流计改装为电压表的校准线路

(2) 调准检流计的零点后接通电源.

(3) 调节变阻器 R_P 改变分压电路的输出电压，同时配合调整分压电阻 R_H，使标准表和改装表都指示满量程. 记下分压电阻 R_H 的实验值.

(4) 调节变阻器 R_P，使电压每隔 0.2V 由大到小逐步减小到零，同时记下标准表相应的读数，然后再按原间隔由小到大调节电压至满量程再次进行测量，将测量数据记录在表 3.7-4 中.

【注意事项】

(1) 连接线路时按照“回路”接法，注意极性是否接对，量程选择是否正确.

(2) 接通电源前，检查滑线变阻器的滑动头是否在分压为零的一端. 接通电键，缓慢滑动滑线变阻器的滑动头，同时监视各个仪表指针摆动是否异常.

(3) 电源电压选择应合适，原则是：滑线变阻器滑动头可以在很大范围滑动，各个仪表不超量程，且通过滑线变阻器分压可以使仪表达到满量程.

(4) 读数时注意根据仪表或仪器的基本误差确定有效数字的位数. 带刻度盘的仪器一般均应估读到最小刻度的下一位.

【数据处理】

1. 将检流计（1mA）改装为电流表（5mA）并校准

检流计的准确度等级：________

分流电阻的计算值：________ Ω

分流电阻的实验值：________ Ω

表 3.7-3 改装电流表实验数据记录表

改装表的读数 $I_{改}$/mA		0.00	1.00	2.00	3.00	4.00	5.00
标准表的读数 $I_{标}$/mA	$0 \to I_m$						
	$I_m \to 0$						

续表

改装表的读数 $I_{改}$/mA		0.00	1.00	2.00	3.00	4.00	5.00
标准表的读数 $I_{标}$/mA	平均值						
$\Delta I=(I_{标}-I_{改})$/mA							

用坐标纸作校准曲线.

确定改装表的准确度等级

$$a_{改}=\left|\frac{\Delta I_{max}}{I_m}\right|\times 100=\_\_\_\_\_\_\_\_\_\_$$

根据确定级别的原则，得改装表的等级为________级.

2. 将检流计（1mA）改装为电压表（1V）并校准

分压电阻的计算值：__________Ω

分压电阻的实验值：__________Ω

表 3.7-4　改装电压表实验数据记录表

改装表的读数 $U_{改}$/V		0.000	0.200	0.400	0.600	0.800	1.000
标准表的读数 $U_{标}$/V	$0\to U_m$						
	$U_m\to 0$						
	平均值						
$\Delta U=(U_{标}-U_{改})$/V							

用坐标纸作校准曲线.

确定改装表的准确度等级

$$a_{改}=\left|\frac{\Delta U_{max}}{U_m}\right|\times 100=\_\_\_\_\_\_\_\_\_\_$$

根据确定级别的原则，改装表的等级定为__________级.

【思考题】

（1）校准改装好的电表时，标准表已调到满量程，而改装表尚未达到满量程，应该如何调节电阻？

（2）校准改装好的电表时，改装表已调到满量程，而标准表尚未达到满量程，应该如何调节电阻？

（3）在实验过程中，如何保护标准表和检流计？

【附录】Fz-DJB 型电表改装与校准实验仪使用说明

1. 结构

实验仪面板结构如图 3.7-6 所示. 改装用电流表量程 1mA，内阻约为 100Ω，100 等分，准确度为 1.0 级. 一个 470Ω 可调电阻可以将它与被改装表头串联以人为改变表头内阻. 750Ω 电阻与上述 470Ω 可调电阻一起用于把电流表头改装为串接式和并接式欧姆计. 电压输出 0～1.5V 可调直流稳压源；量程 0～9999.9Ω 的可变电阻箱；校准用标准数字电压表；校准用标准数字电流表.

图 3.7-6　实验仪面板结构

2. 技术指标

可调直流稳压源：0～1.5V，输出可调，$3\frac{1}{2}$数字显示.

电流表头：量程 1mA，内阻 R_g 约为 100Ω.

470Ω 可调电阻：通过与电流表头串联用于改变电表内阻.

750Ω 电阻：与上述 470Ω 可调电阻一起用于把电流表头改装为串接式和并接式欧姆计.

可变电阻箱：量程 0～9999.9Ω.

校准用标准数字电压表：量程 0～2V.

校准用标准数字电流表：量程 0～20mA.

3. 使用注意事项

（1）注意接入改装表电压极性及大小，以免指针反偏或过量程出现“打针”现象.

（2）实验仪提供的标准电流表和标准电压表仅作校准用表.

3.8　用模拟法测绘静电场

【实验目的】

（1）了解模拟的概念和使用模拟法的条件.

（2）学会用模拟法测绘静电场.

（3）加深对电场强度和电势概念的理解.

【实验仪器】

MD-Ⅱ型静电场描绘仪、静电场描绘仪信号源、滑线变阻器、万用电表等.

【实验原理】

带电体周围存在电场，电场的分布由电荷分布、带电体的几何形状及周围介质所决定.由于带电体的形状复杂，大多数情况下求不出电场分布的解析式，因此用实验的方法测绘静电场是非常重要的方法. 但静电场的直接测绘是很困难的，因为任何测量工具（介质）引入静电场，都会与静电场发生相互作用而使静电场的分布发生变化. 实验时一般采取模拟法来解决这个问题.

模拟法本质上是用一种易于实现、便于测量的物理状态或过程，模拟不易实现、不便测量的物理状态或过程，它要求这两种状态或过程有一一对应的两组物理量，而且这些物理量在两种状态或过程中满足数学形式基本相同的方程及边界条件.

1. 用稳恒电流场来模拟静电场

静电场和稳恒电流场可用下列两组对应的物理量及其遵守的规律来表述（表 3.8-1）.

表 3.8-1　静电场和稳恒电流场的对应关系

静电场	稳恒电流场
电荷 Q	电流源 I
电势分布函数 U	电势分布函数 U
电场强度矢量 $\boldsymbol{E}$	电场强度矢量 $\boldsymbol{E}$
电位移矢量 $\boldsymbol{D}$	电流密度矢量 $\boldsymbol{J}$
介质介电常数 ε	介质电导率 σ
$\boldsymbol{D}=\varepsilon\boldsymbol{E}=-\varepsilon\nabla U$	$\boldsymbol{J}=\sigma\boldsymbol{E}=-\sigma\nabla U$
在无自由电荷分布的区域：$\nabla^2 U=0$	在均匀介质中：$\nabla^2 U=0$

续表

静电场	稳恒电流场
在包围电荷 Q 的封闭曲面上：$\oiint \varepsilon \boldsymbol{E} \cdot \mathrm{d}\boldsymbol{S} = Q$	在包围电流源 I 的封闭曲面上：$\oiint \sigma \boldsymbol{E} \cdot \mathrm{d}\boldsymbol{S} = I$
在无自由面电荷分布的界面上：$U=$恒量，$\varepsilon_1\left(\frac{\partial U}{\partial n}\right)_1=\varepsilon_2\left(\frac{\partial U}{\partial n}\right)_2$	在不同导体的分界面上：$U=$恒量，$\sigma_1\left(\frac{\partial U}{\partial n}\right)_1=\sigma_2\left(\frac{\partial U}{\partial n}\right)_2$

由此可见，静电场和稳恒电流场的电场分布服从相同的偏微分方程，也满足相同类型的边界条件. 用电动力学的理论可以证明：这样具有相同边界条件的相同方程，其解也相同（电势可能相差一个常数）. 因此，我们可以用稳恒电流场来模拟静电场，稳恒电流场的电势通过（Q、ε）与（I、σ）间的换算来求得所模拟的静电场的电势.

2. 长直同轴圆柱面电极间的电场分布

如图 3.8-1 所示为长直同轴圆柱形电极，设内圆柱外半径为 r_A，电势为 U_1，外圆柱内半径为 r_B 且接地，带等值异号电荷，其间静电场的等势面为同轴圆柱面. 所以等势线必为一些围绕中心轴的圆环，而电力线为径向直线，如图 3.8-2 所示.

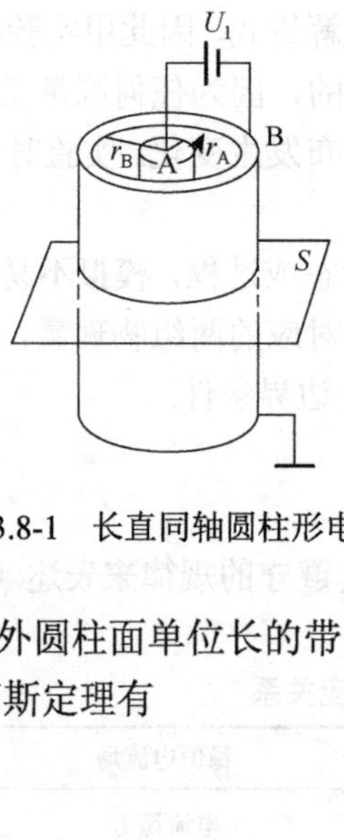

图 3.8-1　长直同轴圆柱形电极

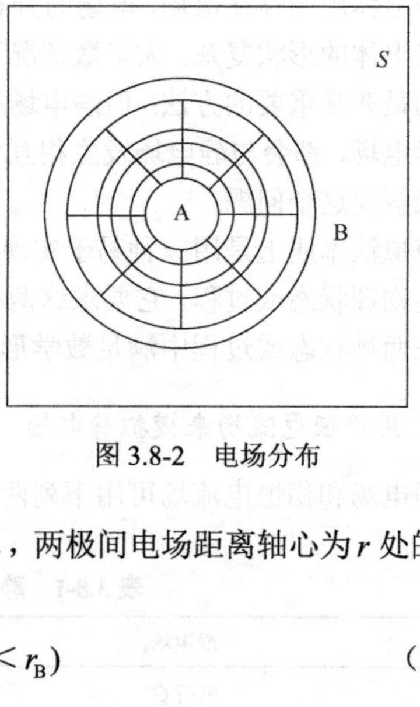

图 3.8-2　电场分布

设内、外圆柱面单位长的带电量分别为 $+\lambda$ 和 $-\lambda$，两极间电场距离轴心为 r 处的电场为 E，据高斯定理有

$$E=\frac{\lambda}{2\pi\varepsilon r}\quad (r_A<r<r_B) \tag{3.8-1}$$

则该处的电势为

$$U(r)=\int_r^{r_B} E\mathrm{d}r=\frac{\lambda}{2\pi\varepsilon}\int_r^{r_B}\frac{1}{r}\mathrm{d}r=\frac{\lambda}{2\pi\varepsilon}\ln\frac{r_B}{r}$$

同理得

$$U_1=\int_{r_A}^{r_B} E\mathrm{d}r=\frac{\lambda}{2\pi\varepsilon}\ln\frac{r_B}{r_A}$$

于是有

$$U(r)=\frac{U_1\ln\dfrac{r_B}{r}}{\ln\dfrac{r_B}{r_A}} \tag{3.8-2}$$

式（3.8-2）表示柱面间电势与 r 的函数关系. 可见 $U(r)$ 与 $\ln r$ 呈线性关系，而相对电势 $U(r)/U_1$ 则仅是坐标 r 的函数. 即等势面为一系列同轴圆柱面，如图 3.8-2 所示.

3. 两无限长平行带电直圆柱电极间的电场分布

设两圆柱体半径均为 a，中心轴线间距离为 l，电极 A 的电势为 U_1，电极 B 接地，电荷均匀分布在柱体表面.

任取一个垂直于圆柱的平面 S，如图 3.8-3 所示.

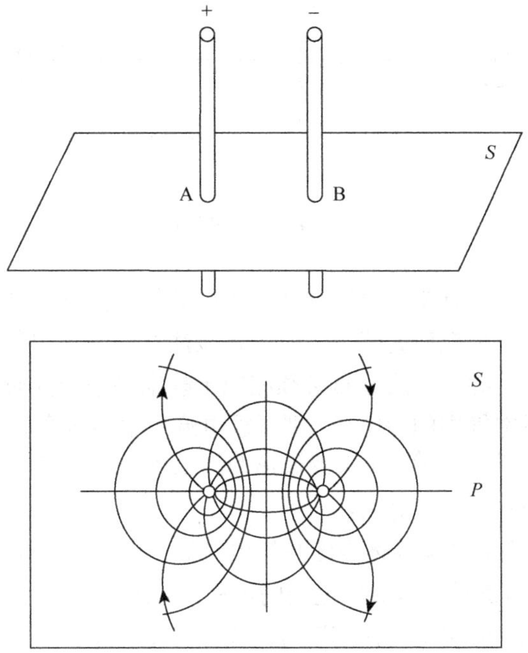

图 3.8-3　两无限长平行带电直圆柱电极及其电场分布

如图 3.8-4 所示，在 O_1 与 O_2 的连线上某点 P 的电势

$$U(r)=\int_r^{l-r}E\mathrm{d}r=\frac{\lambda}{2\pi\varepsilon}\int_r^{l-a}\left(\frac{1}{r}+\frac{1}{l-r}\right)\mathrm{d}r=\frac{\lambda}{2\pi\varepsilon}\ln\left[\frac{(l-a)(l-r)}{ar}\right] \tag{3.8-3}$$

当 $r=a$ 时

$$U(r)=U_1=\frac{\lambda}{2\pi\varepsilon}\ln\left(\frac{l-a}{a}\right)^2$$

所以
$$\frac{\lambda}{2\pi\varepsilon}=\frac{U_1}{2\ln\left(\frac{l-a}{a}\right)}$$

代入式（3.8-3）中得
$$U(r)=\frac{U_1\ln\left[\frac{(l-a)(l-r)}{ar}\right]}{2\ln\left(\frac{l-a}{a}\right)}$$

式中，r 为点 P 到 O_1 的距离，$U_1=U_{O_1}-U_{O_2}$.

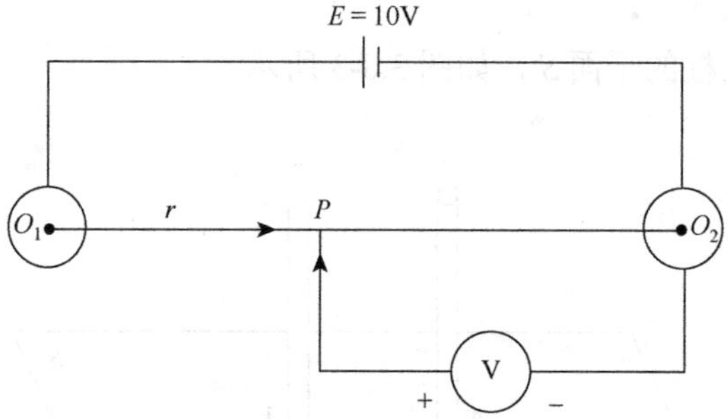

图 3.8-4　测量原理图

可以证明两根无限长平行带电直圆柱体电极间等势面为一系列圆筒面（图 3.8-3）.

当采用稳恒电流场来模拟研究静电场时，还应注意以下使用条件：

（1）稳恒电流场中的导电介质分布必须相应于静电场中的介质分布. 具体地说就是，如果被模拟的是真空或空气中的静电场，则要求电流场中导电介质是均匀分布的，即导电介质中各处的电阻率 ρ 必须相等；如果被模拟的静电场中的介质不是均匀分布的，则电流场中的导电介质应有相应的电阻分布；

（2）如果产生静电场的带电导体表面是等电势的，则产生的电流场的电极表面也应是等电势的. 为此，可采用良导体做成电流场的电极，而用电阻率远大于电极电阻率的不良导体（如石墨粉、自来水或稀硫酸铜溶液等）充当导电介质；

（3）电流场中的电极形状及分布要与静电场中的带电导体形状及分布相似.

【实验内容】

实验电路图如图 3.8-5 所示，电源为静电场描绘仪信号源或其他交流或直流电源，经滑动变阻器 R 分压为实验所需要的两电极之间的电压值. V 表可用交流毫伏表（晶体管毫伏表）、万用电表或数字万用表. 下面分别测绘各电极的电场中的等电势点.

1. 长直同轴圆柱面电极间的电场分布

（1）水槽中倒入适量的水，然后把它放在双层静电场测绘仪的下层.

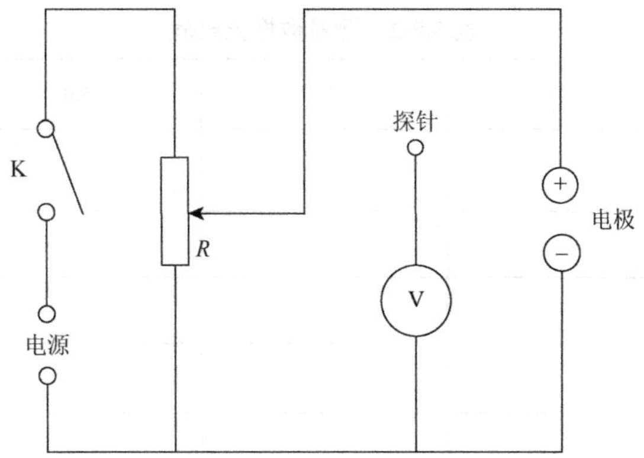

图 3.8-5　实验电路图

（2）按图 3.8-5 接好电路，V 表及探针联合使用.

（3）把坐标纸放在静电场测绘仪的上层夹好，旋紧四个压片螺钉旋钮. 在坐标纸上确定电极的位置，测量并记录内电极的外径及外电极的内径.

（4）调节静电场描绘仪信号源输出电压，使两极间的电势差为 10.0V.

（5）测量电势差为 7.0V、5.0V、3.0V 和 1.0V 的四条等位线. 移动探针座使探针在水中缓慢移动，找到等位点时按一下坐标纸上的探针，在坐标纸上记下等位点的位置. 每条等位线的测点不得少于 9 个.

2. 两平行长直圆柱体电极间的电场分布

（1）调节静电场描绘仪信号输出电压，使电极间的电势差为 10.0V.

（2）测量电势差为 8.0V、6.0V、4.0V、2.0V、1.0V 的五条等位线，每条等位线测等位点不得少于 9 个.

【注意事项】

（1）水槽由有机玻璃制成，实验时应轻拿轻放，以免摔裂.

（2）电极、探针应与导线保持良好的接触.

（3）实验完毕后，将水槽内的水倒净晾干.

【数据处理】

1. 长直同轴圆柱面电极间的电场分布

（1）取下坐标纸，用圆规画出测定的等位线.

（2）量出各等位线的半径 r，将数据填入表 3.8-2 中进行数据处理.

r_A = ____________________ cm， r_B = ______________________ cm

表 3.8-2　测量数据记录表

$U_{实}$/V	1.0	3.0	5.0	7.0
r/cm				
r_B/r				
$\ln(r_B/r)$				
$U_{理}$/V				
$\frac{\lvert U_{实}-U_{理}\rvert}{U_{理}}$/%				

（3）根据电场线与电势线正交关系画出电场线（对称画 12 条）.

2. 两平行长直圆柱体电极间的电场分布

用曲线板画出 5 条等势线，取 O_1 与 O_2 的连线上 2.0V、3.0V、4.0V 的 3 个点，量出半径 r，将数据填入表 3.8-3 中进行数据处理.

a=______________cm，l=______________cm

表 3.8-3　测量数据记录表

$U_{实}$/V	2.0	3.0	4.0
r/cm			
$\ln[(l-a)(l-r)/(ar)]$			
$U_{理}$/V			
$\frac{\lvert U_{实}-U_{理}\rvert}{U_{理}}$/%			

【思考题】

（1）用模拟法测的电势分布是否与静电场的电势分布一样？

（2）如果实验时电源的输出电压不够稳定，那么是否改变电场线和等势线的分布？为什么？

（3）试从你测绘的等势线和电场线分布图分析何处的电场强度较强，何处的电场强度较弱.

3.9　电势差计的应用

【实验目的】

（1）学习补偿原理和补偿测量法.
（2）掌握电势差计的工作原理和测量方法.

【实验仪器】

UJ 型箱式电势差计、电阻箱、待测电阻、滑线变阻器、干电池、开关等.

【实验原理】

在测量中，某些相关量会对结果产生干扰，使用与这些相关量同性质、同量值的量与之结合，以抵消（即补偿）原相关量对测量结果的影响，这种方法叫做补偿法.

本实验补偿法的基本原理如图 3.9-1 所示，其中 E_x 为待测电动势，E_0 是电动势可调的待测电源. 调节 E_0 使检流计 P 指针指零，此时回路中两电源电动势大小相等，方向相反，即 $E_x = E_0$，这时称电路达到电压补偿. 电势差计就是利用补偿原理来设计的.

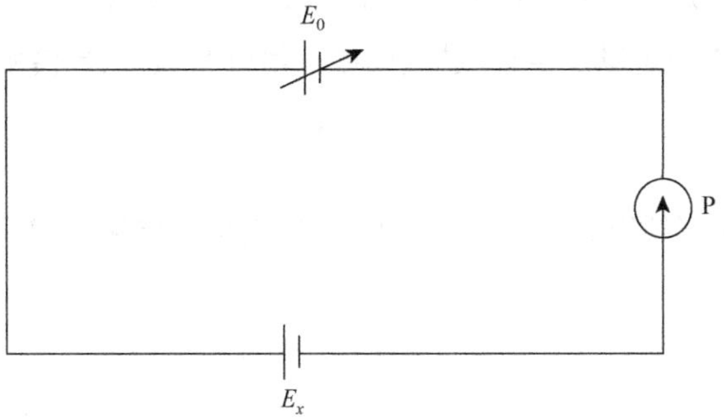

图 3.9-1　补偿法的基本原理

为了得到稳定、准确、连续可调的电压 E_0，可采用图 3.9-2 所示电路. 测量时先将转换开关 K 放在“标准”位置，调节 R_P 使检流计指零，即

$$E_N = IR_N \tag{3.9-1}$$

然后将转换开关 K 转至“未知”位置，调节 R_x 使检流计指零，此时

$$E_x = IR_x \tag{3.9-2}$$

由式（3.9-1）和式（3.9-2）可得

$$E_x = E_N \frac{R_x}{R_N} \tag{3.9-3}$$

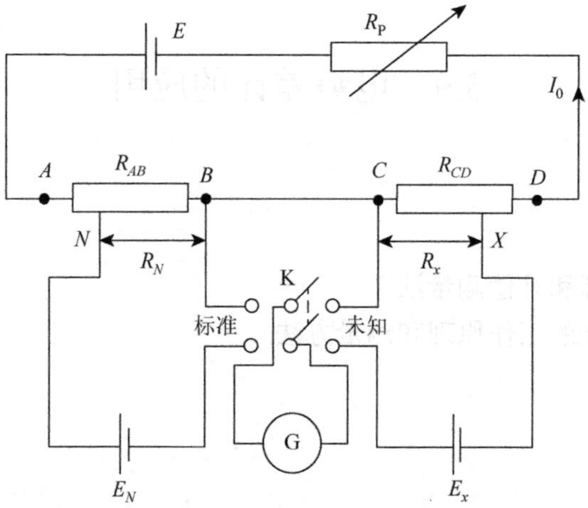

图 3.9-2　UJ 型箱式电势差计原理图

【实验内容】

1. 测干电池电动势

（1）将干电池两端接在箱式电势差计“未知”的接线柱上.

（2）将电势差计的倍率开关旋到 1 挡，调节调零旋钮，使检流计指针指零.

（3）将开关 K 倒向“标准”，调节“电流调节”旋钮，使检流计指针指零.

（4）将开关 K 倒向“未知”，调节步进盘和滑线盘，使检流计指针指零，则

$$电池电动势 = (步进盘读数 + 滑线盘读数) \times 倍率$$

2. 测电阻

（1）按图 3.9-3 接好线路，其中 $E = 1.5\text{V}$， R_S 为标准电阻，R_x 为待测电阻.

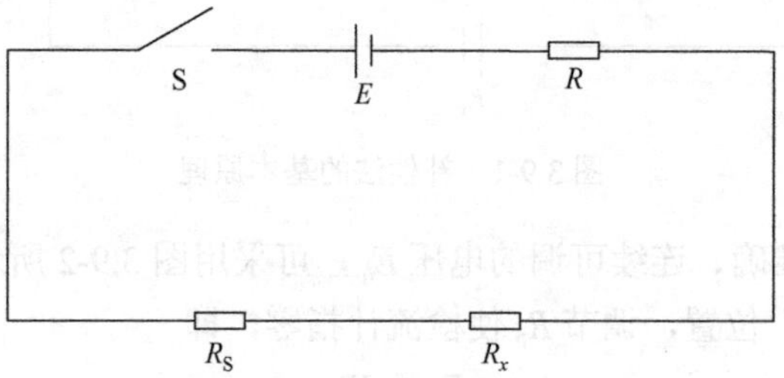

图 3.9-3　测电阻线路图

（2）用电势差计分别测量 R_S、R_x 上的电压 U_S 和 U_x，则

$$R_x = \frac{U_x}{U_S} R_S$$

【注意事项】

（1）每次测量前都必须校准电势差计的工作电流，校准与测量的时间间隔越短越好.

（2）测量前需估算待测电动势的大小，把读数盘放在适当位置，以免损坏检流计和标准电池.

（3）测量电池电动势时，要注意电势的高低，线不能接反了.

【数据处理】

自拟表格处理数据.

（1）计算干电池电动势的平均值.

（2）按误差处理要求处理电阻的测量数据.

【思考题】

（1）用电势差计测量电动势有何优缺点？

（2）待测电动势 E_x 如果接反了，会产生什么样的后果？

3.10　单臂电桥测电阻

【实验目的】

（1）掌握用单臂电桥测量电阻的原理和方法.

（2）初步研究电桥的灵敏度.

【实验仪器】

电源、检流计、电阻箱、滑线变阻器、开关、箱式单臂电桥、待测电阻等.

【仪器介绍】

图 3.10-1 是 AC5 型直流指针式检流计的面板图. 锁扣拨向“○”时，检流计处于工作状态，拨向“●”表示锁住；“+”“−”接线柱用于接入被测电流；“零位调节”用于调节指针机械零点；按下“电计”，检流计与外电路接通；按下“短路”，指针迅速停止摆动.

图 3.10-2 是 QJ23a 型箱式单臂电桥的面板. 倍率盘所示数字相当于 R_1/R_2. 四个刻度盘所示读数之和即为 R_3. 将内外接电源转换开关扳向“内接”，表示用内部电源；内外

接指零仪转换开关扳向“内接”，表示用内部检流计指示平衡. 按钮B、G分别相当于图 3.10-3 中开关S_1、S_g. 测量时，先按“电源”开关B，再按“检流计”按钮G. 若检流计指针指向“+”偏转，则应减小R_3的数值.

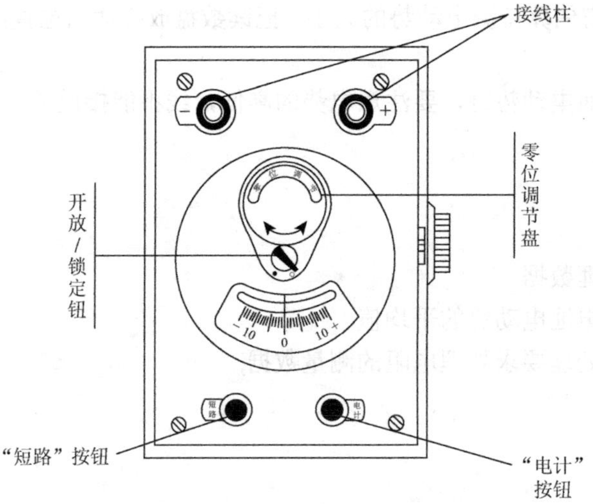

图 3.10-1　AC5 型直流指针式检流计面板图

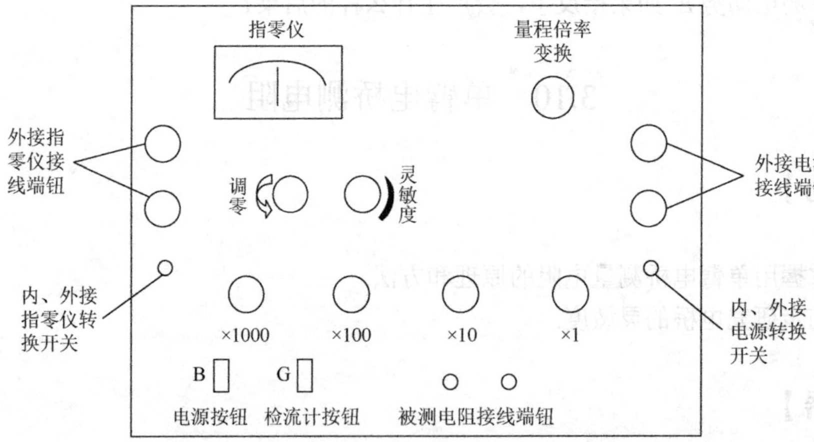

图 3.10-2　QJ23a 型箱式单臂电桥的面板

QJ23a 型单臂电桥：量程倍率×0.1 挡，基本误差允许极限公式为

$$\Delta_R = \pm(0.1\%R + 0.1)(\Omega)$$

【实验原理】

1. 单臂电桥测量原理

单臂电桥的电路原理如图 3.10-3 所示. R_1、R_2、R_3、R_x四个电阻连成一个四边形$ABCD$，在对角线AC间接入工作电源E，在对角线BD间接入检流计G. 接入检流计的对

角线称为“桥”，四个电阻称为“桥臂”，其中R_1、R_2为比例臂，R_3为比较臂，R_x为测量臂.

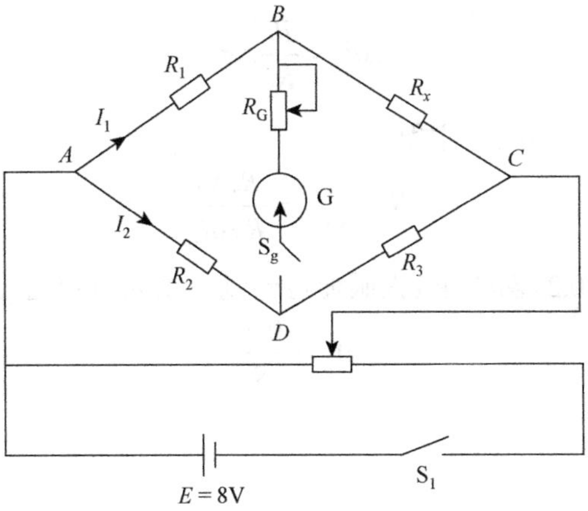

图 3.10-3 单臂电桥的电路原理

通常取R_1、R_2为标准电阻，定义R_1/R_2为倍率. 测量时，选择合适的倍率，调节R_3使检流计指针为零，这时可以认为电桥平衡，则有

$$\begin{cases} I_1R_1 = I_2R_2 \\ I_xR_x = I_3R_3 \\ I_1 = I_x \\ I_2 = I_3 \end{cases}$$

可得

$$R_x = \frac{R_1}{R_2}R_3 \tag{3.10-1}$$

式（3.10-1）称为单臂电桥的平衡条件，根据倍率R_1/R_2和比较臂电阻R_3，即可算出待测电阻的阻值.

实际上利用式（3.10-1）测算出的电阻值，并不等于待测电阻R_x的值，而是等于（R_x+r），其中r为待测电阻R_x接到单臂电桥的引线电阻及接触电阻值和，r多数情况较小，只有当$R_x \gg r$，即R_x较大时，用式（3.10-1）近似计算待测电阻R_x值才能保证较小的误差，所以单臂电桥不宜测量小阻值的电阻.

2. 电桥灵敏度

电桥平衡后，将R_x稍微改变ΔR_x，电桥将失衡，检流计指针将有Δn格的偏转，称

$$S = \frac{\Delta n}{\Delta R_x} \tag{3.10-2}$$

为电桥的灵敏度，显然，若ΔR_x改变很大的范围尚不足以引起检流计指针的反应，则此电桥系统的灵敏度很低，它将对测量的精确度产生很大的影响. 电桥灵敏度与检流计的灵敏度、电源电压及桥臂电阻配置等因素有关，选用较高灵敏度的检流计，适当提高电源电压都可以提高电桥的灵敏度.

如果电阻 R_x 不可改变，这时可使标准电阻改变 ΔR_3，其效果相当于改变 R_x，由式（3.10-1）可知，此时

$$\Delta R_x = \frac{R_1}{R_2}\Delta R_3 \tag{3.10-3}$$

将式（3.10-3）代入式（3.10-2）中得

$$S = \frac{\Delta n}{\Delta R_x} = \frac{R_2 \Delta n}{R_1 \Delta R_3} \tag{3.10-4}$$

一般检流计指针有 0.2 格的偏转人眼便可察觉，由此可定出灵敏度引起的误差限为

$$\Delta_{仪} = \frac{0.2}{S} \tag{3.10-5}$$

【实验内容】

1. 用自组单臂电桥测电阻

（1）按图 3.10-3 连接电路，R_1、R_2、R_3 用六旋钮标准电阻箱，S_g 为检流计内置开关（“电计”旋钮）.

（2）根据待测电阻的标称值，选择合适的比例臂系数，使比较臂 R_3 的有效数字位数多.

（3）调节 R_3，使电桥达到平衡，记下 R_1、R_2、R_3 的阻值.

（4）改变 R_3 的阻值到 R_3'，记下检流计指针偏转格数 Δn.

2. 用 QJ23a 型箱式直流电桥测电阻

将待测电阻接到被测电阻接线端钮，操作步骤和方法详见盒盖上的使用说明. 注意比率臂的选择标准是使四个比较臂读数盘都有读数.

【注意事项】

（1）用自组电桥测电阻时注意：

（a）比例臂阻值不能太小，以免电桥未平衡时有较大的电流流过而损坏检流计. 一般 $R_1 > 100\Omega$，$R_2 > 100\Omega$；

（b）滑线变阻器的分压电阻初值要低，在电桥基本平衡后再逐渐增大；

（c）在不知道电桥是否平衡时，不要长时间按下检流计开关，以免电桥严重不平衡造成检流计指针打弯. 测量过程中“电计”“短路”要采用点触式，以保护检流计；测量结束，“电计”“短路”旋钮全要松开.

（2）用 QJ23a 型箱式直流电桥测电阻时，也要注意电桥未平衡时，B（电源开关）、G（检流计开关）键只能瞬时按下. 接通时先按 B 后按 G，断开时先放 G 后放 B.（为什么？）

（3）判断平衡时最好不要以检流计指针“指零”为依据，而是以 G 接通、断开时指针动与不动为依据.

（4）调节平衡的过程中，必须先粗调后细调，先确定比例臂再确定比较臂. 具体操作是先将比较臂调到最大，找到能使检流计指针偏转相反的两挡，取用大的一挡；再从大到小

依次调节比较臂，每次找到能使检流计指针偏转相反的两挡时，均取用大的一挡，直到平衡.

【数据处理】

将实验数据记录在表 3.10-1 和表 3.10-2 中，并进行数据处理.

1. 用自组电桥测电阻及相应灵敏度

表 3.10-1　自组电桥测电阻数据表

待测电阻	R_1/Ω	R_2/Ω	R_3/Ω	R_x/Ω	$u_C(R_x)/\Omega$	$R_x \pm u_C(R_x)/\Omega$	R_3'/Ω	Δn/div	S/div
R_{x1}									
R_{x2}									
R_{x3}									

2. 用箱式直流电桥测电阻

表 3.10-2　箱式电桥测电阻数据表

待测电阻	R_1/R_2	R_3/Ω	R_x/Ω	$u_C(R_x)/\Omega$	$R_x \pm u_C(R_x)/\Omega$
R_{x1}					
R_{x2}					
R_{x3}					

【思考题】

（1）当单臂电桥达到平衡时，若交换电源和检流计的位置，电桥是否仍能保持平衡？试证明之.

（2）电桥灵敏度的含义是什么？为什么要尽量提高电桥的灵敏度？

（3）用单臂电桥测电阻时，应如何正确使用电源开关和检流计开关？如何根据检流计指针的偏转方向来调节 R_3，很快找到平衡点？

3.11　双臂电桥测金属导体的电阻率

【实验目的】

（1）掌握用双臂电桥测低电阻的原理.

（2）了解单臂电桥和双臂电桥的关系和区别.

（3）掌握用 QJ44 型箱式直流双臂电桥测量低电阻的方法.

【实验仪器】

QJ44 型箱式直流双臂电桥，四端接法的黄铜棒、铁棒，螺旋测微器，钢板尺.

【实验原理】

用单臂电桥测电阻时，各桥臂之间的连线和各接线端钮的接触点都有一定的电阻，其总和称为附加电阻，为10^{-4}～$10^{-2}\,\Omega$数量级. 该附加电阻与待测电阻R_x串联. 若R_x为中、高值电阻，附加电阻对测量结果的影响可以忽略不计；若R_x为低值电阻，则附加电阻对测量结果的影响将很大，这样用单臂电桥测量就不能得到准确的结果.

下面考察连线电阻和接触电阻对低值电阻测量结果的影响. 如用安培表和毫伏表按欧姆定律$R=U/I$测量电阻R_x，电路如图 3.11-1 所示. 考虑到电流表、毫伏表与待测电阻的接触电阻后，等效电路如图 3.11-2 所示.

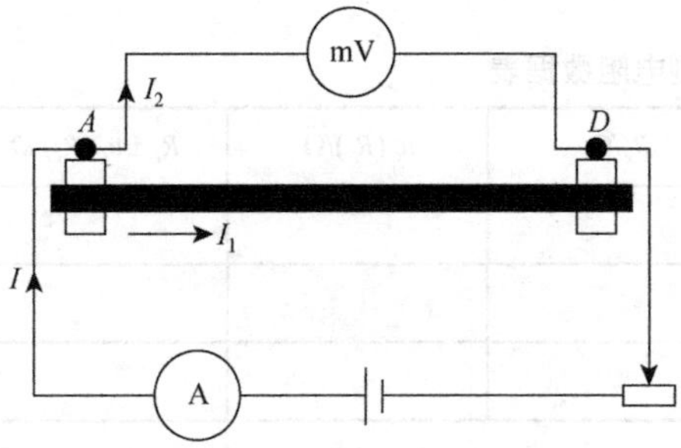

图 3.11-1　测量电阻的电路图

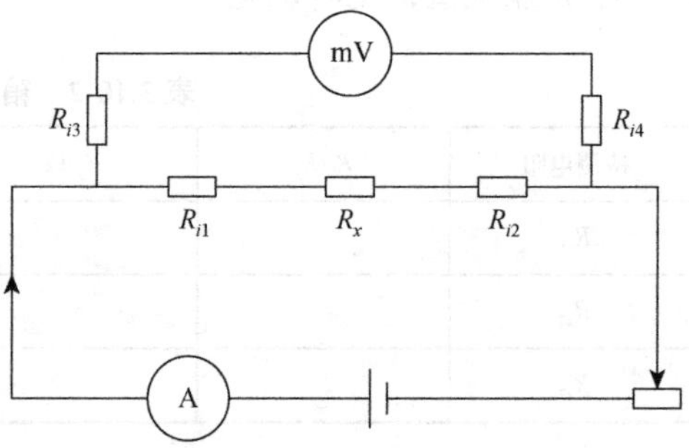

图 3.11-2　等效电路

由于毫伏表内阻R_g远大于接触电阻R_{i3}和R_{i4}，它们对毫伏表的影响可忽略不计，所以按欧姆定律$R=U/I$得到的电阻是$(R_x+R_{i1}+R_{i2})$. 当待测电阻R_x很小时，不能忽略电阻R_{i1}和R_{i2}对测量结果的影响.

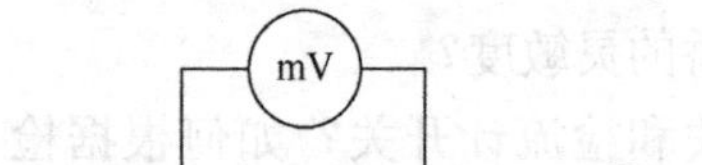

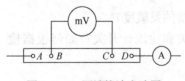

图 3.11-3　四端接法电路图

为消除接触电阻的影响，接线方式改为四端接法，如图 3.11-3 所示. 将低值电阻R_x用四端接法连接，其中A、D为电流端钮，B、C为电压端钮，等效电路如图 3.11-4 所示. 此时毫伏表测得电压为R_x的电压降，由$R_x=U/I$即可准确计算出R_x. 许多低值标准电阻都做成四端钮方式.

把四端接法的低值电阻接入原单臂电桥，演变成图 3.11-5 所示的双臂电桥，其等效电路如图 3.11-6 所示. 标准电阻R_n电流头接触电阻为R_{in1}、R_{in2}，待测电阻R_x电流头接触电阻为R_{ix1}和R_{ix2}，这些接触电阻都连接到双臂电桥电流测量回路中，只对总的工作电流I有影响，而对电桥的平衡没影响. 将标准电阻电压头接触电阻R_{n1}、R_{n2}和待测电阻R_x电压头接触电阻R_{x1}、R_{x2}分别连接到双臂电桥电压测量回路中，因为它们与较大电阻R_1、R_2、

R_3、R_4 串联，对测量结果的影响也极其微小，这样就减少了这部分接触电阻和导线电阻对测量结果的影响.

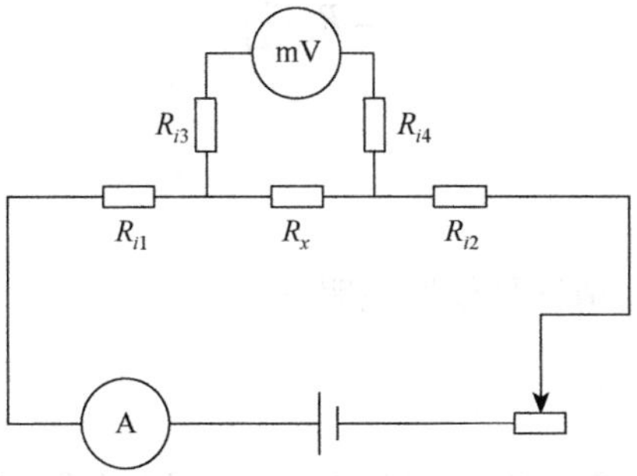

图 3.11-4　四端接法等效电路

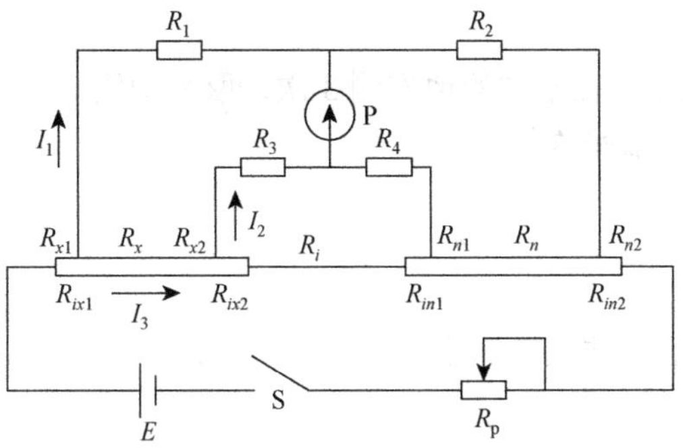

图 3.11-5　双臂电桥电路图

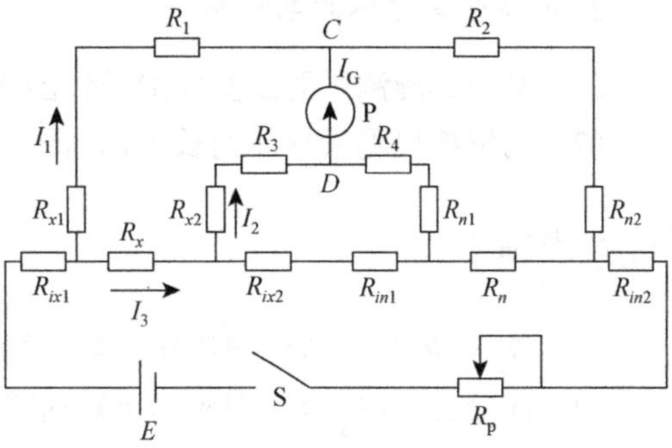

图 3.11-6　双臂电桥等效电路

电桥平衡时，通过检流计 P 的电流 $I_g = 0$，C、D 两点电势相等，根据基尔霍夫定律有

$$\begin{cases} I_1 R_1 = I_3 R_x + I_2 R_3 \\ I_1 R_2 = I_3 R_n + I_2 R_4 \\ (I_3 - I_2) R_i = I_2 (R_3 + R_4) \end{cases}$$

解方程组得

$$R_x = \frac{R_1}{R_2} R_n + \frac{R_4 R_i}{R_3 + R_4 + R_i} \left(\frac{R_1}{R_2} - \frac{R_3}{R_4} \right) \tag{3.11-1}$$

调节 R_1、R_2、R_3、R_4，使 $R_1/R_2 = R_3/R_4$，则式（3.11-1）中的第二项为零，待测电阻 R_x 和标准电阻 R_n 的接触电阻 R_{ix2}、R_{in1} 均包括在低值电阻 R_i 导线内，则有

$$R_x = \frac{R_1}{R_2} R_n \tag{3.11-2}$$

实际上很难做到 $R_1/R_2 = R_3/R_4$．为了减少式（3.11-1）中第二项的影响，使用尽量粗的导线以减小 R_i 的值（$R_i < 0.001\Omega$），使式（3.11-1）中第二项尽量小，与第一项比较可以忽略，以满足式（3.11-2）.

如果被测电阻是一段粗细均匀的金属导体，利用双臂电桥精确测量出其阻值 R_x ，然后测出其长度 l 和直径 d ，利用下式可求得该金属材料的电阻率：

$$\rho = R_x \frac{\pi d^2}{4l} \tag{3.11-3}$$

【实验内容】

QJ44 型双臂电桥的使用请详见仪器说明书.

1. 测金属导体的电阻 R_x

（1）将被测电阻按四端接法接入 QJ44 型箱式直流双臂电桥.
（2）测量金属导体的电阻值 R_x .

2. 测量金属导体的电阻率

（1）利用螺旋测微器测圆柱形导体的直径 d ，在不同的地方测 3 次，取平均值.
（2）用钢板尺测量导体的长度 l ，测 3 次，取平均值.

【注意事项】

（1） R_x 和 R_n 的电流和电压接头要保持表面清洁及良好接触.
（2）连接 R_x 和 R_n 电流端应选用短而粗的导线.
（3）由于测量低电阻时通过待测电阻的电流较大，在测量通电时应尽可能短暂.

【数据处理】

自拟数据表格，利用式（3.11-3）计算金属导体的电阻率 ρ 及不确定度.

【思考题】

（1）双臂电桥和单臂电桥有哪些异同？
（2）双臂电桥怎样消除附加电阻的影响？
（3）如果待测电阻的两个电压端引线较大，对测量结果有无影响？

3.12　霍尔效应及其应用

【实验目的】

（1）了解霍尔效应原理及测量霍尔效应元件有关参数.

（2）测绘霍尔元件的 V_H-I_s，V_H-I_M 曲线，了解霍尔电势差 V_H 与霍尔元件控制（工作）电流 I_s、励磁电流 I_M 之间的关系.

（3）学习利用霍尔效应测量磁感应强度 B（或元件的霍尔灵敏度 K_H）.

（4）判断霍尔元件载流子的类型，并计算其浓度和迁移率.

（5）学习用"对称交换测量法"消除副效应产生的系统误差.

【实验仪器】

霍尔效应实验仪.

【仪器介绍】

本实验仪器由两部分组成：实验仪和测试仪.

1. 实验仪

实验仪由两部分组成，如图 3.12-1 所示.

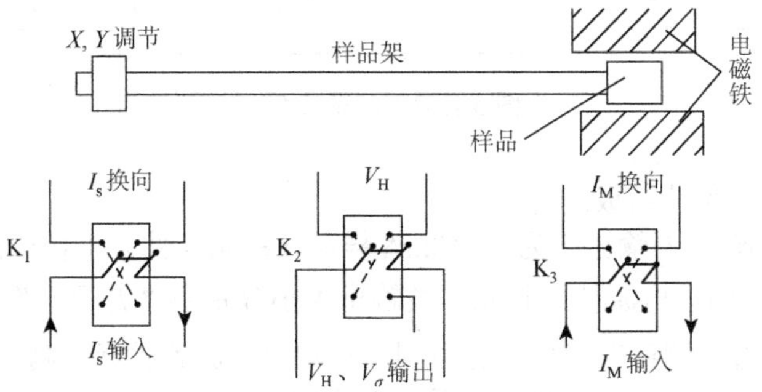

图 3.12-1　实验仪

（1）样品架及电磁铁. 磁铁线包绕向为顺时针（操作者面对实验仪）. 根据线包绕向及励磁电流 I_M 的方向，可确定磁感应强度 $\boldsymbol{B}$ 的方向，而 $\boldsymbol{B}$ 的大小与 I_M 的关系由线包上所标 H 决定.

样品为半导体硅单晶片，固定在样品架一端（不可用手去触摸）. 其几何尺寸如图 3.12-2 所示.

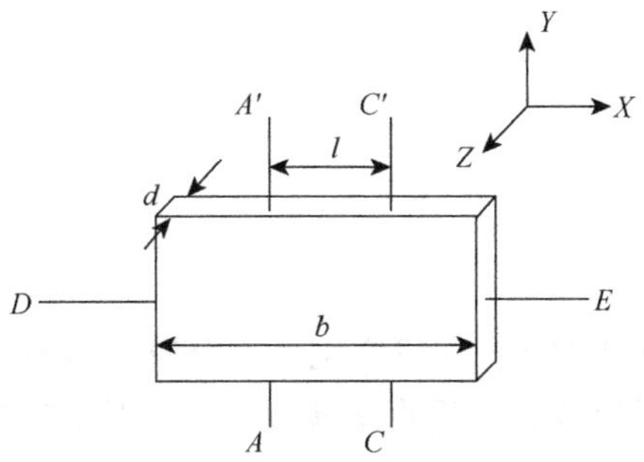

图 3.12-2　半导体硅单晶片几何尺寸

样品共有三对电极，其中A、A'或C、C'用于测量霍尔电压；A、C或A'、C'用于测量电导；D、E为样品工作电流I_s电极.

样品架有X、Y方向调节功能及读数装置，可调节样品在磁场中的位置.

（2）三个双刀开关. K_1、K_3为I_s、I_M换向开关；K_2为V_H、V_σ测量选择开关. I_s、I_M、V_H、V_σ与K_1、K_3、K_2的连线见图3.12-1.

2. 测试仪

测试仪面板如图3.12-3所示.

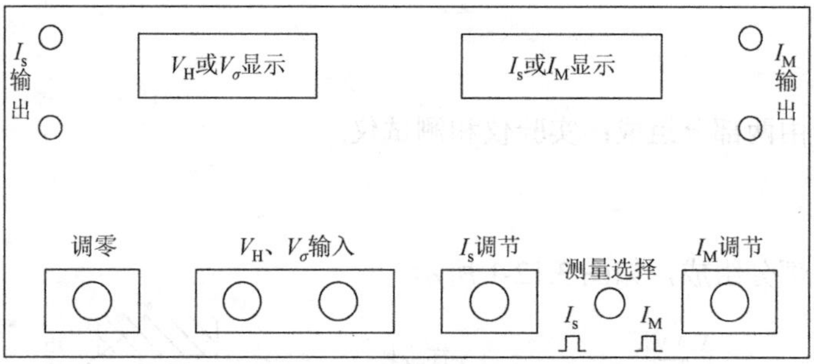

图3.12-3　测试仪面板

测试仪由以下两部分组成.

（1）两组恒流源. “I_s输出”为0～10mA样品（霍尔元件）工作电流. “I_M输出”为0～1A励磁电流源. 两组电源彼此独立，其输出大小分别由“I_s调节”旋钮及“I_M调节”旋钮调节，其值通过“测量选择”按键由同一只数字电流表进行观测. “测量选择”键按下为I_M，弹起为I_s. I_s接至霍尔效应实验仪中换向开关K_1，I_M接至霍尔效应实验仪中换向开关K_3（切不可接错）.

（2）直流数字电压表. V_H为通过A、A'电极测得的样品霍尔电压. V_σ为通过A、C电极测得的样品电压，用以计算电导率. V_H、V_σ通过测试仪上切换开关K_2由同一数字电压表进行观测. 当V_H、V_σ输入为零时（输入线短接），由调零旋钮对电压表进行零位调节. 当显示器的数字前出现“-”号时，表示被测电压为负值. 实验时将霍尔效应实验仪中开关K_2接至测试仪中的“V_H、V_σ输入”端.

【实验原理】

1. 霍尔效应

1879年，霍尔（Edwin H. Hall）在研究磁场中金属导体的导电特性时发现：把一载流导体薄板放在磁场中，如果磁场方向垂直于薄板平面，则在薄板的上、下两侧面之间出现微弱电势差. 这一现象称为霍尔效应，产生的电势差称为霍尔电势差或霍尔电压.

霍尔效应从本质上讲，是运动的带电粒子在磁场中受到洛伦兹力作用而引起的偏转所产生的. 当带电粒子（电子或空穴）被约束在固体材料中，这种偏转就导致在垂直于电流和磁场的方向上产生正、负电荷的积累，从而形成附加的横向电场.

如图 3.12-4 所示的半导体试样，若在 X 方向通以电流 I_s，在 Z 方向加磁场 $\boldsymbol{B}$，试样中载流子（电子）受到洛伦兹力

$$\boldsymbol{F}_L = -e\boldsymbol{v} \times \boldsymbol{B} \tag{3.12-1}$$

式中，$\boldsymbol{v}$ 为电子定向漂移速度；$\boldsymbol{B}$ 为磁感应强度.

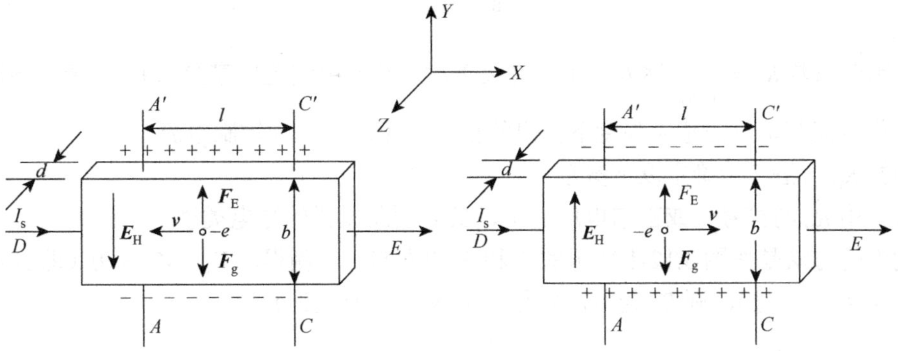

图 3.12-4　样品示意图

无论载流子是正电荷还是负电荷，$\boldsymbol{F}_L$ 的方向均与 Y 轴平行. 在此力的作用下，载流子发生偏移，则在 Y 方向，即试样 A、A' 电极两侧就开始聚积异号电荷，因而在 A、A' 之间形成附加电场 $\boldsymbol{E}_H$——霍尔电场，相应的电压 V_H 称为霍尔电压. 电场的指向取决于试样的导电类型. N 型半导体的多数载流子为电子，P 型半导体多数载流子为空穴. 对 N 型试样，霍尔电场逆 Y 轴方向，P 型试样则沿 Y 轴方向.

试样中的载流子（电子）受到的电场力

$$\boldsymbol{F}_E = -e\boldsymbol{E}_H \tag{3.12-2}$$

其方向与洛伦兹力相反. 显然，霍尔电场是阻止载流子继续向侧面偏移的. 当电子受到的电场力与洛伦兹力大小相等时

$$eE_H = evB \tag{3.12-3}$$

试样两侧电荷积累结束.

设试样的宽度为 b，厚度为 d，载流子的浓度为 n，则通过试样的电流强度

$$I_s = nevbd \tag{3.12-4}$$

由式（3.12-3）、式（3.12-4）可知霍尔电压为

$$V_H = E_H b = \frac{1}{ne}\frac{I_s B}{d} = R_H \frac{I_s B}{d} \tag{3.12-5}$$

比例系数 $R_{\mathrm{H}}=\dfrac{1}{ne}$ 称为霍尔系数，它是反映材料霍尔效应强弱的重要参数. 由式（3.12-5）可见，只要测出 $V_{\mathrm{H}}(\mathrm{V})$ 以及知道 $I_{\mathrm{s}}(\mathrm{A})$、$B(\mathrm{T})$ 和 $d(\mathrm{m})$，可按下式计算霍尔系数 R_{H} $(\mathrm{V}\cdot\mathrm{m}/(\mathrm{A}\cdot\mathrm{T}))$：

$$R_{\mathrm{H}}=\frac{V_{\mathrm{H}}d}{I_{\mathrm{s}}B} \tag{3.12-6}$$

霍尔元件就是利用霍尔效应制成的电磁转换元件，对于成品的霍尔元件，其 R_{H} 和 d 是已知的，因此在实际应用中，式（3-12-5）常以如下形式出现：

$$V_{\mathrm{H}}=K_{\mathrm{H}}I_{\mathrm{s}}B \tag{3.12-7}$$

式中，比例系数 $K_{\mathrm{H}}=\dfrac{1}{ned}$ 称为霍尔元件灵敏度（其值由制造厂家给出），它表示该器件在单位工作电流和单位磁感应强度下输出的霍尔电压； I_{s} 称为控制电流.

根据 R_{H} 可进一步确定以下参数.

（1）由 R_{H} 的符号（或霍尔电压的正、负）判断试样的导电类型.

判断的方法是按图 3.12-1 所示的 I_{s} 和 $\boldsymbol{B}$ 的方向，若测得的 $V_{\mathrm{H}}=V_{AA'}<0$（即 A 点的电势低于 A' 点的电势），则 R_{H} 为负，样品属于 N 型，反之为 P 型.

（2）由 R_{H} 求载流子浓度 n，即 $n=\dfrac{1}{R_{\mathrm{H}}e}$.

（3）结合电导率的测量，求载流子的迁移率 μ.

迁移率表示单位电场下载流子的平均漂移速度，它是反映半导体中载流子导电能力的重要参数. 电导率 σ 与载流子浓度 n 以及迁移速率 μ 之间有如下关系：

$$\sigma=ne\mu \tag{3.12-8}$$

测出 σ 值即可求 μ.

在实验中，已知 A、C 之间长为 l，试样横截面积 $S=bd$，设 A、C 两点间的电压为 $V_{AC}=V_{\sigma}\times 10$，由欧姆定律 $R=\dfrac{V_{AC}}{I_{\mathrm{s}}}=\dfrac{l}{\sigma S}$，得 $\sigma=\dfrac{I_{\mathrm{s}}l}{V_{AC}S}(\Omega^{-1}\cdot\mathrm{m}^{-1})$.

2. 实验中产生的附加电压及其消除方法

以上讨论的霍尔效应是在理想情况下产生的，实际上，在产生霍尔电压的同时，还伴随产生各种副效应，所以实验测到的 V_{H} 并不等于真实的霍尔电压值，而是包含着各种副效应所引起的附加电压. 因此应设法消除.

附加电压的来源如下.

1）不等势电压 V_0

如图 3.12-5 所示，不等势电压降是由于测量霍尔电压的电极 A 和 A' 的位置很难做到在一个理想的等势面上，因此当有电流 I_{s} 通过时，即使不加磁场也会产生附加电压 V_0. 附加电压的符号与电流 I_{s} 的方向有关，与外磁场 $\boldsymbol{B}$ 的方向无关.

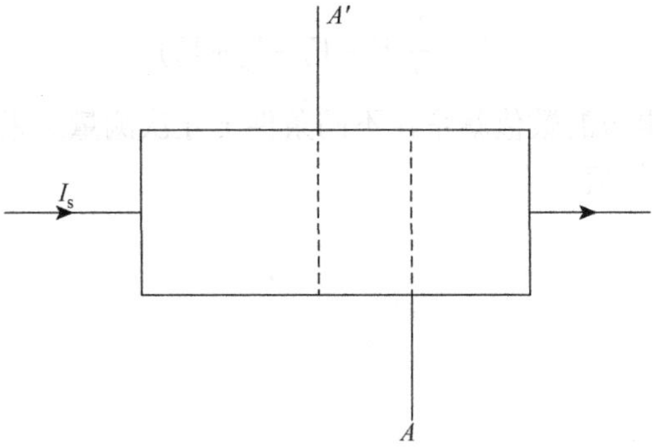

图 3.12-5 不等势电压

2）埃廷斯豪森效应引起的温差电压 V_E

霍尔电压达到一个稳定值 V_H，主要是 $F_L = F_E$，即从微观上来看，速度 v 的载流子达到动态平衡. 但从统计观点可知，霍尔元件中速率大于 v 和小于 v 的载流子也是存在的. 因此速率大于 v 的载流子因为 $F_L > F_E$，大部分聚集在试样的下端，而速率小于 v 的载流子聚集在试样的上端. 由于快速电子的能量大，因此，试样下端的温度高，上端的温度低. 从而产生温差电压 V_E，这种现象称为埃廷斯豪森效应. 它不仅与外磁场 $\boldsymbol{B}$ 有关，而且与 I_s 有关.

3）能斯特效应引起的附加电压 V_N

如图 3.12-4 所示，在 D、E 两处接出引线时，不可能做到接触电阻完全相同. 因此，当电流 I_s 通过不同接触电阻时，会产生不等的焦耳热，并因温差而产生电流，使试样上下两个端面附加一个电压 V_N，这就是能斯特效应. V_N 与 I_s 无关，只与外磁场 $\boldsymbol{B}$ 有关.

4）里吉-勒迪克效应引起的附加电压 V_{RT}

由能斯特效应产生的电流也有埃廷斯豪森效应，由此产生附加电压 V_{RT}，称为里吉-勒迪克效应. V_{RT} 也与 I_s 无关，只与外磁场 $\boldsymbol{B}$ 有关.

因此，在确定磁场 $\boldsymbol{B}$ 和工作电流 I_s 的条件下，实际测量的电压包括 V_H、V_0、V_E、V_N、V_{RT} 五个电压的代数和. 在测量时用改变 I_s 和 $\boldsymbol{B}$ 方向的办法，使在不同的测量条件下抵消某些因素的影响. 例如，首先任取某一方向的 I_s 和 $\boldsymbol{B}$ 且认定它们为正，用 $+I_s$，$+B$ 表示，而当改变 I_s 和 $\boldsymbol{B}$ 的方向时就为负，用 $-I_s$，$-B$ 表示，测量条件与测量结果如下.

当 $+I_s$，$+B$ 时测得电压：$V_1 = V_H + V_0 + V_E + V_N + V_{RL}$ （3.12-9）

当 $-I_s$，$+B$ 时测得电压：$V_2 = -V_H - V_0 - V_E + V_N + V_{RL}$ （3.12-10）

当 $+I_s$，$-B$ 时测得电压：$V_3 = -V_H + V_0 - V_E - V_N - V_{RL}$ （3.12-11）

当 $-I_s$，$-B$ 时测得电压：$V_4 = V_H - V_0 + V_E - V_N - V_{RL}$ （3.12-12）

所以

$$V_H = \frac{1}{4}(V_1 - V_2 - V_3 + V_4) - V_E \tag{3.12-13}$$

一般 V_E 较 V_H 小得多，在误差范围内可以略去，所以

$$V_H = \frac{1}{4}(V_1 - V_2 - V_3 + V_4) \quad (3.12\text{-}14)$$

在本实验中，霍尔电压的数值就是在不同条件下4次测量结果的代数和（V_1、V_2、V_3、V_4本身有正有负）的平均值.

【实验内容】

1. 仪器调整

（1）按图连接、检查线路，并调节样品支架，使霍尔片位于磁场中间.

（2）逆时针将I_s、I_M调节旋钮调至最小.

（3）分别将"I_s输出""I_M输出"接至实验仪中K_1、K_3换向开关.

（4）用导线将"V_H、V_σ输入"短接，通过调零旋钮将"V_H或V_σ显示"调零.

（5）选择K_1、K_3向上关闭为I_s、I_M的正方向.

2. 测量内容

（1）测绘V_H-I_s曲线. 保持I_M = 0.600A不变，按要求调节I_s，分别测出不同I_s下的4个V_H值，将其记录到表3.12-1中.

（2）测绘V_H-I_M曲线. 保持I_s = 2.00mA不变，测出不同I_M下的4个V_H值，将其记录到表3.12-2中.

（3）测V_{AC}. 取$I_s = 2.00\text{mA}$，在零磁场下（$I_M = 0.000\text{ A}$）测得V_σ，则$V_{AC} = 10V_\sigma$.

（4）确定样品导电类型. 选I_s、I_M为正向，根据所测得的V_H的符号，判断样品的导电类型.

【数据处理】

表3.12-1　测量V_H-I_s曲线（$I_M = 0.600\text{ A}$，电压单位：mV）

I_s/mA	V_1	V_2	V_3	V_4	$V_H = \frac{1}{4}(V_1 - V_2 - V_3 + V_4)$
	$+I_s$，$+B$	$-I_s$，$+B$	$+I_s$，$-B$	$-I_s$，$-B$	
1.00					
1.50					
2.00					
2.50					
3.00					
4.00					

表 3.12-2　测量 V_H-I_M 曲线（$I_s = 2.00\,\text{mA}$，电压单位：mV）

I_M/A	V_1	V_2	V_3	V_4	$V_H = \frac{1}{4}(V_1 - V_2 - V_3 + V_4)$
	$+I_s$，$+B$	$-I_s$，$+B$	$+I_s$，$-B$	$-I_s$，$-B$	
0.300					
0.400					
0.500					
0.600					
0.700					
0.800					

（1）磁感应强度

$$B = I_M \times H \times 10^{-4}\ \text{(T)}$$

H 标在线包上. 作 V_H-I_s 曲线，由曲线求斜率 $\frac{\Delta V_H}{\Delta I_s}$，代入 $R_H = \frac{V_H d}{I_s B}$，计算霍尔系数.

（2）计算载流子浓度

$$n = \frac{1}{R_H e}\ (\text{m}^{-3})$$

其中，e 为电子电量，$e = 1.602 \times 10^{-19}\,\text{C}$.

（3）绘制 V_H-I_M 曲线.

（4）计算电导率

$$\sigma = \frac{I_s l}{V_{AC} S} (\Omega^{-1} \cdot \text{m}^{-1})$$

及迁移率

$$\mu = \frac{\sigma}{ne} (\text{m}^2 / (\text{V} \cdot \text{S}))$$

【思考题】

（1）若磁场方向和霍尔元件不垂直，对测量结果有何影响（设电流方向仍与磁场垂直）？

（2）若磁场方向与电流方向不垂直，测出的磁感应强度应比实际值大还是小？为什么？

3.13　示波器的使用

示波器是一种电子图示测量仪器，它能把电变化的过程转换成在屏幕上看得见的图像. 示波器的使用范围非常广泛，它可以测量表征电信号特征的所有参数，如电压、电流、频率和相位差等. 示波器具有工作频率范围宽、灵敏度高、输入阻抗高等特点，各种可转化为电压的电学量和非电学量都可以用示波器进行测量.

【实验目的】

（1）了解示波器的工作原理和使用方法.
（2）学会用示波器观察电信号的波形.
（3）学习用示波器测定正弦信号的电压和频率.
（4）学会用示波器观察李萨如图形.

【实验仪器】

示波器、低频信号发生器等.

【仪器介绍】

1. XD-2型低频信号发生器

XD-2型低频信号发生器的频率范围为1Hz～1MHz，输出幅度为0～5V，连续可调. 面板如图3.13-1所示.

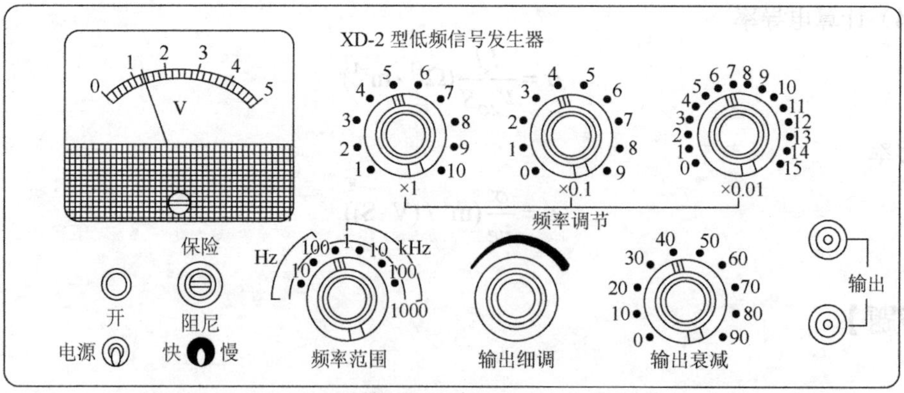

图 3.13-1　XD-2型低频信号发生器面板

（1）阻尼开关一般置于“快”位置，当频率较低时，可置于“慢”位置，以减小电表指针摆动.

（2）“频率范围”旋钮供选择频段用，“频率调节”旋钮由三个十进位频率步进旋钮组成. 输出频率＝三个频率调节旋钮示值之和×频率范围示值，如图 3.13-1 面板上的频率示值为 $f=546\text{Hz}$.

（3）“输出衰减”旋钮用来改变输出电压大小，面板上指示的是衰减分贝（dB）值. 衰减分贝值与衰减倍数的换算关系见表3.13-1.

（4）输出细调旋钮调节输出电压值，电压表指示的是衰减前的输出电压有效值，

$$\text{实际输出电压有效值}\ U_{\text{eff}} = \frac{\text{电压表示数}U}{\text{衰减倍数}}$$

表 3.13-1　衰减分贝值与衰减倍数的换算关系

衰减分贝值	0	10	20	30	40	50	60	70	80	90
衰减倍数	1.00	3.16	10.0	31.6	100	316	1000	3162	10000	31623

注：衰减分贝值 = 20lg 电压衰减倍数.

信号发生器使用要点：

（1）本机使用 220V、50Hz 交流电源，开机前将“输出细调”逆时针旋至最小. 打开电源开关，预热 20min；

（2）调节“频率范围”和“频率调节”旋钮，得到所需频率值；

（3）调节“输出衰减”和“输出细调”旋钮得到所需电压值. 正弦波信号由两个输出接线柱输出.

2. HH4315 型双踪示波器

HH4315 型双踪示波器面板如图 3.13-2 所示.

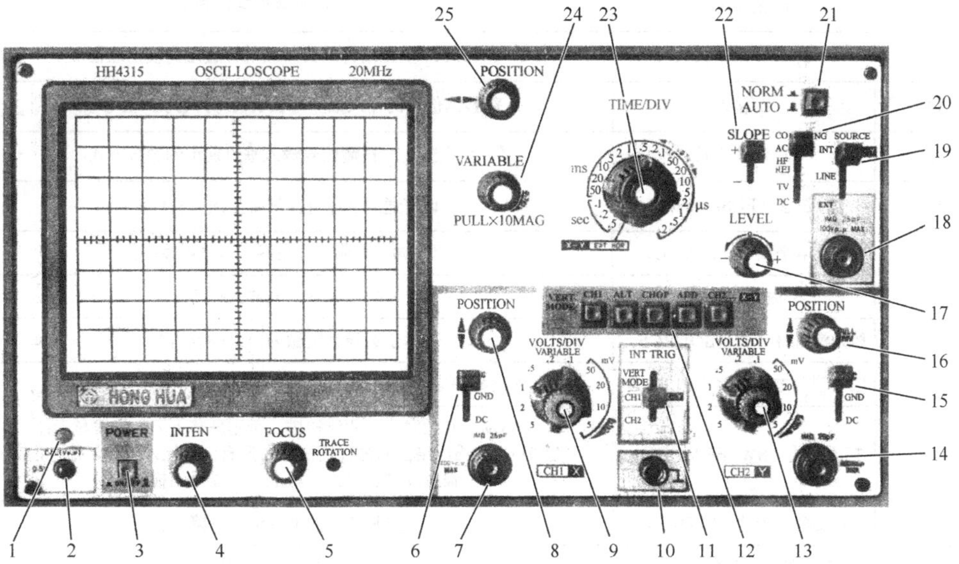

图 3.13-2　HH4315 型双踪示波器面板

1. 指示灯；2. 校准信号源；3. 电源开关（POWER）；4. 辉度（INTEN）；5. 聚焦（FOCUS）；6. Y_1 连接方式；7. Y_1 输入；8. Y_1 位移（POSITION）；9. Y_1 偏转因数（上层旋钮为微调（VARIABLE））；10. 接地；11. 内触发选择（INT TRIG）；12. Y 方式（VERT MODE）；13. Y_2 偏转因数（上层旋钮为微调（VARIABLE））；14. Y_2 输入；15. Y_2 连接方式；16. Y_2 位移（POSITION）；17. 触发电平调节（LEVEL）；18.外触发源输入；19. 触发源选择开关（SOURCE）；20. 触发耦合方式（COUPLING）；21. 扫描方式（SWEEP MODE）；22. 触发耦合极性（SLOPE）；23. 扫描时间（TIME/DIV）；24. 扫描微调（VARIABLE）；25. X 位移（POSITION）

示波器各键/旋钮的功能如表 3.13-2 所示.

表 3.13-2　示波器各键/旋钮的功能

序号	键/旋钮	功能
1	指示灯	电源接通，此灯亮
2	校准信号源	校正方波信号的输出端
3	电源开关（POWER）	控制示波器电源的接通或断开
4	辉度（INTEN）	调节光迹的亮度
5	聚焦（FOCUS）	调节光迹的清晰度
6	Y_1 连接方式	用于选择 Y_1 被测信号输入垂直通道的耦合方式
7	Y_1 输入	Y_1 被测信号的输入插座，在 X-Y 方式为 X 信号输入
8	Y_1 位移（POSITION）	调节通道 1 光迹在屏幕上的垂直位置
9	Y_1 偏转因数	调节 Y_1 垂直偏转因数
	Y_1 偏转因数微调	用于连续调节 Y_1 垂直偏转因数，顺时针旋足为校正位置
10	接地	与机壳相连接的接地端
11	内触发选择（INT TRIG）	用于选择不同的内触发信号源
12	Y 方式（VERT MODE）	用于选择垂直偏转系统的工作方式
13	Y_2 偏转因数	调节 Y_2 垂直偏转因数
	Y_2 偏转因数微调	调节 Y_2 垂直偏转因数，顺时针旋足为校正位置
14	Y_2 输入	Y_2 被测信号的输入插座，在 X-Y 方式为 Y 信号输入
15	Y_2 连接方式	用于选择 Y_2 被测信号输入垂直通道的耦合方式
16	Y_2 位移（POSITION）	调节通道 2 光迹在屏幕上的垂直位置
17	触发电平调节（LEVEL）	用于调节被测信号在某一电平触发扫描
18	外触发源输入	外部触发信号输入插座
19	触发源选择开关（SOURCE）	用于选择触发源为内、外或电源
20	触发耦合方式（COUPLING）	根据被测信号的特点，用此开关选择触发信号的耦合方式
21	扫描方式（SWEEP MODE）	NORM：有触发信号才能扫描，否则屏幕上无扫描线显示； AUTO：扫描电路自动进行扫描，在没有信号输入或输入信号没有被触发同步时，屏幕上仍可显示扫描基线
22	触发耦合极性（SLOPE）	用于选择信号的上升沿和下降沿触发
23	扫描时间（TIME/DIV）	调节扫描时间因数
24	扫描微调（VARIABLE）	用于连续调节扫描速率
25	X 位移（POSITION）	调节光迹在水平方向移动

示波器主要由示波管、Y 放大器、X 放大器、触发同步电路、扫描发生器与直流电源组成，如图 3.13-3 所示.

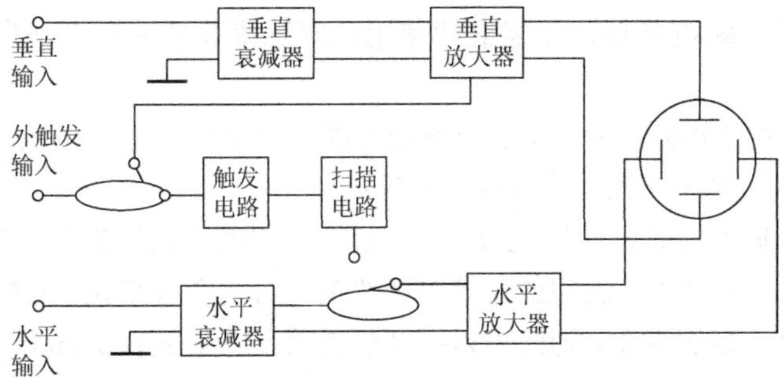

图 3.13-3 示波器示意图

（1）示波管由电子枪、偏转系统和荧光屏组成，如图 3.13-4 所示.

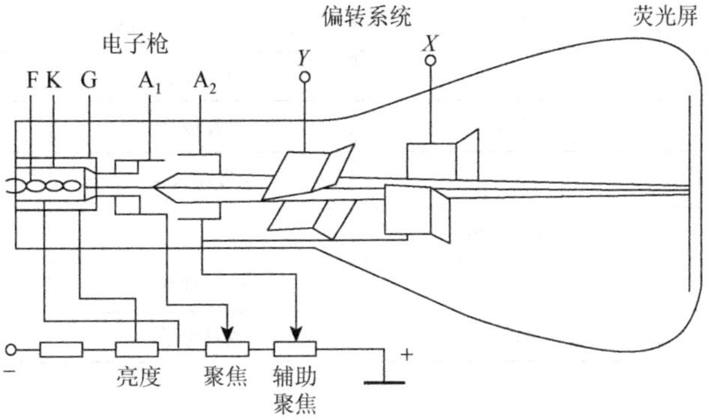

图 3.13-4 示波管示意图

F. 灯丝；K. 阴极；G. 控制栅极；A_1. 第一阳极；A_2. 第二阳极；Y. 垂直偏转板；X. 水平偏转板

电子枪由灯丝、阴极、栅极、第一阳极和第二阳极组成，其作用是将电子束聚焦.

偏转系统由两对互相垂直的偏转板组成，其作用是控制电子束的运动轨迹. 荧光屏的内表面涂有一层荧光物质，在高速电子束轰击后，荧光物质发出可见光.

（2）Y 放大器将被测信号放大后，加到垂直偏转板上，控制电子束垂直方向的偏转.

（3）X 放大器将 X 轴输入信号放大后，加在水平偏转板上，控制电子束水平方向的偏转.

（4）扫描发生器产生锯齿波扫描电压，经 X 放大器后，加到水平偏转板上，使电子束按时间沿水平方向展开.

（5）触发同步电路利用被测信号或外接信号实现同步作用.

（6）直流电源为示波器各组成部分提供工作电源.

示波器使用注意事项：

（1）机壳必须接地，但不得与交流电源线相连；

（2）开机前应检查电源电压与示波器的工作电压是否相符；

（3）开机后一般应预热 3～5min. 光点不宜过亮，且不应长时间停留在同一位置，以免损坏荧光屏；

（4）在示波器切断电源后，如需继续使用，应等待数分钟后再开启电源，以免损坏仪器；

（5）人体感应的 50Hz 交流电压的数量级可能远大于被测信号电压，故在测试过程中应避免手指或人体其他部位触及输入端或探针；

（6）示波器长期不用时，应罩上仪器罩. 长期不用的示波器也要定期通电.

示波器开机后，各开关、旋钮的位置是随机的，对初学者来说，在短时间内调整示波器使之达到要求有一定的困难，为此可以在开机前将示波器面板的部分旋钮置于表 3.13-3 位置.

表 3.13-3　示波器操作参考表

旋钮/开关	位置	旋钮/开关	位置
辉度	居中	扫描时间因数 t/div	逆时针旋到底
聚焦	居中	扫描微调	任意
Y 方式	CH1	触发极性	+
位移（X、Y_1、Y_2）	居中	触发源开关	INT
偏转因数衰减 V/div	10mV/div	内触发	CH1
微调（VARIABLE）	任意	触发耦合	AC
扫描方式	AUTO	触发电平	居中

【实验原理】

1. 示波器显示图形

将一随时间变化的电压信号加在示波器的垂直偏转板上，电子束在垂直方向偏转的距离正比于信号的瞬时值，在屏幕上显示出一条垂直的亮线，如图 3.13-5（a）所示.

单独在水平偏转板加上随时间线性变化的锯齿波电压，电子束水平方向偏转距离正比于时间，光点在屏幕上沿水平方向从左到右，再迅速从右到左返回起点，这个过程称为扫描. 在屏幕上显示一条水平亮线，如图 3.13-5（b）所示. 这条水平亮线称为扫描线或时间基线，所加锯齿波电压称为扫描电压.

将被测信号加到垂直偏转板的同时，在水平偏转板加上锯齿波电压，电子束同时受到垂直和水平偏转系统的作用，在荧光屏上显示出电子合成运动的轨迹，即输入信号的波形，如图 3.13-5（c）所示.

当扫描电压的周期 T_x 严格等于输入信号的周期 T_y 的整数倍时，即

$$T_x = nT_y, \quad n = 1, 2, 3, \cdots \tag{3.13-1}$$

每次扫描的起点都对应信号电压的相同相位点，在屏幕上显示稳定的波形. 式（3.13-1）称为波形稳定条件.

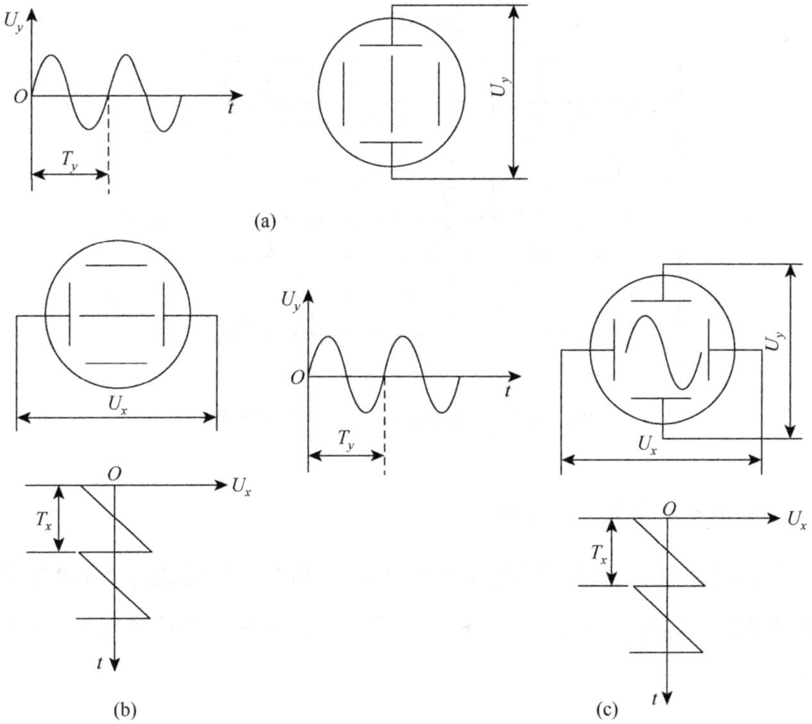

图 3.13-5　扫描成像示意图

实现 $T_x = nT_y$ 的过程称为扫描同步. 为了实现扫描同步，锯齿波电压的频率必须连续可调，同时必须把一个触发信号加到扫描发生器上来保证扫描同步.

2. 测量交流电压和频率

（1）测量交流电压的有效值 V_{eff} . 被测量的信号为正弦电压时，屏幕上显示出图 3.13-6 所示的正弦波形. 从屏幕标尺读出整个波形所占 Y 轴方向的格数 B（div），被测交流电压的峰-峰值

$$V_{\text{p-p}} = \alpha(\text{V/div})B(\text{div})$$

有效值

$$V_{\text{eff}} = \frac{\sqrt{2}}{4}\alpha(\text{V/div})B(\text{div}) \tag{3.13-2}$$

式中，α 为偏转因数，可以从示波器面板偏转因数旋钮读出.

（2）测量交流电压的频率. 从屏幕标尺读出一个周期波形所占 X 轴方向的格数 A（div），被测交流电压的频率

$$f = \frac{1}{\beta(\text{s/div})A(\text{div})} \tag{3.13-3}$$

式中，β 为扫描时间因数，可以从示波器面板扫描时间因数旋钮读出.

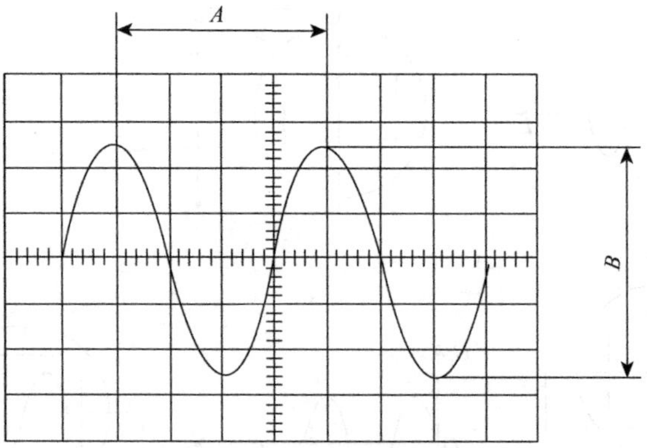

图 3.13-6　测量交流电压、频率示意图

3. 用李萨如图形测定频率的原理

如在示波器的 X 轴和 Y 轴同时输入正弦电压 U_x 和 U_y，并且这两个正弦电压的频率相同或成简单整数比，则电子束在这两个电压作用下，合成运动的轨迹称为李萨如图形，如图 3.13-7 所示.

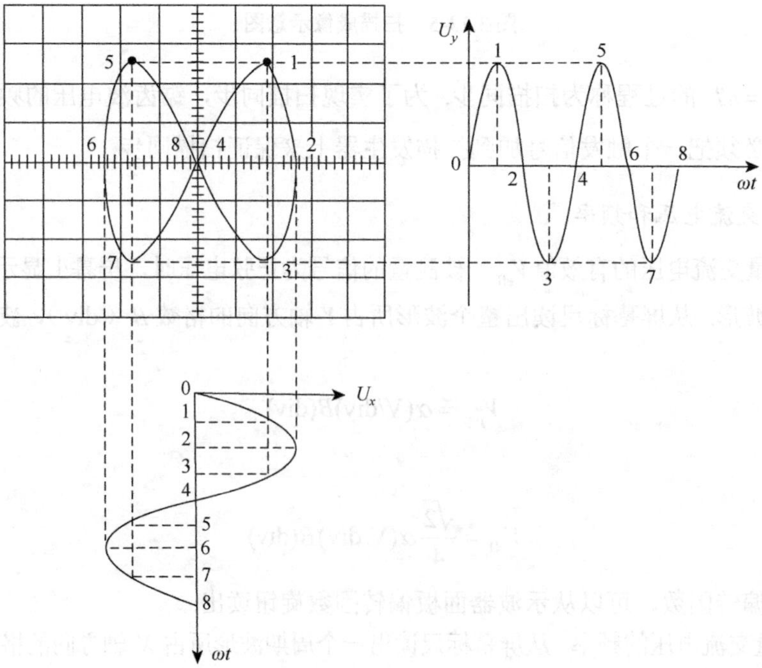

图 3.13-7　李萨如图形

为了确定 U_x、U_y 的频率比，可在李萨如图的 X 方向作一与图形相切的直线，数出切点数 n，在 Y 方向作一与图形相切的直线，数出切点数 m，则有

$$\frac{f_y}{f_x}=\frac{n}{m} \tag{3.13-4}$$

若已知一个信号的频率，从图像上的切点数 m 和 n，根据式（3.13-4），可求出另一个信号的频率.

【实验内容】

1. 熟悉示波器的使用

（1）开机前了解示波器各旋钮的作用（图 3.13-2）. 根据表 3.13-2 的提示设置各旋钮和开关的位置.

（2）打开电源开关 3，在屏幕上出现一个亮点，调节辉度旋钮 4 和聚焦旋钮 5 使屏幕亮度合适，亮点清晰. 调节 X 轴位移旋钮 25 和 Y_1 轴位移旋钮 8，使亮点位于屏幕中央.

（3）观察扫描情况：扫描时间旋钮 23 置于扫描，使亮点在屏幕上移动. 顺时针旋转扫描时间旋钮 23 变换扫描时间，可看到扫描速度由慢到快.

（4）观察方波信号：用电压测量探极将校准信号源的信号接到 Y_1 输入 7 上，Y 方式 12 按下 CH1 按键. 调节扫描时间旋钮 23 和扫描微调旋钮 24，使波形稳定. 关闭扫描微调旋钮 24（即顺时针旋到底）. 测出方波的周期 T，进而求出方波的频率 f.

（5）观察正弦信号波形：

（a）将信号发生器的输出信号接到示波器的 Y_2 输入 14 上；

（b）将信号发生器的频率调为 500Hz，输出电压表指示值为 5V，衰减分贝值为 10；

（c）调节 Y_2 偏转因数旋钮 13 及其微调旋钮，使波形幅度适中；

（d）调节扫描时间旋钮 23 和扫描微调旋钮 24，使显示 1～2 个稳定波形.

2. 测量交流电压的有效值和频率

（1）测量 500 Hz 正弦信号的电压和频率. 关闭 Y_2 偏转因数 13 的微调旋钮（即将微调旋钮顺时针旋到底），测量正弦波形的幅度对应的格数 B 及一个周期对应的格数 A，记录 Y_2 偏转因数旋钮 13 指示的偏转因数 α 和扫描时间旋钮 23 指示的扫描时间因数 β.

（2）将信号发生器的频率改为 100Hz，按上述方法再测量信号发生器实际输出的电压和频率.

3. 用李萨如图测量正弦信号的频率

（1）将信号发生器的输出信号接到示波器的 Y_2 输入 14 上，信号发生器的“地”和示波器的“地”相接.

（2）将扫描时间旋钮 23 逆时针旋到底，触发源选择开关 19 置于“ LINE ”，这时本机在 X 方向提供一个 50Hz 的正弦信号.

（3）按照 $f_y:f_x$ 分别为 1∶1、1∶2、3∶1、3∶2 的要求设定信号发生器的频率，微调信号发生器的频率使示波器显示图形变化缓慢，记下图形最稳定时信号发生器所示的频率 f_y，画出李萨如图形.

【注意事项】

（1）开机后一直找不到亮点，可能是辉度太弱或 X 、Y 位移旋钮的位置不对. 为尽快找到亮点，把各旋钮置于观察正弦波形的位置，加大 X 、Y 增幅或调整 X 、Y 位移，可很快找到图案，再适当调整.

（2）输入示波器 Y 轴的信号，一般要先衰减.

（3）当波形不稳定时，可能需要调整触发电平旋钮 17.

【数据处理】

1. 测量正弦信号的电压和频率（数据填入表 3.13-4 中）

表 3.13-4　测量数据记录表

低频信号发生器					示波器					
频率/Hz	电压表示值/V	衰减分贝值	电压衰减倍数	实际输出电压/V	偏转因数 α/(V/div)	Y轴方向波形幅值所占格数 B/div	扫描时间因数 β/(ms/div)	X轴方向一个周期所占格数 A/div	电压有效值/V	信号频率/Hz
500	5.0	10								
100	5.0	10								

2. 用李萨如图形测量正弦信号的频率（数据填入表 3.13-5 中）

表 3.13-5　测量数据记录表

$f_y : f_x$	1∶1	1∶2	3∶1	3∶2
f_x	50Hz			
f_x（计算值）				
f_y（实验值）				
李萨如图形				

【思考题】

（1）用示波器观察正弦电压信号时，荧光屏上显示出一条水平直线，是什么旋钮的位置不对？应如何调节？

（2）如何用示波器观察二极管的伏安特性曲线？

（3）用示波器观察正弦电压信号时，荧光屏上显示的图形在不停地移动，应该如何调节？

3.14　薄透镜焦距的测定

【实验目的】

（1）进一步理解透镜成像的原理.

（2）学习几种测量薄透镜焦距的方法.

（3）掌握简单光路的分析和调整方法.

【实验仪器】

光具座导轨、光具座、光源灯、物屏、像屏、平面镜、凸透镜、凹透镜.

【实验原理】

透镜有薄透镜和厚透镜之分，薄透镜是指其中心厚度比焦距小得多的透镜. 大量的光学仪器上经常使用薄透镜.

在近轴光线（靠近透镜主光轴并且与主光轴的夹角很小）成像条件下，薄透镜的成像规律可用下面的公式表示：

$$\frac{1}{u}+\frac{1}{v}=\frac{1}{f} \tag{3.14-1}$$

式中，u 表示物距，u 的正负取值规定为实物为正，虚物为负；v 表示像距，也规定实像为正，虚像为负；f 表示焦距，规定凸透镜 $f>0$，凹透镜 $f<0$. 焦距是表征透镜特征的重要参数，它决定了透镜的会聚和发散本领.

1. 自准直法测凸透镜焦距

如图 3.14-1 所示，当物体 P 位于凸透镜 L 的焦平面上时，该物体的光经透镜折射后变成平行光. 若用垂直于主光轴的平面镜将平行光反射回去，通过透镜之后会聚于透镜的焦平面上，形成一个与物 P 大小相同、倒立的实像 Q. 反之，如果物 P 不在 L 的焦平面上，就不可能在 P 处得到清晰的像 Q. 测出 P 与 L 光心之间的距离，也就测出了 L 的焦距 f.

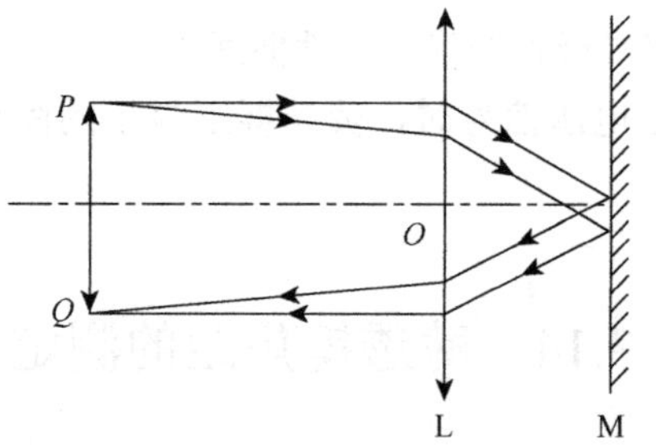

图 3.14-1　自准直法测凸透镜焦距

2. 共轭法测凸透镜的焦距

共轭法又称贝塞尔法或二次成像法.

如图 3.14-2 所示，物屏和像屏间的距离 $D>4f$，并保持不变，凸透镜在物屏与像屏之间可以找到两个适当位置 O_1 和 O_2（共轭点），使像屏上成一放大的像 Q_1 和 Q_2. 令 $\overline{O_1O_2}=d$，则凸透镜的焦距可由下式算出：

$$f=\frac{D^2-d^2}{4D} \tag{3.14-2}$$

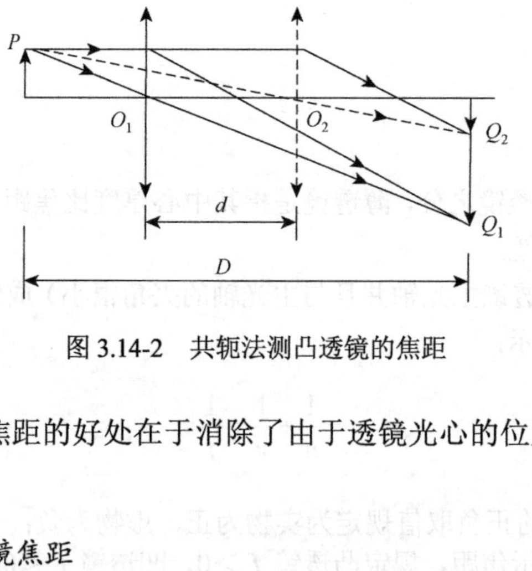

图 3.14-2　共轭法测凸透镜的焦距

用共轭法测凸透镜焦距的好处在于消除了由于透镜光心的位置难以确定所产生的系统误差.

3. 自准直法测凹透镜焦距

如图 3.14-3 所示，凹透镜 L_2 是发散的，可用一辅助凸透镜 L_1 置于其前，并在凹透镜后面放一垂直于主光轴的平面镜. 当 L_1 和 L_2 的位置调整适当时，L_2 的出射光为平行光，经平面镜反射后沿原光路返回，在物屏上成一与原物大小相同、倒立的实像. 这时 L_1 的像成了 L_2 的物（虚物），并且 Q_1 一定在 L_2 的虚焦平面上. 因此，测出 L_2 和 Q_1 的坐标，L_2 的焦距 f 就能算出来了.

4. 物距像距法测凹透镜焦距

如图 3.14-4 所示，物 P 的光线经凸透镜 L_1 会聚，又经凹透镜 L_2 发散后在像屏上成像

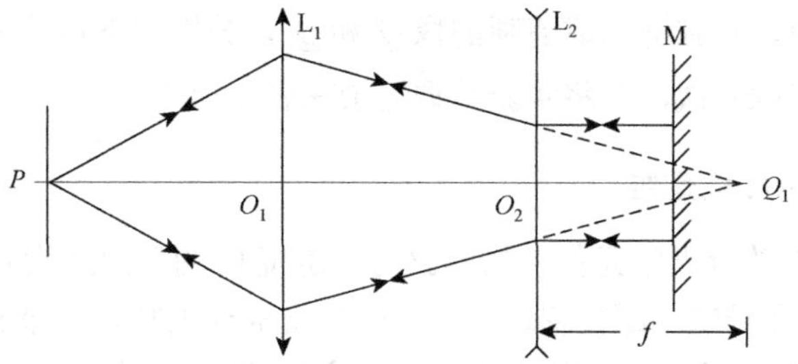

图 3.14-3　自准直法测凹透镜焦距

Q_2（L_1 和 L_2 的位置要适当调整）. 这时 L_2 的像距 $v=\overline{O_2Q_2}$. 因为是实像，$v>0$，而 L_1 的像 Q_1 成为 L_2 的物，则物距 $u<0$，将 u 和 v 代入透镜成像公式即可求出凹透镜的焦距

$$f=\frac{uv}{u+v} \tag{3.14-3}$$

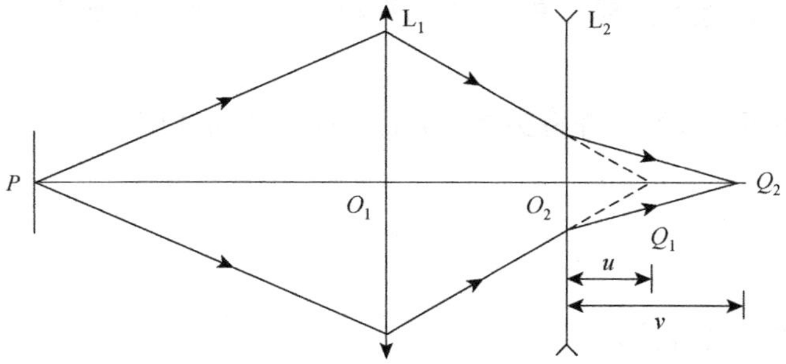

图 3.14-4　物距像距法测凹透镜焦距

【实验内容】

1. 光学元件的共轴调整

先利用水平尺将光具座导轨在实验桌上调节成水平. 将全部的光学元件放在光具座导轨上，提升或降低光学元件，使它们的中心在同一高度，并且与光具座导轨平行.

2. 自准直法测凸透镜焦距

（1）按图 3.14-1 放置光学元件. 固定物屏，移动凸透镜 L 和平面镜 M，直到在物屏上得到一个与物等大、倒立清晰的像. 记录物屏坐标 S_0 和凸透镜坐标 S_1 .

（2）重复上述步骤 6 次，并将实验数据记录在表 3.14-1 中.

3. 共轭法测凸透镜焦距

（1）参照实验内容 2 的数据估算凸透镜的焦距 f . 按图 3.14-2 放置光学元件，使物屏和像屏之间的距离 $D>4f$ ，记录物屏坐标 S_0 和像屏坐标 S_0' .

（2）移动凸透镜，直到屏上成清晰的像 Q_1 和 Q_2，分别记下 O_1 和 O_2 的坐标.

（3）重复上述步骤 6 次，并将实验数据记录在表 3.14-2 中.

4. 自准直法测凹透镜焦距

（1）按图 3.14-3 放置光学元件，物屏 P 与凸透镜 L_1 的间距约为 L_1 焦距的 2 倍. 让平面镜 M 随凹透镜 L_2 在导轨上缓慢移动，直到物屏上成像清晰，记录 L_2 的坐标 S_2.

（2）移开 L_2，用像屏捕捉 L_1 的实像，记录这时像屏的坐标 S_0'.

（3）重复上述步骤 6 次，并将实验数据记录在表 3.14-3 中.

5. 物距像距法测凹透镜焦距

（1）按图 3.14-4 放置光学元件. 物屏 P 与凸透镜 L_1 的间距约为 L_1 焦距的 3 倍. 像屏与 L_1 的间距为 L_1 焦距的 3～4 倍. 缓慢移动 L_2 直至成像清晰. 记录这时 L_2 的坐标 S_2 和像屏的坐标 S_0'.

（2）移开 L_2，用像屏捕捉 L_1 的实像，同样要反复调节，直到成像清晰. 记录这时像屏的坐标 S_0''.

（3）重复上述步骤 6 次，并将实验数据记录在表 3.14-4 中.

【数据处理】

1. 自准直法测凸透镜焦距

物屏位置 S_0 = ______________ cm

表 3.14-1　测量数据记录表

次数	1	2	3	4	5	6	平均值
凸透镜位置 S_1/cm							

$$f=\left|\overline{S_1}-S_0\right|= \underline{\qquad\qquad}\ \text{cm}$$

2. 共轭法测凸透镜焦距

物屏位置 S_0 = ______________ cm，像屏位置 S_0' = ______________ cm

$D=\left|S_0'-S_0\right|$ = ______________ cm

表 3.14-2　测量数据记录表

次数	1	2	3	4	5	6	平均值
O_1 位置/cm							
O_2 位置/cm							

$d = \left|\overline{O_1} - \overline{O_2}\right| =$ ______________cm

$f = \dfrac{D^2 - \overline{d}^2}{4D} =$ ______________cm

3. 自准直法测凹透镜焦距

表 3.14-3 测量数据记录表

次数	1	2	3	4	5	6	平均值
凹透镜 L_2 的位置 S_2/cm							
像屏位置 S_0'/cm							

$f = -\left|\overline{S_0'} - S_2\right| =$ ______________cm

4. 物距像距法测凹透镜焦距

凹透镜 L_2 的位置 $S_2 =$ ______________cm

表 3.14-4 测量数据记录表

次数	1	2	3	4	5	6	平均值
像屏位置 S_0'/cm							
像屏位置 S_0''/cm							

$v = \left|\overline{S_0'} - S_2\right| =$ ______________cm

$u = -\left|\overline{S_0''} - S_2\right| =$ ______________cm

$f = \dfrac{uv}{u+v} =$ ______________cm

【思考题】

(1) 推导共轭法测凸透镜焦距公式 $f = \dfrac{D^2 - \overline{d}^2}{4D}$.

(2) 在用物距像距法测凹透镜焦距时，能否将 L_1 和 L_2 对换位置？画出光路图，说明测量原理和方法.

(3) 共轴调整的意义是什么？本实验中介绍的是共轴调整的粗调，如需精确的共轴条件，你能设计出精确的共轴调整的方法吗？

3.15　利用牛顿环测量透镜的曲率半径

【实验目的】

（1）了解等厚干涉现象及其特点.

（2）掌握用干涉法测量透镜的曲率半径的方法.

（3）熟悉读数显微镜的使用方法.

【实验仪器】

读数显微镜、牛顿环装置、钠光灯.

【仪器介绍】

读数显微镜的构造及使用方法请参阅 2.1.4 节.

【实验原理】

牛顿环装置是将一块曲率半径 R 较大的平凸透镜的凸面置于一光学平板玻璃上构成的，如图 3.15-1 所示. 在透镜凸面和平板玻璃之间形成一层空气膜，其厚度从中心接触点到边缘逐渐增加. 当平行单色光垂直照射牛顿环装置时，入射光将在空气薄膜上、下两表面反射，产生具有一定光程差的两束相干光，它们在平凸透镜的凸面相遇后，将发生干涉. 其干涉图样是以玻璃接触点为圆心的明暗相间的同心圆环（图 3.15-2），称为牛顿环. 由于同一干涉环上各处的空气厚度相同，因此称为等厚干涉.

由图 3.15-1 可知，第 k 级条纹对应的两相干光束的光程差为

$$\delta_k = 2e_k + \frac{\lambda}{2} \tag{3.15-1}$$

式中，e_k 为第 k 级圆环半径 r_k 处空气薄膜的厚度；λ 为入射光波长；$\frac{\lambda}{2}$ 为由于光线由光疏介质射入光密介质，在界面反射时产生的半波损失所引起的附加光程.

由图 3.15-1 可得

$$R^2 = r_k^2 + (R - e_k)^2$$

因为 $R \gg e_k$，故可略去上式展开后的二级小量 e_k^2，于是有

$$r_k^2 = 2Re_k \tag{3.15-2}$$

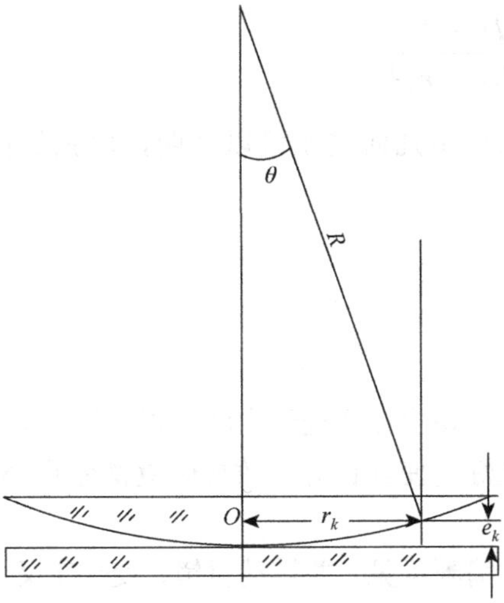

图 3.15-1 牛顿环装置

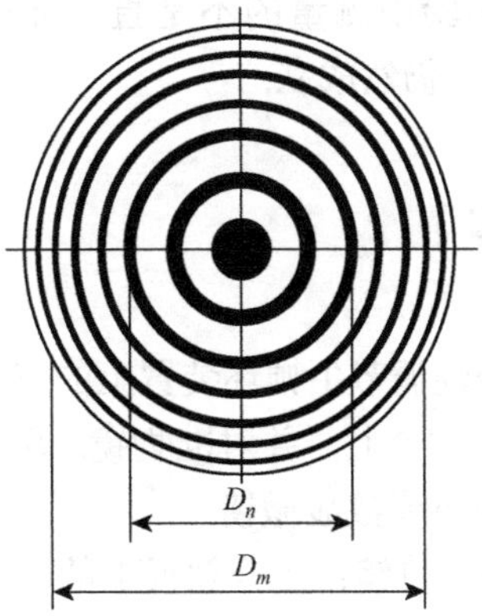

图 3.15-2 牛顿环

干涉条纹为暗纹的条件是

$$\delta_k = 2e_k + \frac{\lambda}{2} = (2k+1)\frac{\lambda}{2}, \quad k = 0, 1, 2, \cdots \tag{3.15-3}$$

由式（3.15-2）和式（3.15-3）可得

$$r_k^2 = kR\lambda \tag{3.15-4}$$

由式（3.15-4）可知，圆环半径越大，相应的干涉级别越高. 随着圆环半径增大，空气层上下两面间的夹角也增大，因而条纹变密. 接触点之间存在灰尘或其他因素，使得接触点 $e \neq 0$，因而在暗环条件的公式多了一项光程差，即

$$\delta_k = 2(e_k \pm a) + \frac{\lambda}{2} = (2k+1)\frac{\lambda}{2}$$

或

$$e_k = k\frac{\lambda}{2} \pm a$$

式中，a 是小物的线度. 代入式（3.15-2）得

$$r_k^2 = kR\lambda \pm 2Ra$$

a 可按下述办法消除. 分别测出第 m 、n 级暗环的半径 r_m 和 r_n，则对应的暗环半径为

$$r_m^2 = mR\lambda \pm 2Ra$$

$$r_n^2 = nR\lambda \pm 2Ra$$

两式相减，得

$$r_m^2 - r_n^2 = (m-n)R\lambda$$

又因暗环的圆心不好确定，所以用直径替换得

$$D_m^2 - D_n^2 = 4(m-n)R\lambda$$

故平凸透镜的曲率半径为

$$R = \frac{D_m^2 - D_n^2}{4(m-n)\lambda} \tag{3.15-5}$$

如果实验中测量的不是直径而是弦长，由几何关系可以证明，用弦长代替直径，式（3.15-5）仍然成立.

【实验内容】

（1）轻轻调节牛顿环装置上的三个螺钉，使牛顿环处于中间位置，将牛顿环放在读数显微镜的工作台上，并对准物镜. 开启钠光灯，使其正对读数显微镜物镜的45°反射镜.

（2）调节读数显微镜.

（a）调节目镜：使分划板上的十字叉丝清晰可见，并转动目镜，使十字叉丝的横线与显微镜的移动方向平行.

（b）调节45°反射镜：使显微镜视场中亮度最大，这时基本满足入射光垂直于待测透镜的要求.

（c）转动测微鼓轮：使显微镜筒平移至标尺中部，并调节调焦手轮，使物镜接近牛顿环装置表面.

（d）对读数显微镜调焦：缓缓转动调焦手轮，使显微镜筒自下而上移动进行调焦，直至从目镜视场中清楚地看见牛顿环干涉条纹且无视差. 然后再移动牛顿环装置，使目镜中的十字叉丝交点与牛顿环中心大致重合.

（3）观察条纹的分布特征，各级条纹的粗细是否一致，条纹间隔是否一样，并作出解释. 观察牛顿环中心是亮斑还是暗斑，若为亮斑，该如何解释？

（4）测量暗环的直径. 转动读数显微镜的鼓轮，同时在目镜中观察，使十字叉丝由牛顿环的中央缓慢向一侧移动至31环，然后退至30环，从30环开始单方向移动十字叉丝，每移动一环记下相应的读数，直到21环. 然后穿过中心暗斑，从另一侧21环开始依次记到30环，并将所测数据记录到表3.15-1中.

【注意事项】

（1）为了避免螺旋空程引入的误差，在整个测量过程中，测微鼓轮只能朝一个方向转动，不准中途倒转.

（2）应在纵丝位于各级暗环中央时读数.

（3）钠光灯点燃后等待一段时间（约10min）才能正常使用，故点燃后不要轻易熄灭.

【数据处理】

（1）数据表格见表3.15-1.

表 3.15-1　测量数据记录表

暗环序号		21	22	23	24	25	26	27	28	29	30
暗环位置 /mm	左										
	右										
直径 D/mm											
D^2/mm^2											
$(D_{k+5}^2 - D_k^2)$/mm^2											
$\overline{D_{k+5}^2 - D_k^2}$/mm^2											
$\Delta(D_{k+5}^2 - D_k^2)$/mm^2											

（2）将测量的 10 个暗环直径用逐差法求（$D_{k+5}^2 - D_k^2$）.

（3）计算 R 与误差，写出测量结果.

【思考题】

（1）牛顿环相应两暗（明）条纹间的距离，为什么中央的比边缘的大？

（2）产生牛顿环的实验条件是什么？牛顿环有哪些特点？

3.16　分光计的调整和使用

【实验目的】

（1）了解分光计的构造和各部分的作用.

（2）了解分光计的基本原理，掌握分光计的调整方法和调节要求.

（3）学会用分光计测三棱镜的顶角.

【实验仪器】

分光计、三棱镜、平面反射镜等.

【仪器介绍】

分光计又称光学测角仪，是一种精密测量平行光线偏转角的光学仪器. 它常被用于测量棱镜顶角、折射率、色散率、光波波长和观察光谱等.

分光计的型号有许多，但基本结构和原理大致相同. JJY 型分光计的外形结构如图 3.16-1 所示，它主要由自准直望远镜、平行光管、载物台、游标刻度盘四部分组成. 分光计的下部是一个三角底座，中心有一个竖轴，称为分光计的中心轴.

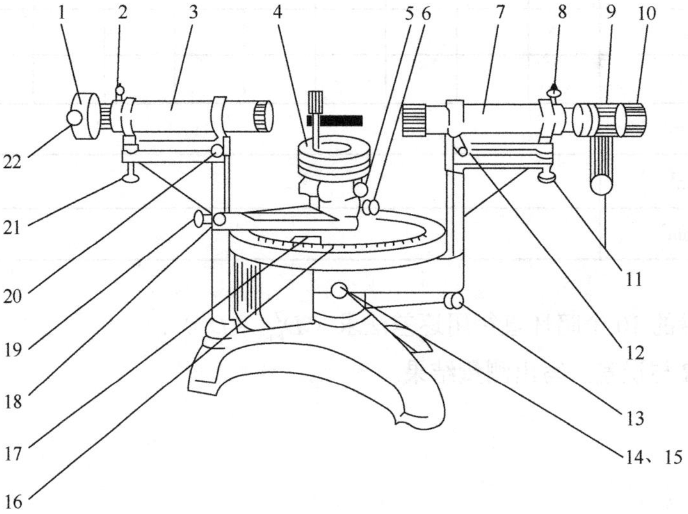

图 3.16-1 JJY 型分光计的外形结构

1. 狭缝装置；2. 狭缝套筒锁紧螺钉；3. 平行光管；4. 载物台；5. 载物台调平螺钉；6. 载物台锁紧螺钉；7. 望远镜；8. 目镜套筒锁紧螺钉；9. 自准直目镜；10. 目镜视度调节手轮；11. 望远镜光轴高低调节螺钉；12. 望远镜光轴水平调节螺钉；13. 望远镜微调螺钉；14. 转座与刻度盘锁紧螺钉；15. 望远镜锁紧螺钉（在背面）；16. 刻度盘；17. 游标盘；18. 游标盘微调螺钉；19. 游标盘锁紧螺钉；20. 平行光管光轴水平方向调节螺钉；21. 平行光管光轴高低调节螺钉；22. 狭缝宽度调节螺钉

1. 自准直望远镜

自准直望远镜用于观察平行光，以确定平行光束的方位，如图 3.16-2 所示. 它主要由目镜、分划板、物镜组成，分别装在三个套筒内，彼此可相对移动. 望远镜可绕分光计中心轴转动，其水平倾斜度可用管下侧的螺丝调节.

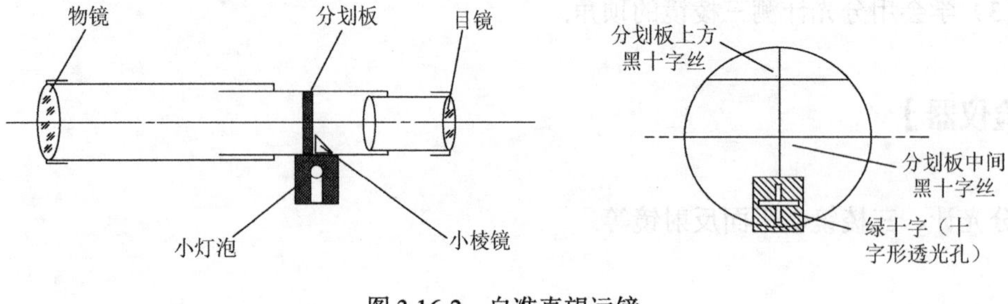

图 3.16-2 自准直望远镜

望远镜筒内有带三根叉丝的分划板，下方与小棱镜的直角面粘合在一起. 望远镜筒的一侧有一个照明的小灯泡，小灯泡发出的光通过绿色玻璃进入小棱镜，经小棱镜全反射后，从分划板上十字形透光孔射出. 将十字孔视为“物”，它发出的光线经物镜后射到载物台上的平面反射镜上，再反射回望远镜中.

根据自准直原理，当发光体在透镜焦平面上时，经过透镜的光为平行光，经平面反射镜返回，再经凸透镜聚焦在其焦平面上. 这时物和像在同一平面（焦平面）内，如图 3.16-3 所示.

当十字形透光孔不在物镜焦平面内时，看不到绿十字像或看到一个亮团，前后移动目镜，直到绿十字像清晰，这时目镜视场如图 3.16-4 所示，分划板已位于物镜焦平面上，望远镜达到自准——望远镜接收的是平行光.

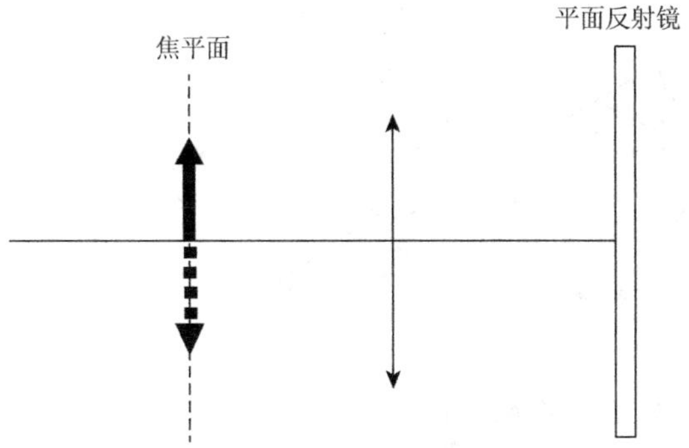

图 3.16-3　自准直法原理图

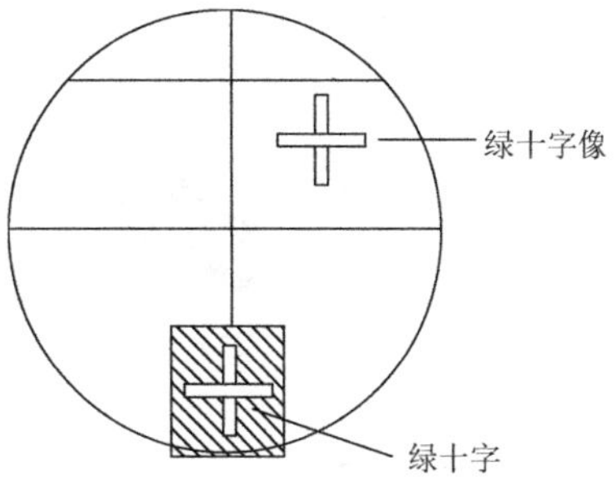

图 3.16-4　目镜视场

2. 平行光管

平行光管用于产生平行光，平行光管固定在分光计底座上，一端是物镜，另一端是狭缝，狭缝管套在外管内可以旋转，又能在外管内前后移动，改变狭缝到物镜的距离. 当缝位于物镜焦距处时，被光源照亮的缝发出的光经过物镜成为平行光束，由平行光管发射出. 狭缝宽度可由管侧面螺丝调节，光管水平倾斜度可用管下的螺丝改变.

3. 载物台

载物台用于放置待测元件，可升降，可绕分光计中心轴转动. 台下面的三个螺钉用于调节台面的倾斜度，使载物台面水平.

4. 刻度盘

分光计的刻度盘垂直于分光计主轴并且可绕主轴转动. 刻度盘的分度值为 $0.5°$，$0.5°$ 以下由其游标来读出. 其游标有 30 个分度，最小分度为 $1'$. 为了消除刻度盘与仪器主轴间的偏心差，在刻度盘左右相差 $180°$ 处各设置了一个游标. 测量望远镜所转的角度时，以两个游标上的读数取平均值即可消除偏心差.

【实验原理】

望远镜转过的角度

$$\varphi=\frac{1}{2}\left(\left|\theta_1'-\theta_1\right|+\left|\theta_2'-\theta_2\right|\right)$$

式中，θ_1、θ_2为望远镜在初始位置时，游标 I 和游标 II 的读数；θ_1'、θ_2'为望远镜转过φ角后，游标 I 和游标 II 的读数.

由图 3.16-5 可知三棱镜的顶角

$$\alpha = 180° - \varphi = 180° - \frac{1}{2}\left(\left|\theta_1' - \theta_1\right| + \left|\theta_2' - \theta_2\right|\right) \tag{3.16-1}$$

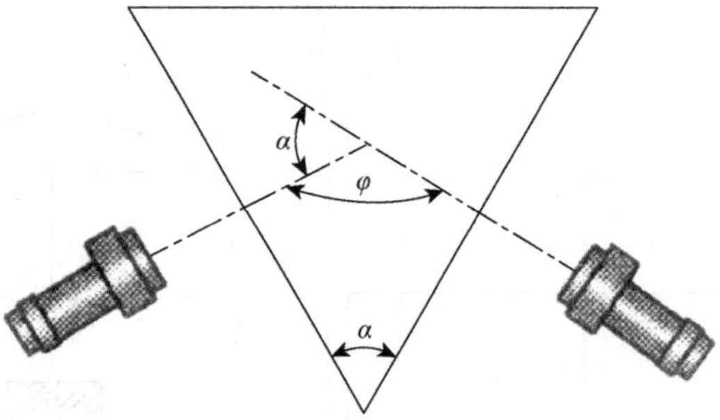

图 3.16-5　测三棱镜顶角

【实验内容】

1. 分光计的调整

分光镜在使用之前必须进行调整，使其处于正常的工作状态. 调整分光计之前，应对照分光计示意图，熟悉分光计的构造、各部件的作用，明确其调节方法. 为了测准入射光和出射光方向之间的夹角，必须调整分光计，使其满足：

（1）平行光管能发出平行光；

（2）望远镜适于观察平行光；

（3）望远镜和平行光管的光轴垂直于分光计的中心轴，载物台平面垂直于分光计的中心轴.

调整前应先粗调后细调（本实验暂时不使用平行光管，所以只需调好望远镜状态）.

粗调步骤如下.

用眼睛观察和判断. 调节望远镜和平行光管的“光轴高低调节螺丝”，使两者的光轴尽量平行于刻度盘. 松开载物台锁紧螺钉 6，使载物台高度合适后再锁紧. 粗调载物台下面的螺钉 5（三个螺钉 B_1、B_2、B_3），使载物台面大致水平.

细调步骤如下.

（1）自准直法调节望远镜能接收平行光.

（a）目镜调焦. 转动目镜视度调节手轮 10，调节目镜与分划板间的距离，直至在目镜视场中看到清晰的叉丝. 调好后，一般不要再动调节手轮.

（b）物镜聚焦. 打开望远镜筒内小灯电源，将平面镜挂在望远镜镜头上，在目镜中将看到一个亮斑，松开螺钉 8，前后移动目镜套筒，直到将分划板调到物镜焦平面上，看到清晰的绿十字像，如图 3.16-4 所示. 微移目镜套筒，消除视差（眼睛左右移动时，叉丝与绿十字像之间无相对位移）后，拧紧目镜套筒锁紧螺钉 8.

（2）调节望远镜光轴垂直于分光计中心轴.

（a）将平面镜按图 3.16-6 所示放置在载物台上，正对望远镜. 这样放，只需调节螺钉 B_1 或 B_2，就可改变平面镜的倾斜度.

（b）微转载物台，使平面镜偏离望远镜一小角度，如图 3.16-7 所示. 让眼睛与望远镜等高，从望远镜侧面用眼睛会看到望远镜的镜筒像，若在镜筒像中找到绿十字像，则说明从望远镜射出的光能被平面镜反射回望远镜中，否则，微调载物台调平螺钉 B_1（或 B_2）和望远镜光轴高低调节螺钉 11. 再将载物台转到图 3.16-6 所示位置，用目镜看视场中有无绿十字像. 反复进行目测粗调，直到在目镜中看到绿十字像，如图 3.16-4 所示.

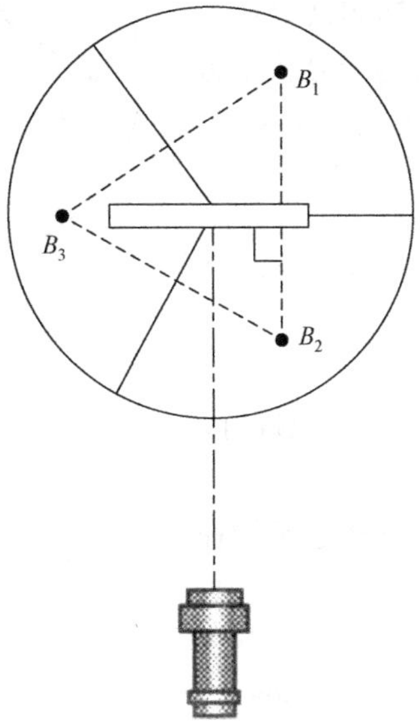

图 3.16-6　平面镜的放置

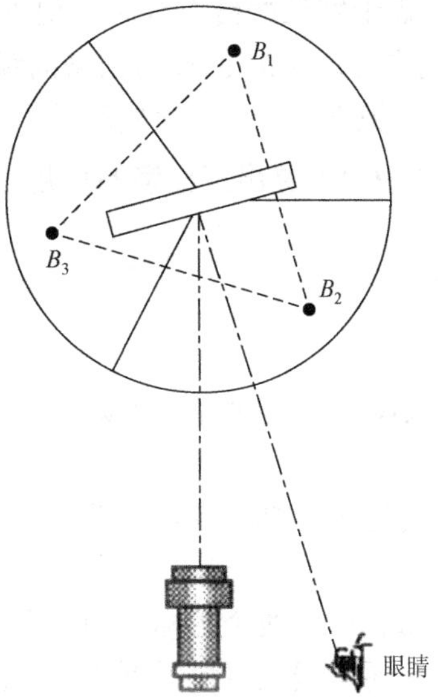

图 3.16-7　观察绿十字像

（c）将载物台转过180°，重复（b）.

注意：当望远镜对准平面镜一个面时，在目镜中看到绿十字像后，不要急于将绿十字像调到分划板上方十字丝上. 只有当从平面镜两个面反射回的绿十字像都能进入目镜视场时，才能进行步骤（d）.

（d）“半调法”：①调节螺钉 11，改变望远镜倾度，使绿十字像与分划板上方黑十字丝的距离减少一半，再调载物台调平螺钉 B_1（或 B_2），使绿十字像与分划板上方黑十字丝重合. ②将载物台转过180°，重复上述步骤.

反复调整，直到从平面镜两个面反射回的绿十字像都与分划板上方黑十字丝重合. 注意：望远镜光轴已与分光计中心轴垂直，不允许再动望远镜光轴高低调节螺钉 11.

（3）调载物台水平. 将平面镜在上一步的基础上转过90°，放在载物台中央，如图 3.16-8 所示. 只调第三个未调过的载物台调平螺钉 B_3，使绿十字像与上方黑十字丝重合.

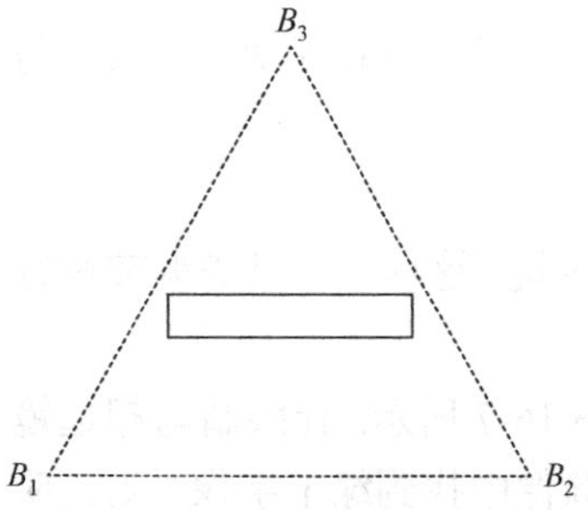

图 3.16-8　平面镜的放置

2. 测三棱镜顶角

（1）三棱镜的调整. 将三棱镜按图 3.16-9 置于载物台上，使载物台每两个调平螺钉的连线与三棱镜的镜面正交. 转动载物台，让三棱镜的一个光学面 ab 正对望远镜，调节螺钉 B_2，使绿十字像与分划板上方黑十字丝重合，这样 ab 面与望远镜光轴垂直. 再让另一光学面 ac 正对望远镜，调节螺钉 B_1，使绿十字像与分划板上方黑十字丝重合，ac 面也与望远镜光轴垂直.

（2）自准法测三棱镜顶角（5 次）.

让 ab 面正对望远镜，调节望远镜微调螺钉 13，当绿十字像与分划板上方黑十字丝严格重合时，记下两个游标的读数 θ_1、θ_2；再转动载物台，使 ac 面反射回来的绿十字像与分划板上方黑十字丝重合，记下 θ_1'、θ_2'. 将实验数据记录在表 3.16-1 中.

利用式（3.16-1）算出三棱镜的顶角.

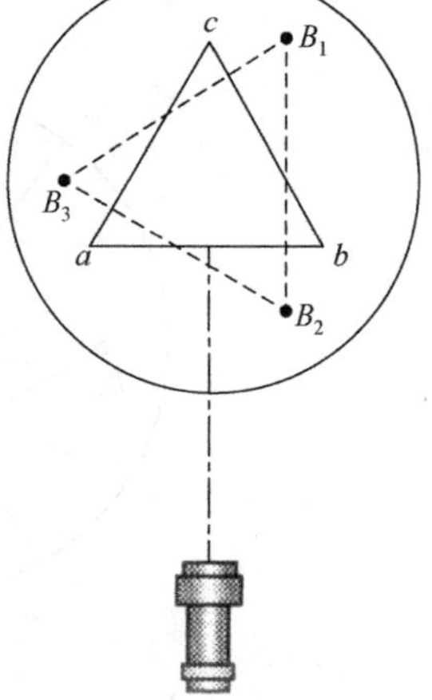

图 3.16-9　三棱镜的放置

【注意事项】

（1）有条不紊，耐心调整，调好一步，不要再动相应螺钉，否则还要重新调整.

（2）正式测量前必须将游标盘锁定，将刻度盘与望远镜锁在一起.

（3）记录数据时，两个游标的顺序不要颠倒.

（4）当游标零刻线过主尺零刻线时，读数要加或减 360°.

【数据处理】

分光计的仪器误差限 $\varDelta_{仪}$ = ________

表 3.16-1　测量数据记录表

次数		1	2	3	4	5	$\bar{\theta}$	$u_A(\bar{\theta})$
游标 I	θ_1							
	θ_1'							
游标 II	θ_2							
	θ_2'							

$u_B(\theta)=$ ______________

$u_C(\theta_1)=$ ______________，$\overline{\theta_1}\pm u_C(\theta_1)=$ ______________

$u_C(\theta_1')=$ ______________，$\overline{\theta_1'}\pm u_C(\theta_1')=$ ______________

$u_C(\theta_2)=$ ______________，$\overline{\theta_2}\pm u_C(\theta_2)=$ ______________

$u_C(\theta_2')=$ ______________，$\overline{\theta_2'}\pm u_C(\theta_2')=$ ______________

$\alpha=180°-\varphi=180°-\frac{1}{2}\left(\left|\overline{\theta_1'}-\overline{\theta_1}\right|+\left|\overline{\theta_2'}-\overline{\theta_2}\right|\right)=$ ______________

$u_C(\alpha)=\frac{1}{2}\sqrt{u_C^2(\theta_1)+u_C^2(\theta_1')+u_C^2(\theta_2)+u_C^2(\theta_2')}=$ ______________

$\alpha\pm u_C(\alpha)=$ ______________

【思考题】

（1）分光计主要由几部分组成？测量前，分光计应调整到什么状态？

（2）如何判断望远镜已能观察平行光？

（3）用什么方法调节望远镜光轴垂直于分光计的中心轴？

3.17　迈克耳孙干涉仪的使用

迈克耳孙干涉仪是一种在近代物理和近代计量技术中有着重要地位的光学仪器. 迈克耳孙（Michelson）与他的合作者曾经用这种干涉仪完成了著名的迈克耳孙-莫雷实验，为否定“以太”存在提供重要依据，从而推动了物理学的发展，另外又进行了光谱线结构的研究和用光的波长标定标准米尺等重要工作，为物理学的发展作出了重大贡献.

【实验目的】

（1）了解迈克耳孙干涉仪的结构、原理.

（2）观察等倾干涉、等厚干涉条纹特点.

（3）掌握用迈克耳孙干涉仪测定单色光波波长的方法.

【实验仪器】

迈克耳孙干涉仪、氦氖激光器、扩束透镜、小孔光阑、毛玻璃、白光光源、透镜.

【仪器介绍】

迈克耳孙干涉仪是用分振幅的方法获得双光束干涉的仪器，其结构如图 3.17-1 所示.

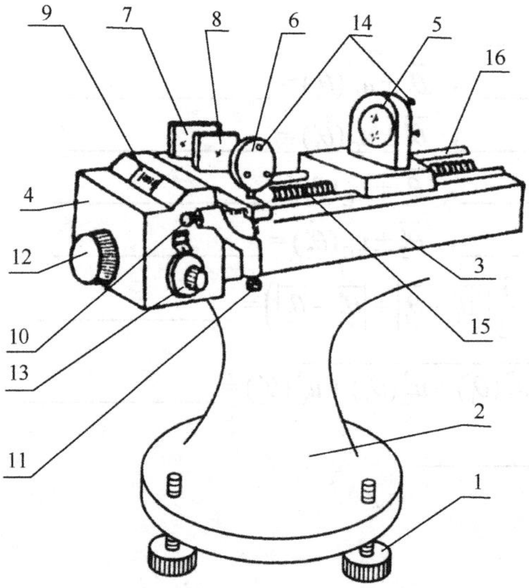

图 3.17-1　迈克耳孙干涉仪结构示意图

1. 调节螺钉；2. 底座；3. 台面；4. 齿轮系统；5. 反射镜 M_1；6. 反射镜 M_2；7. 分束板；8. 补偿板；9. 读数窗；10. 水平拉簧螺丝；11. 垂直拉簧螺丝；12. 手轮；13. 微动鼓轮；14. 调节螺钉；15. 精密丝杠；16. 导轨

M_1、M_2为互相垂直的平面反射镜，每个反射镜的背面各有三个用来调节反射镜平面方位的调节螺钉 14. M_2的下方有两个互相垂直的拉簧螺丝，可用来更细微地调节反射镜M_2的平面方位. 分束板 7 内侧镀有半透膜，半透膜与M_1、M_2成45°夹角. 补偿板 8 可使两光束在玻璃中经过的光程完全相同. 转动手轮 12 和微动鼓轮 13 可使平面镜M_1沿导轨方向前后移动，移动的距离可从标尺、读数窗和微动鼓轮读出. 转动手轮一圈可使丝杠沿导轨移动一个螺距，即 1mm. 手轮上有 100 个刻度，当转动手轮一个分度时，M_1移动 0.01mm，其数值可由读数窗口读出. 微动鼓轮和手轮相连接，转动微动鼓轮一圈，手轮随之转动一个分度. 微动鼓轮上有 100 个刻度，当转动微动鼓轮一个分度时，M_1移动 0.0001mm，这样，最小一位读数可估读到 10^{-5}mm. 测量M_1的位置时，应先由标尺（最小分度为 1mm）上读出其整数位（单位为 mm，下同），由读数窗口读出小数点后两位，由微动鼓轮的标线读出小数点后第三、四、五位（一般共有七位有效数字）.

【实验原理】

1. 干涉条纹的产生

迈克耳孙干涉仪的光路图如图 3.17-2 所示. 从光源 S 发出的光射到分束板G_1上，G_1后表面的半透膜将光束分成反射光束 1 和透射光束 2，两光束分别近于垂直入射M_1、M_2. 两光束经反射后在E处相遇，形成干涉条纹. 从E向M_1看去，可以看到M_2经反射膜反射的像M_2'，两相干光束好像是一光束分别经M_1、M_2'反射而来的，因此，迈克耳孙干涉仪产生的干涉图样与 M_1 、 M_2' 之间空气层所产生的干涉是一样的.

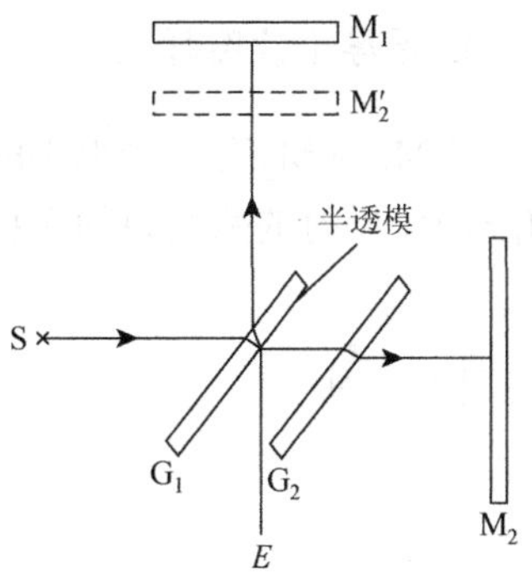

图 3.17-2　迈克耳孙干涉仪的光路图

2. 等倾干涉图样

如图 3.17-3 所示，当 M_1 与 M_2 相垂直，即 M_1 与 M_2' 平行时，产生等倾干涉图样. 对倾角 i 相同的各光束，从 M_1 、 M_2' 两表面反射的光线的光程差为

$$\Delta L = 2d\cos i \qquad (3.17\text{-}1)$$

式中，d 为 M_1 、 M_2' 之间的距离. 干涉图样位于无限远处（或透镜的焦平面上），用眼睛在 E 处正对着分束板，向无限远处调焦，可观察到一组明暗相间的同心圆环.

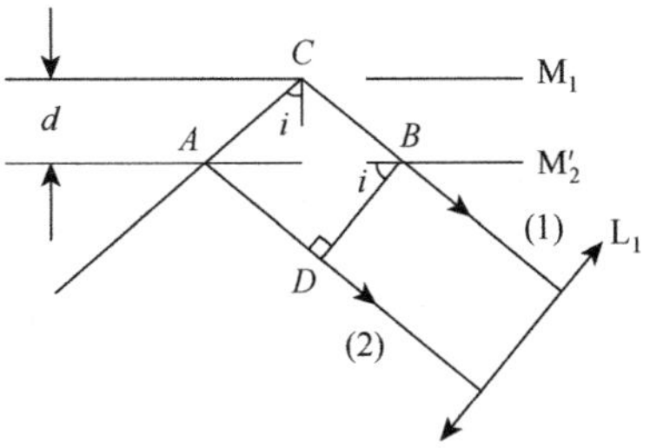

图 3.17-3　等倾干涉示意图

产生 k 级亮条纹的条件是

$$\Delta L = 2d\cos i_k = k\lambda, \quad k = 1, 2, 3, \cdots \qquad (3.17\text{-}2)$$

由式（3.17-2）可知干涉圆环有以下特点.

（1）当 d 一定时，i 角越小，则 $\cos i$ 越大，因此光程差越大，形成的干涉条纹级次就越高，但是 i 越小，所形成的干涉圆环直径就越小. 当 $i = 0$ 时，有

$$\Delta L = 2d = k\lambda \qquad (3.17\text{-}3)$$

因此，圆心处光程差最大，对应的干涉级次最高.

（2）当 d 增大时，圆心干涉级次越来越高，可以看到圆环一个一个从中心“冒”出来；反之，当 d 减小时，圆环一个一个向中心“缩进去”. 由式（3.17-3）可知，当 d 改变 $\frac{\lambda}{2}$ 时就会“冒出”或“缩进”一个圆环，因此测出 M_1 移动的距离 Δd 和冒出缩进的圆环数 Δk ，则有

$$\lambda = \frac{2\Delta d}{\Delta k} \qquad (3.17\text{-}4)$$

反之，已知波长 λ ，测出 Δk ，则可求出 M_1 移动的距离. 这就是利用干涉仪精密测量长度的基本原理.

（3）由于 k 级和 $(k+1)$ 级的亮条纹条件分别为

$$2d\cos i_k = k\lambda$$

$$2d\cos i_{k+1} = (k+1)\lambda$$

于是 k 级和 $(k+1)$ 级亮条纹的角距离之差 Δi_k 为

$$\Delta i_k = -\frac{\lambda}{2d}\cdot\frac{1}{\overline{i_k}} \qquad (3.17\text{-}5)$$

式中，$\overline{i_k}$ 是相邻两条纹的平均角距离. 由式（3.17-5）可以看出，当 $\overline{i_k}$ 增大时，Δi_k 就减小，故干涉圆环中心稀，边缘密.

3. 等厚干涉图样

当 M_1 与 M_2' 有一个很小的夹角时，如图 3.17-4 所示，产生等厚干涉条纹. 由于 θ 很小，M_1 与 M_2 反射的两光束的光程差仍可近似为

$$\Delta L = 2d\cos i$$

当 i 足够小时

$$\cos i \approx 1 - \frac{i^2}{2} \tag{3.17-6}$$

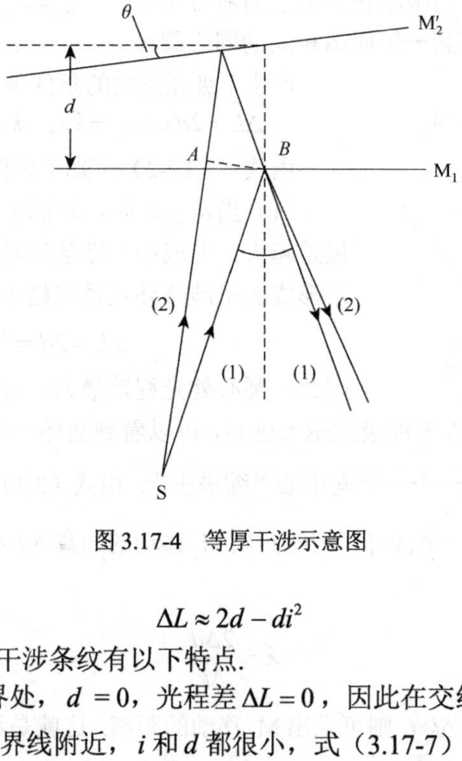

图 3.17-4　等厚干涉示意图

$$\Delta L \approx 2d - di^2 \tag{3.17-7}$$

由式（3.17-7）可知干涉条纹有以下特点.

（1）在 M_1 与 M_2' 交界处，$d=0$，光程差 $\Delta L = 0$，因此在交线处将观察到直线干涉条纹，称为中央条纹. 在交界线附近，i 和 d 都很小，式（3.17-7）中的 $di^2 \ll 2d$，则

$$\Delta L = 2d \tag{3.17-8}$$

所产生的条纹近似为直线条纹，和中央条纹平行. 离中央条纹较远处，由于 d 增大，di^2 项的影响也增大，条纹发生明显弯曲，变成弧形.

（2）在 M_1、M_2' 相交时，用白光照射，在交线附近可看到几条彩色干涉条纹.

等倾干涉和等厚干涉所用光源可以是扩展光源也可以是远距离的点光源，例如，激光束经过会聚后就是点光源. 如果考虑所用光源的类型，可以把干涉分为定域干涉和非定域干涉.

4. 定域干涉

当扩展光源入射时，其干涉条纹仅会在空间某一区域出现，这类干涉称为定域干涉.

等厚干涉条纹出现在空气层表面附近，而等倾干涉条纹出现在无穷远. 观察时，需要在屏前加凸透镜成像或直接用眼睛观察.

5. 非定域干涉

用凸透镜会聚后的激光束，可以看成一个很好的点光源. 如图3.17-5所示，点光源S经M_1和M_2'反射后所产生的干涉现象，相当于沿轴向分布的两个虚光源S_1和S_2所产生的非定域干涉（因为S_1和S_2发出的球面波在相遇的空间处处相干）. 在不同位置用观察屏可以看到圆、椭圆、双曲线、直线状的干涉图样.

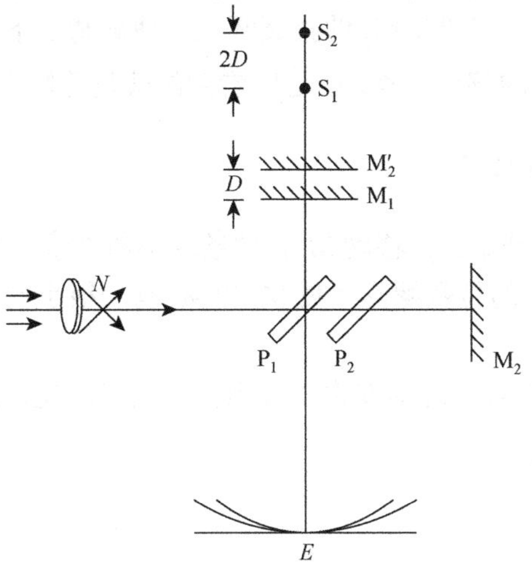

图3.17-5 非定域干涉示意图

【实验内容】

1. 非定域干涉条纹的观察和调节

（1）使氦氖激光束大致垂直于M_2. 在光源前面放一小孔光阑，使光束通过小孔射到M_2上. 调节M_2后面的三个螺丝，使反射光束仍通过小孔（可看到两排亮点，调节M_2时应使移动的一排亮点中最亮的点与小圆孔重合）. 调节M_1使由M_1反射的光束亦和小圆孔重合，这时M_1与M_2大致互相垂直，即M_1与M_2'大致互相平行.

（2）取去光阑，放上一短焦距的小透镜，使光束会聚为一点光源. 在图3.17-5中的E处放置一观察屏. 只要两个反射像和小圆孔重合较好，屏上就可以观察到干涉条纹. 再调节M_2的两个拉簧螺丝，使M_1和M_2'严格平行，屏上就出现非定域的圆条纹了.

（3）转动M_1镜的传动系统使M_1前后移动，观察条纹的变化. 从条纹的“冒出”或“缩进”说明M_1和M_2'之间的距离d是变大还是变小. 观察并解释条纹的粗细、疏密和d的关系.

2. 测量氦氖激光的波长

移动M_1，改变d，用式（3.17-4）计算波长. 在实验中，每“冒出”或“缩进”50个条纹记一次读数d，共测250环.

3. 等倾干涉条纹的观察

在采用点光源的情况下，等倾干涉实际上就是非定域干涉中屏放到无穷远的特例，因此要调出等倾干涉条纹可以在已调出非定域干涉条纹的基础上，在透镜与分束板G_1之间放入两块毛玻璃，使球面光波经过漫反射成为宽光源. 取下干涉仪的观察屏，用眼睛直接观察，可以看到圆条纹. 仔细调节M_2的拉簧螺丝，使眼睛上下左右移动，各圆的大小不变，仅仅是圆心随着眼睛的移动而移动. 这时看到的就是等倾干涉条纹.

4. 等厚干涉条纹的观察

（1）在非定域干涉的基础上，移动M_1，使条纹不断“缩进”，这时d在减小，当M_1、M_2'大致重合时，调节M_2的拉簧螺丝，使M_1和M_2'有一很小的夹角，此时能看到弯曲的条纹.

（2）继续移动M_1，使条纹逐渐变直，并用白光代替激光，继续按原方向缓慢地转动鼓轮，直到出现彩色条纹.

【注意事项】

（1）为了避免引入螺距差，每次测量必须沿同一方向转动鼓轮，不能反转.

（2）读数前应调整零点. 将微动鼓轮沿某一方向旋转至零，然后以相同方向转动手轮，使窗口中的读数准线对准某一刻度线. 测量时应仍以相同方向转动微动鼓轮.

（3）调整一切激光光路，都应避免用眼睛正对光束观察，否则会伤害眼睛.

【数据处理】

实验内容2中，自拟数据记录表格，用逐差法求波长并与氦氖激光的标准波长632.8nm比较，算出相对误差.

【思考题】

（1）在调节非定域干涉条纹时，d的变化对条纹有何影响？

（2）调出等倾干涉条纹的关键是什么？

（3）调出等厚干涉条纹的关键是什么？

3.18 光的偏振现象的研究

光的偏振性质证实了光波是横波，即光的振动方向垂直于它的传播方向. 对光波偏振性质的研究不仅使人们加深了对光的传播规律和光与物质相互作用规律的认识，而且加强了光学在光学计量、光弹性技术、薄膜技术等领域的应用.

【实验目的】

（1）观察光的偏振现象，加深对偏振光的了解.
（2）了解产生和检验偏振光的原理和方法.
（3）验证马吕斯（Malus）定律.

【实验仪器】

氦氖激光器、偏振片、单色波片、1/4 波片、光具座、光电管、白色光屏、电源（30V）、数字万用表和光源等.

【实验原理】

1. 偏振光的基本概念

光的波动的形式在空间传播属于电磁波，它的电矢量 $\boldsymbol{E}$ 和磁矢量 $\boldsymbol{H}$ 相互垂直，并垂直于光的传播方向 $\boldsymbol{C}$，故光波是横波.

实验证明光效应主要由电场引起，所以电矢量 $\boldsymbol{E}$ 的方向定为光的振动方向，并将电矢量 $\boldsymbol{E}$ 和光的传播方向 $\boldsymbol{C}$ 所构成的平面称为光的振动面.

通常光源（如日光、各种照明灯等）发出的光波有与光波传播方向相垂直的一切可能的振动方向，没有一个方向的振动比其他方向更占优势，这种光称为自然光.

自然光经过介质的反射、折射或者吸收后，在某一方向上的振动比另外方向上强，这种光称为部分偏振光. 如果光振动始终被限制在某一确定的平面内，则称为平面偏振光，也称为线偏振光或完全偏振光. 偏振光电矢量 $\boldsymbol{E}$ 的末端在垂直于传播方向的平面内运动轨迹是一圆周的称为圆偏振光，是一椭圆的则称为椭圆偏振光.

能使自然光变成偏振光的装置或器件，称为起偏器. 用来检验偏振光的装置或器件，称为检偏器. 实际上，能产生偏振光的器件，同样可用作检偏器.

2. 平面偏振光的产生

1）由反射和折射时产生偏振

自然光在两种透明介质的界面上反射和折射时，反射光和折射光就能成为部分偏振光或平面偏振光，而且反射光中垂直于入射面的振动较强，折射光中平行于入射面的振动较强. 实验发现，当改变入射角 i 时，反射光的偏振程度也随之改变，当 i 等于特定角 i_0 时，反射光只有垂直于入射面的振动，变成了完全偏振光，如图 3.18-1 所示. 此时入射角 i_0 满足 $\tan i_0 = n_2 / n_1$（n_1 和 n_2 为两种介质的折射率），这个规律称为布儒斯特定律，i_0 称为起偏角或布儒斯特角. 可以证明：当入射角为起偏角时，反射光和折射光传播方向是互相垂直的. 图 3.18-2 是利用玻璃堆产生平面偏振光.

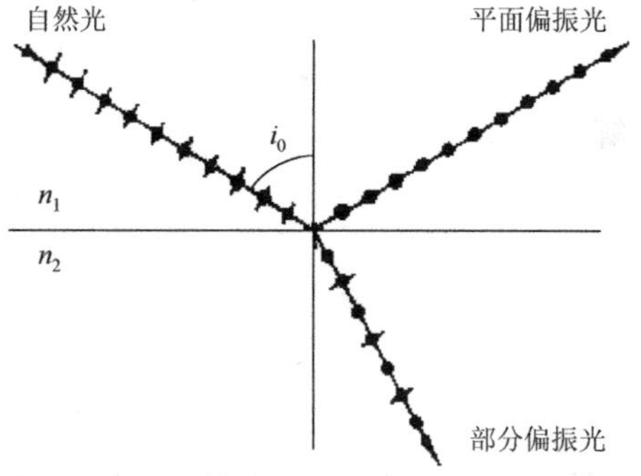

图 3.18-1 用反射和折射起偏

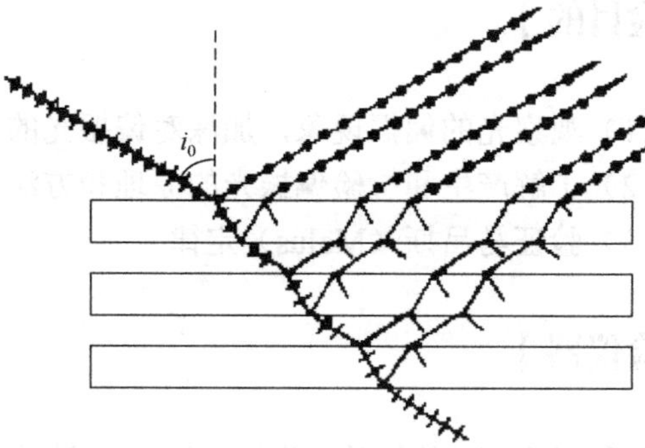

图 3.18-2 利用玻璃堆产生平面偏振光

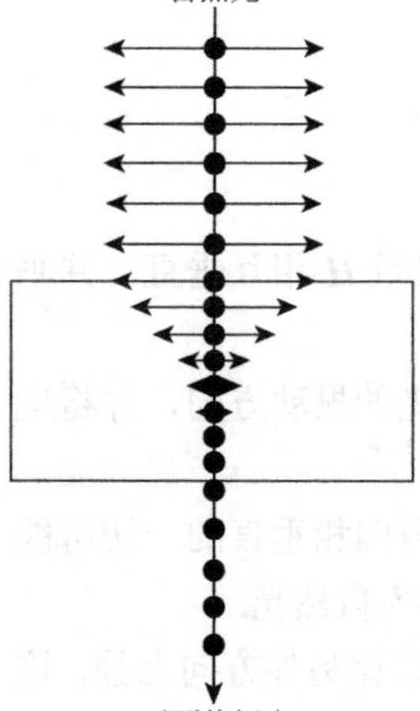

图 3.18-3 二向色性起偏

2）由二向色性晶体的选择吸收产生偏振

物质对不同方向的光振动具有选择吸收的性质，称为二向色性，如天然的电气石晶体、硫酸碘奎宁晶体等. 它们能吸收某方向的光振动而仅让与此方向垂直的光振动通过. 如将硫酸碘奎宁晶粒涂于透明薄片上并使晶粒定向排列，就可制成偏振片. 当自然光射到偏振片上时，振动方向与偏振化方向垂直的光被吸收，振动方向与偏振化方向平行的光透过偏振片，从而获得偏振光. 自然光透过偏振片后，只剩下沿透光方向的光振动，透射光成为平面偏振光，如图 3.18-3 所示.

3）由晶体双折射产生偏振

当自然光入射于某些各向异性晶体时，在晶体内折射后分解为两束平面偏振光，并以不同的速度在晶体内传播，可用某一方法使两束光分开，除去其中一束，剩余的一束就是平面偏振光. 尼科耳（Nicol）棱镜是这类元件之一，如图 3.18-4 所示. 它由两块经特殊切割的方解石晶体，用加拿大树胶黏合而成. 偏振面平行于晶体的主截面的偏振光可以透过尼科耳棱镜，垂直于主截面的偏振光在胶层上发生全反射而被除掉.

3. 圆偏振光和椭圆偏振光的产生

如图 3.18-5 所示，当振幅为 A 的平面偏振光垂直入射到表面平行于光轴的双折射晶片时，若振动方向与晶片光轴的夹角为 α，则在晶片表面上 o 光和 e 光的振幅分别为

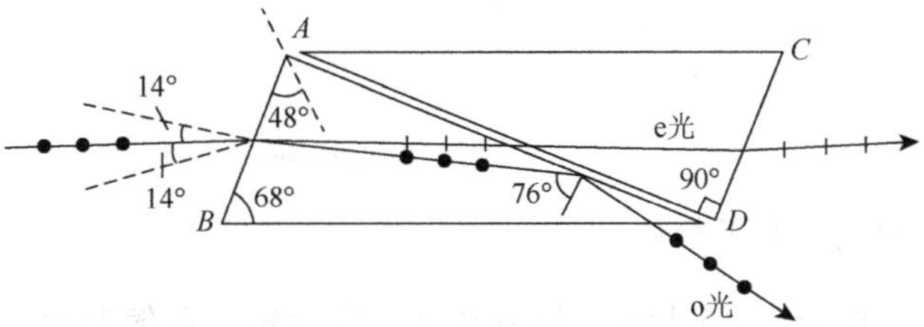

图 3.18-4　尼科耳棱镜

$A\sin\alpha$ 和 $A\cos\alpha$，它们的相位相同. 进入晶片后，o 光和 e 光虽然沿同一方向传播，但具有不同的速度. 因此，经过厚度为 d 的晶片后，o 光和 e 光之间将产生相差 δ

$$\delta=\frac{2\pi}{\lambda_0}(n_o-n_e)d \tag{3.18-1}$$

式中，λ_0 表示光在真空中的波长，n_o 和 n_e 分别为晶体中 o 光和 e 光的折射率.

（1）如果晶片的厚度使产生的相差 $\delta=\frac{1}{2}(2k+1)\pi$，$k=0, 1, 2, \cdots$，这样的晶片称为 1/4 波片. 平面偏振光通过 1/4 波片后，透射光一般是椭圆偏振光，当 $\alpha=\pi/4$ 时，则为圆偏振光；但当 $\alpha=0$ 和 $\pi/2$ 时，椭圆偏振光退化为平面偏振光.

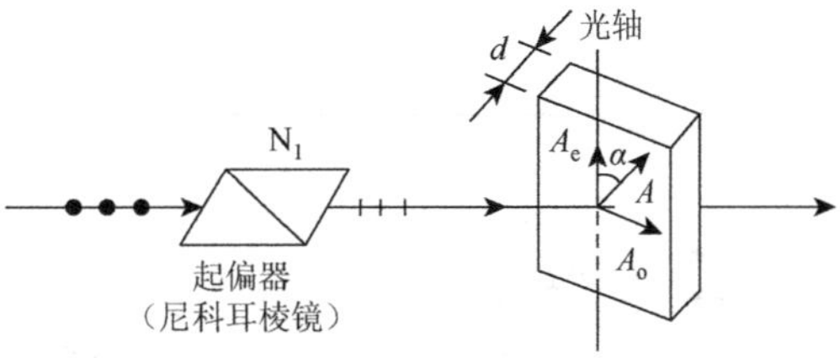

图 3.18-5　圆偏振光和椭圆偏振光的产生

换言之，1/4 波片可将平面偏振光变成椭圆偏振光或圆偏振光；反之，它也可将椭圆偏振光或圆偏振光变成平面偏振光.

（2）如果晶片的厚度使产生的相差 $\delta=(2k+1)\pi$，$k=0, 1, 2, \cdots$，这样的晶片称为半波片. 如果入射平面偏振光的振动面与半波片光轴的交角为 α，则通过半波片后的光仍为平面偏振光，但其振动面相对于入射光的振动面转过 2α 角.

4. 平面偏振光通过检偏器后光强的变化

强度为 I_0 的平面偏振光通过检偏器后的光强 I_θ 为

$$I_\theta=I_0\cos^2\theta \tag{3.18-2}$$

其中，θ 为平面偏振光偏振面和检偏器主截面的夹角. 此关系即马吕斯定律，它表示改变 θ 角可以改变透过检偏器的光强.

当起偏器和检偏器的取向使得通过的光量极大时，称它们为平行（此时 $\theta=0$）；当二者的取向使系统射出的光量极小时，称它们为正交（此时 $\theta=90°$）.

【实验内容】

1. 自然光和平面偏振光的检验

（1）将平行光直接射到偏振片上，以其传播方向为轴转动偏振片一周，用眼睛直接观察透射光强度的变化.

（2）在第一个偏振片的后面放上第二个偏振片，再转动偏振片一周（转动任意一个都可以），用眼睛直接观察透射光强度变化情况. 将两次观察结果记入表 3.18-1 进行比较，并得出结论.

2. 验证马吕斯定律

（1）按图 3.18-6 将光电管、灵敏检流计等接成光电检测电路. 光电管在透射光照射下，电路中产生的饱和光电流与透射光强成正比，故通过对光电流的测量可反映透射光强度的变化.

（2）如图 3.18-7 所示实验装置，将检偏器 P_2 转至 90° 位置后，转动起偏器 P_1 到消光位置，固定 P_1. 实验时，P_1 和 P_2 要尽量靠近，光电管套筒要贴近 P_2，以减小杂散光线对实验结果的影响.

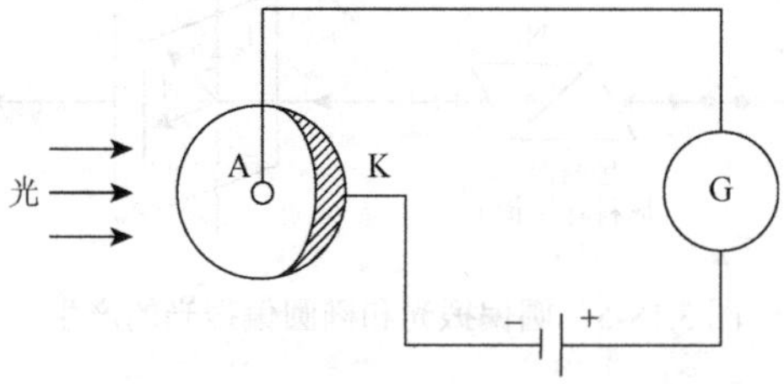

图 3.18-6　验证马吕斯定律线路图

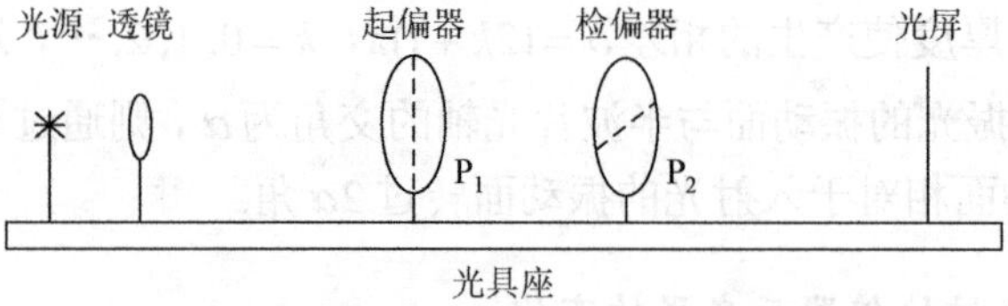

图 3.18-7　平面偏振光的产生与检验

（3）将 P_2 转到 0°（此时光电流为最大值）开始测量，每转 15° 测量一次光电流的数值. 将测量结果记入数据表格（表 3.18-2）.

3. 圆偏振光和椭圆偏振光的产生与检验

（1）在光源和 P_1 间插入一片单色玻片，使入射光成为单色光. 转动 P_2，用眼睛直接观察光强变化到光斑最暗（这时 P_1 和 P_2 透光方向垂直）.

（2）保持 P_1 和 P_2 不动，在 P_1 和 P_2 间插入 1/4 波片. 转动波片，再使光斑最暗（用眼睛直接观察）. 以此时波片光轴位置为起点，转动 1/4 波片；使其光轴与起始位置的夹角依次为 0°、15°、30°、45°、60°、75°、90° 时，分别将 P_2 转动一周，根据你看到的光斑明暗变化情况，记入表 3.18-3 中，并对 P_2 的入射光偏振态分别作出判断.

【数据处理】

1. 自然光和平面偏振光的检验

表 3.18-1　测量数据记录表

偏振片	P 转一周，透射光强是否变化？	P 转动一周，出现几次消光？	入射光偏振态
放一个			
放两个			

2. 验证马吕斯定律

I_{max} =____________；I_{min} =____________

表 3.18-2　测量数据记录表

θ	0°	15°	30°	45°	60°	75°	90°
I							
$\cos^2\theta$							
$I-I_{min}$							

以 $I-I_{min}$ 为纵坐标，$\cos^2\theta$ 为横坐标作图. 如果图线为通过坐标原点的直线，则表明马吕斯定律已被验证.

3. 椭圆偏振光、圆偏振光的产生与检验

表 3.18-3　测量数据记录表

1/4 波片转角	P_2 转一周，透射光强是否变化？	P_2 转一周，出现几次消光？	入射光偏振态
0°			
15°			
30°			
45°			

续表

1/4 波片转角	P_2 转一周，透射光强是否变化？	P_2 转一周，出现几次消光？	入射光偏振态
60°			
75°			
90°			

【思考题】

（1）光的偏振现象说明了什么？一般用哪个矢量表示光的振动方向？

（2）偏振器的特性是什么？何谓起偏器和检偏器？

（3）产生线偏振光的方法有哪些？将线偏振光变成圆偏振光或椭圆偏振光要用何种器件？在什么状态下产生？实验中如何判断线偏振光、圆偏振光和椭圆偏振光？

第 4 章　近代及综合性实验

4.1　密立根油滴实验

电子电荷是一个重要的基本物理常数，准确测定电子电量具有重要的意义. 1883 年，由法拉第电解定律发现了电荷的不连续性；1897 年，汤姆孙通过对阴极射线的研究，测量了电子的荷质比，从实验上发现了电子的存在；而用个别粒子所带电荷的方法直接证明电荷的分立性，并首先准确测定电子电荷的数值则是由密立根（Milton）在 1913 年完成的. 密立根因此荣获 1923 年诺贝尔物理学奖.

【实验目的】

（1）了解密立根油滴实验的设计思想，掌握其实验方法和实验技巧.
（2）验证电荷的“量子化”，测量基本电荷的电量.
（3）通过测量油滴的电量，培养学生严谨的科学态度.

【实验仪器】

MOD Ⅵ型密立根油滴仪、喷雾器、实验用油.

【仪器介绍】

1. 油滴盒

如图 4.1-1 所示，油滴盒是由两块平行放置、间距为 d 的金属圆极板，中间以胶木圆环（绝缘）相隔而组成. 油滴盒置于有机玻璃防风罩内，防止外界空气扰动对油滴的影响. 用喷雾器从喷雾口将油喷入油雾室，经油雾孔落入上电极板中央直径为 0.4mm 的小孔，进入上、下电极之间. 上极板上装有一弹簧压舌，是上极板的电源. 关闭油雾孔挡板可防止油滴的不断进入. 仪器的底部装有调平螺钉，用来调节平行板的水平位置.

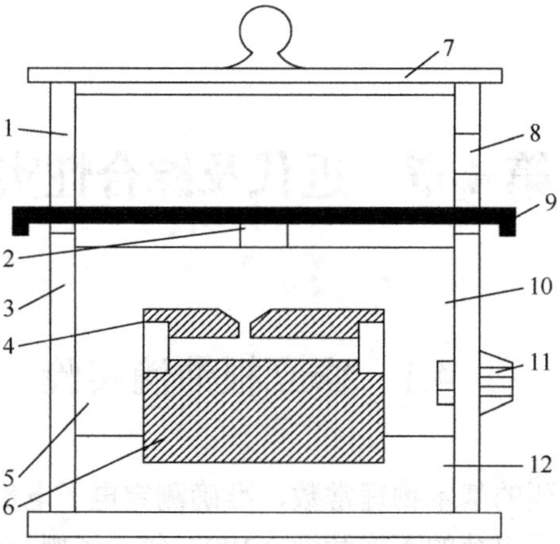

图 4.1-1　油滴盒

1. 油雾室；2. 油雾孔；3. 防风罩；4. 上极板；5. 胶木圆环；6. 下极板；7. 上盖板；8. 喷雾口；9. 油雾孔挡板；10. 上极板压簧；11. 上极板电源接头；12. 基座

2. 监视器分划板

监视器分划板面板如图 4.1-2 所示，上下 6 格，中间 4 格每小格 0.5mm，用来观察油滴匀速运动的距离，横向格子用来测量布朗运动.

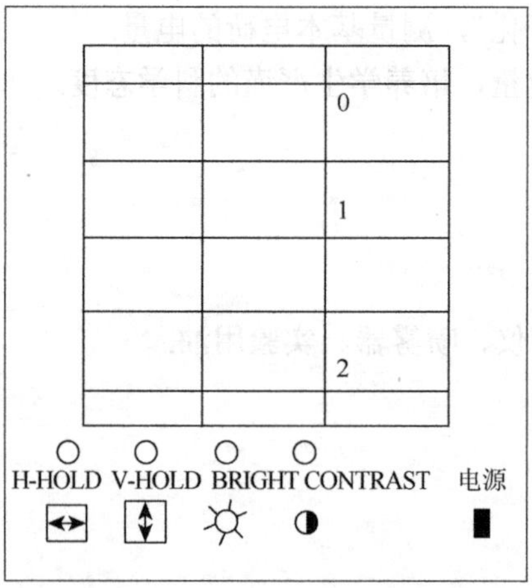

图 4.1-2　监视器分划板面板

3. MOD Ⅵ型密立根油滴仪面板

MOD Ⅵ型密立根油滴仪面板如图 4.1-3 所示，“直流工作电压”有平衡、升降、测量三挡. “平衡”挡给极板提供平衡电压，使被测油滴处于平衡状态；“升降”挡是在平衡电压的基础上自动增加 200～333V 提升电压，将油滴从视场的下端提升上来，作下次测量；“测量”挡是去除极板间电压，使油滴自由下落.

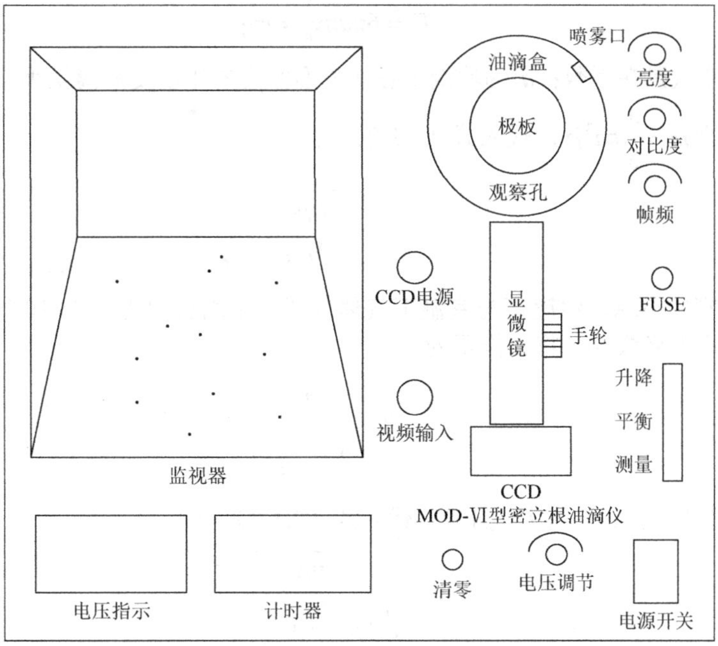

图 4.1-3　MOD Ⅵ型密立根油滴仪面板

【实验原理】

用油滴法测量电子的电量，分为静态（平衡）测量法和动态（非平衡）测量法，通过改变油滴的带电量还可以用静态法或动态法测量油滴带电量的改变量.

1. 静态测量法

1）基本原理

油滴经喷雾器喷出，由于油滴微粒间的相互摩擦，油滴一般都带上了电荷. 如果将油滴喷入水平放置的、间距为 d、所加电压为 U 的平行板之间，如图 4.1-4 所示，油滴在平行极板间同时受到重力和静电力的作用，设油滴的质量为 m，带电量为 q. 调节极板间电压 U，使两力达到平衡，则

$$q=\frac{mg}{E}=mg\frac{d}{U} \tag{4.1-1}$$

式中，E 为两极板间的场强. 可见测定了 m、U 和 d 即可计算出油滴的带电量 q.

2）油滴质量的测定

因 m 很小，需用如下特殊方法测量. 当平行板间不加电压时，油滴受重力作用而加速下降，由于空气阻力的作用，下降一段距离达到某一速度 v_g 后，阻力 F_r 与重力 mg 平衡（空气浮力忽略不计），油滴将匀速下降. 根据斯托克斯定理有

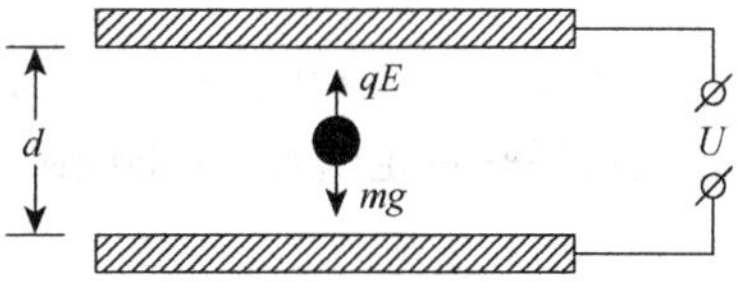

图 4.1-4　油滴受力图

$$F_{\mathrm{r}} = 6\pi a\eta v_{\mathrm{g}} = mg \tag{4.1-2}$$

式中，η 为空气黏滞系数；a 为油滴半径（表面张力的作用使油滴呈小球状）. 设油滴的密度为 ρ，则 $m=\frac{4}{3}\pi a^3\rho$，代入式（4.1-2）得

$$a=\sqrt{\frac{9\eta v_{\mathrm{g}}}{2\rho g}} \tag{4.1-3}$$

但油滴并非刚性小球，线度可与室温下气体分子的平均自由程（$7\times10^{-8}\mathrm{m}$）相比，故斯托克斯定理不严格成立，将 η 修正为

$$\eta'=\frac{\eta}{1+\frac{b}{Pa}}$$

式中，b 为修正常数；P 为大气压强. 代入式（4.1-3）得

$$a=\sqrt{\frac{9\eta v_{\mathrm{g}}}{2\rho g\left(1+\frac{b}{Pa}\right)}} \tag{4.1-4}$$

所以

$$m=\frac{4\pi}{3}\left(\frac{9\eta v_{\mathrm{g}}}{2\rho g}\frac{1}{1+\frac{b}{Pa}}\right)^{\frac{3}{2}}\rho \tag{4.1-5}$$

式（4.1-4）中根号下还包含油滴的半径 a，因处于修正项中，不需十分精确，所以式（4.1-3）仍成立.

3）v_{g} 的测定

两极板间不加电压时，设油滴匀速下降的距离为 l，时间为 t_{g}，则 $v_{\mathrm{g}}=\frac{l}{t_{\mathrm{g}}}$，代入式(4.1-5)后再代入式（4.1-1），得

$$q=\frac{18\pi}{\sqrt{2\rho g}}\left(\frac{\eta l}{t_{\mathrm{g}}\left(1+\frac{b}{Pa}\right)}\right)^{\frac{3}{2}}\frac{d}{U} \tag{4.1-6}$$

实验发现，对同一油滴，如果改变其所带的电量，则能够使油滴达到平衡的电压 U 必须是某些特定值 U_n（不连续)，这表明油滴所带电量 q 是不连续的，即

$$q=ne=mg\frac{d}{U_n}\quad(n=\pm1,\pm2,\cdots)$$

对不同油滴，发现有同样的规律，而且 e 值是 q_1，q_2，…，q_n 的最大公约数. 这就证明

了电荷的不连续性，且存在最小电荷单位 e，使

$$ne = \frac{18\pi}{\sqrt{2\rho g}}\left(\frac{\eta l}{t_{\rm g}\left(1+\dfrac{b}{Pa}\right)}\right)^{\frac{3}{2}}\frac{d}{U} \tag{4.1-7}$$

式（4.1-7）就是用静态法测定油滴所带电量的理论公式. 从油滴仪的电压表上直接读出平衡电压 U；用观察屏测出油滴匀速下降距离 l；所用时间 $t_{\rm g}$ 可由油滴仪上的秒表测定. ρ、g、η、l、b、P、d 都是与实验条件和仪器有关的或设定的参数，数值如下.

油滴密度：$\rho = 981\text{kg/m}^3$

重力加速度：$g = 9.80\text{m/s}^2$

空气的黏滞系数：$\eta = 1.83\times10^{-5}\text{kg}/(\text{m}\cdot\text{s})$

油滴匀速下降的距离：$l = 2.00\times10^{-3}\text{m}$

修正常数：$b = 8.226\times10^{-3}\text{m}\cdot\text{Pa}$

大气压强：$P = 1.013\times10^{-5}\text{Pa}$

平行极板间距离：$d = 5.00\times10^{-3}\text{m}$

油滴的半径：$a = \sqrt{\dfrac{9\eta l}{2\rho g t_{\rm g}}}$

将以上参数代入式（4.1-7），得油滴所带电量的测量公式

$$q = \frac{1.43\times10^{-14}}{U\left[t_{\rm g}\left(1+0.02\sqrt{t_{\rm g}}\right)\right]^{\frac{3}{2}}} \tag{4.1-8}$$

由于油滴的密度 ρ、空气的黏滞系数 η 都是温度的函数，大气压强 P 又随实验条件和地点的变化而变化，因此，上式的计算是近似的. 一般情况下，由这些因素引起的误差仅 1%左右.

2. 动态测量法

1）油滴带电量的测量

非平衡测量法是在平行极板上加上适当的电压 U，使油滴受静电力作用加速上升. 由于空气阻力的作用，上升一段距离达到某一速度 $v_{\rm e}$ 后，空气阻力、重力与静电力达到平衡（空气浮力忽略不计），油滴将以 $v_{\rm e}$ 匀速上升，此时

$$6\pi a\eta v_{\rm e} = q\frac{U}{d} - mg$$

当去掉平行极板上所加的电压 U 后，油滴受重力作用而加速下降. 当空气阻力和重力平衡时，

$$6\pi a\eta v_{\rm g} = mg$$

$$\frac{v_e}{v_g}=\frac{q\dfrac{U}{d}-mg}{mg}$$

所以

$$q=mg\frac{U}{d}\left(\frac{v_e+v_g}{v_g}\right) \tag{4.1-9}$$

实验时取油滴匀速下降和匀速上升的距离相等，设为 l，油滴匀速下降和匀速上升的时间分别为 t_g、t_e，则 $v_g=\dfrac{l}{t_g}$，$v_e=\dfrac{l}{t_e}$，代入式（4.1-9），得

$$q=K\left(\frac{1}{t_e}+\frac{1}{t_g}\right)\left(\frac{1}{t_g}\right)^{\frac{1}{2}}\frac{1}{U} \tag{4.1-10}$$

式中，

$$K=\frac{18\pi}{\sqrt{2\rho g}}\left(\frac{\eta l}{1+\dfrac{b}{Pa}}\right)^{\frac{3}{2}}d=\frac{1.43\times10^{-14}}{\left(1+0.02\sqrt{t_g}\right)^{\frac{3}{2}}} \tag{4.1-11}$$

采用动态法，当调节电压 U 使油滴受力达到平衡时，油滴匀速上升的时间 $t\to\infty$，式（4.1-7）和式（4.1-10）相一致. 可见平衡测量法是非平衡测量法的一种特例.

2）油滴带电量改变量的测量

如果油滴所带的电量从 q 变到 q'，油滴在电场中匀速上升的速度（电压 U 不变）将由 v_e 变成 v'_e，而匀速下降的速度 v_g 不变，设上升距离仍为 l，则

$$q'=K\left(\frac{1}{t'_e}+\frac{1}{t_g}\right)\left(\frac{1}{t_g}\right)^{\frac{1}{2}}\frac{1}{U}$$

所以油滴带电量的变化量

$$\Delta q=q'-q=K\left(\frac{1}{t'_e}-\frac{1}{t_g}\right)\left(\frac{1}{t_g}\right)^{\frac{1}{2}}\frac{1}{U} \tag{4.1-12}$$

电荷量

$$e=\frac{\Delta q}{\Delta n} \tag{4.1-13}$$

式中，Δn 为油滴所带电子数的改变量.

两种方法各有利弊，用平衡法测量，原理简单直观，且油滴有平衡不动的状态，但需仔细调节平衡电压，实验较慢；用动态法测量，不需调节平衡电压，只需测量上升和下降时间，操作简便，但其原理和数据处理相对复杂，且油滴不处于平衡状态，实验中容易丢失.

【实验内容】

1. 用静态测量法测量电子电量

1）调整仪器

（1）调节仪器底部调平螺钉，使水准仪气泡处于中央位置，这时平行板处于水平，保证电场和重力场平行，然后接通电源，预热 10min.

（2）调节监视器上亮度（BRIGHT）和对比度（CONTRAST）旋钮，使亮度和对比度适中，不要太亮.

（3）将工作电压选择开关置于“平衡”挡，用喷雾器将油从喷雾口喷入油雾室（喷一次即可），推上油雾孔挡板，以免空气流动使油滴乱漂移. 调节显微镜的调焦手轮，监视器上即可出现大量清晰的油滴.

2）练习测量

（1）练习控制油滴：在测量数据之前应熟练掌握控制油滴的技巧. 油滴控制不住，就会造成实验失败. 控制方法是：喷入油滴后，即在极板上加 250V 左右的电压（调节“电压调节”），在电场力的作用下，大量不平衡的油滴迅速消失，而近平衡油滴则在显示屏上缓慢运动. 选中其中的一颗，缓慢调节平衡电压，使这颗油滴静止不动而达到平衡. 当工作电压选择开关置于“测量”挡时，该油滴向下运动；置于“升降”挡时又能向上运动. 如此反复练习，以掌握控制油滴的方法.

（2）练习测量油滴运动的时间：任意选择几颗运动快慢不同的油滴，用计时器测出它们下降一段距离所需要的时间，反复练习.

（3）练习选择油滴：通常选择平衡电压在 150～300V、20～30s 内匀速下降 2mm 的油滴，其大小和带电量都比较合适.

3）测量电子电量

（1）电压开关置“平衡”挡. 将选定的一颗油滴置于分划板上某条横线附近，仔细调节平衡电压旋钮，使油滴平衡，记下平衡电压 U.

（2）保持平衡电压 U 不变，电压开关置“升降”挡，将油滴移至略高出分划板最高横刻线. 计时器清零后，再将开关扳向“测量”挡，测出其通过分划板中间 4 格（$l = 2.00\text{mm}$）的匀速运动时间 t_g.

（3）迅速将电压开关置“平衡”挡（以免油滴因继续下降而丢失）.

（4）重复步骤（1）～（3），对同一颗油滴测量 6 次.

（5）用同样方法对不同油滴（至少 5 个）进行测量.

（6）将测量数据填入表 4.1-1（格数不够自行补上）.

2. 动态测量法测电子电量（选做内容）

（1）适当调整平衡电压，向油雾室喷油. 选择合适的一颗油滴，利用升降电压将油滴送到分划板最高水平刻线上方，将电压开关置于“测量”挡，测出该油滴通过分划板中间 4 格（$l = 2.00\text{mm}$）的匀速运动时间 t_g.

（2）将电压换到“平衡”挡，让油滴向上运动，同时记下油滴向上运动相同 4 格的时间 t_e（无论油滴是上升还是下降，测完时间后，都要迅速改变电压挡位，以免油滴丢失）. 同一油滴重复测量 5 次 t_g、t_e.

（3）选择不同油滴 5 滴，重复步骤（1）～（3）.

（4）将测量数据填入表 4.1-2（格数不够自行补上），求 t_g 和 t_e 的平均值，代入式（4.1-10）求电子电量 e.

【注意事项】

（1）学生一般不要打开油雾室，如要打开，应先将工作电压选择开关置“测量”挡，即油滴仪两极板绝对不允许加电压，否则会因短路造成仪器损坏. 而且有高压，不安全.

（2）喷油次数不能太多，喷油量不能过大，否则将堵塞油孔，还会使进入视场的油滴太多，造成跟踪困难.

（3）选择合适的油滴是做好本实验的关键. 太大的油滴虽然比较亮，但自由降落速度快，不易测准确时间，且油滴需带较多电荷才能平衡，电量不易测准；油滴太小，会因热扰动和布朗运动使测量时涨落太大. 具体做法是，先设定平衡电压，然后将工作电压选择开关放在“测量”挡，之后喷油，在刚出现“繁星”时将电压选择开关置于“平衡”挡，选定几个上升较慢又不过分缓慢的油滴，设法留住其中一个.

（4）每次测量都要重新调整平衡电压.

【数据处理】

为了证明电荷的不连续性和所有电荷 q 都是基本电荷的整数倍 ne，应对实验测得的各个电量 q 求最大公约数. 但由于实验所带来的误差，求 q 的最大公约数比较困难，通常用“倒过来验证”的办法进行数据处理，即用公认的电子电量 $e=1.602176565(35)\times10^{-19}\text{C}$ 去除实验测得的电量 q，得到一个接近某一整数的数值，这个整数就是油滴所带的基本电荷的数目 n，再用这个 n 去除实验测得的电量，即得电子的电荷值 e.

1. 静态测量法

表 4.1-1　测量数据记录表

油滴编号	测量次数	电压/V	t_g/s	q/C	n	e/C
1	1					
	2					
	3					
	4					
	5					
	6					

计算电子电荷 e 的平均值，并与 $e=1.602176565(35)\times10^{-19}$C 比较，求出相对误差.

2. 动态测量法

表 4.1-2　测量数据记录表

油滴编号	测量次数	电压/V	t_g/s	t_e/s	q/C	e/C
1	1					
	2					
	3					
	4					
	5					
	6					

【思考题】

（1）用静态法测量时，为什么必须使油滴做匀速运动？实验中怎样保证油滴匀速运动？

（2）若油滴平衡未调好，对实验结果有何影响？

4.2　弗兰克-赫兹实验

1914 年，德国的物理学家弗兰克（Franck，1882—1964）和赫兹（Hertz，1887—1975）在研究中发现，电子与原子发生非弹性碰撞时能量的转移是量子化的，观察并测量了汞原子的激发电势和电离电势，直接证明了原子内部能级的存在，为玻尔提出的原子理论提供了直接的、独立于光谱研究方法的实验证据. 1920 年，弗兰克改进了装置，测得了较高激发态的能级，进一步证实了原子内部能量是量子化的. 为此他们获得了 1925 年的诺贝尔物理学奖.

【实验目的】

用实验的方法测定氩原子的第一激发电势，从而证明原子能级的存在.

【实验仪器】

FH-Ⅳ弗兰克-赫兹（F-H）实验仪、示波器等.

【仪器介绍】

FH-Ⅳ弗兰克-赫兹实验仪采用的 F-H 管，是一只具有双栅极、充有氩气的四极管.

管子的性能好，可获得的谱峰数多，谱峰明显，收集电流大，管子工作寿命长. F-H管直接插在实验仪中，工作中不需加热，操作方便. 实验仪除了具有用手动点测法和用示波器自动绘出谱峰曲线外，还有其特色，就是用微机来采集谱图数据，控制实验过程，描绘显示谱图、人工（或自动）找出峰位或谷位，计算激发电势和打印出图文结果.

FH-Ⅳ弗兰克-赫兹实验仪面板如图 4.2-1 所示.

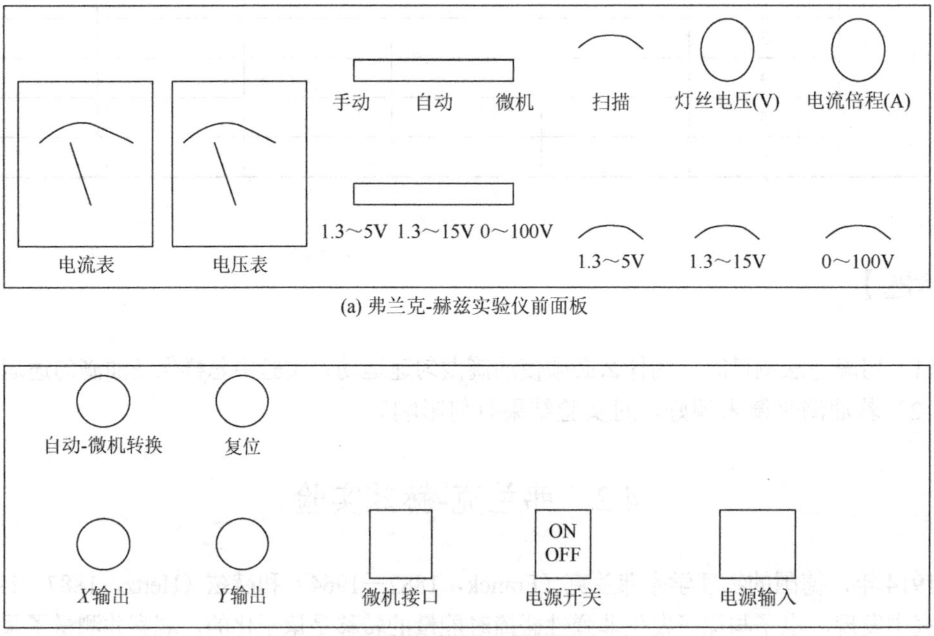

(a) 弗兰克-赫兹实验仪前面板

(b) 弗兰克-赫兹实验仪后面板

图 4.2-1　弗兰克-赫兹实验仪面板

1. 技术条件

1）弗兰克-赫兹管供电电压

U_{G_1K}：1.3～5V

U_{G_2A}：1.3～15V

U_{G_2K}：点测法 0～100V，用示波器观察锯齿波 0～50V

U_H：AC 3V，3.5V，4V，4.5V，5V，5.5V，6.3V

2）锯齿波参数

锯齿波扫描电压幅度：≥50V

锯齿波扫描频率：（115±20）Hz

扫描输出电压幅度：不大于 1V

3）微电流测量范围

10^{-9}～10^{-6}A，4 挡

4）可观察（或描绘）谱峰数

点测法描绘谱峰数：不少于 6 个

用通用示波器观察谱峰数：不少于 5 个

微机采集绘出谱峰数：不少于 5 个

5）工作条件

环境温度：−10～40℃

相对湿度：不大于 85%（40℃）

工作电源：AC（220±22）V，50Hz

预热时间：15min

连续工作时间：4h

额定输入功率：不大于 25W

2. 面板说明

（1）电流表.

（2）电压表.

（3）电压分挡切换开关（1.3～5V 挡；1.3～15V 挡；0～100V 挡）.

（4）灯丝电压选择开关旋钮.

（5）微电流倍程调节旋钮.

（6）手动-自动-微机切换开关.

（7）扫描旋钮.

（8）1.3～5V 挡（U_{G_1K}）调节旋钮.

（9）1.3～15V 挡（U_{G_2A}）调节旋钮.

（10）0～100V 挡（U_{G_2K}）调节旋钮.

（11）Y 输出接线 Q9 插口.

（12）X 输出接线 Q9 插口.

（13）电源开关.

（14）弗兰克-赫兹管观察孔.

（15）微机接口（9 针串行口）.

（16）手动、自动和微机电压转换琴键开关.

（17）微机复位琴键.

【实验原理】

玻尔理论认为，原子只能较长久地停留在一些稳定状态（简称定态）. 原子在这些状态时，不辐射或吸收能量；各定态有一定的能量，其数值是彼此分隔的. 当原子吸收或辐射一定频率的电磁波时，它就从一个能级（设能量为 E_n）跃迁到另一个能级（设能量为 E_m）. 电磁波的频率 ν 取决于发生跃迁时两个能级之间的能量差，它们之间的关系为

$$h\nu = |E_n - E_m|$$

式中，h 为普朗克常量，$h = 6.63\times10^{-34}\,\mathrm{J\cdot s}$.

原子状态的改变通常在两种情况下发生，一是当原子本身吸收或辐射电磁波时，二是当原子与其他粒子发生碰撞而交换能量时. 本实验就是利用具有一定能量的电子与氩原子相碰撞而发生能量交换来实现氩原子状态的改变.

处于基态的原子发生状态改变时，所需的能量至少应该等于该原子的第一激发态与基态的能量差，这个能量称作临界能量. 若能量小于临界能量的电子与原子发生碰撞，则电子与原子之间发生弹性碰撞，电子的能量基本不变，原子也不会被激发到更高的能态上；若与原子发生碰撞的电子具有的能量大于临界能量，则电子与原子发生非弹性碰撞. 这时，电子将给予原子由基态跃迁到第一激发态所需的能量，而保留剩余的能量. 一般情况下，原子在激发态停留的时间不会很长，它很快会向下跃迁回到基态，同时以电磁辐射的形式释放所获得的能量，这一电磁辐射对应的频率 ν 满足

$$h\nu = eU_0$$

式中，U_0 为氩原子的第一激发电势.

本实验所用的弗兰克-赫兹管是一只充有氩气的四极管，各电极的符号、引出线及各电压的关系如图 4.2-2 所示.

第 1 栅极（G_1）与阴极（K）之间加上约 2V 的电压，其作用是消除空间电荷对阴极散射电子的影响.

当灯丝（H）加热时，阴极的氧化层即发射电子，在 G_2、K 间的电场力作用下被加速而取得越来越大的能量. 但起始阶段，由于电压 U_{G_2K} 较低，电子的能量较小，即使在运动过程中它与原子相碰撞（为弹性碰撞）只有微小的能量交换. 这样，穿过第 2 栅极的电子所形成的极板流 I_A 将随第 2 栅极电压 U_{G_2K} 的增加而增大（见图 4.2-3 的 Oa 段）.

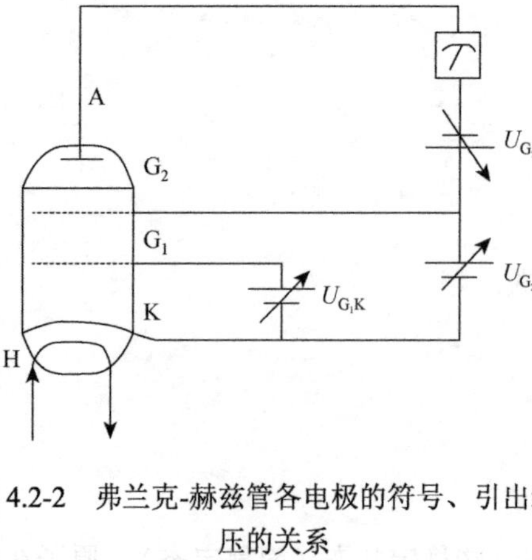

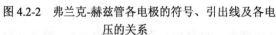

图 4.2-2　弗兰克-赫兹管各电极的符号、引出线及各电压的关系

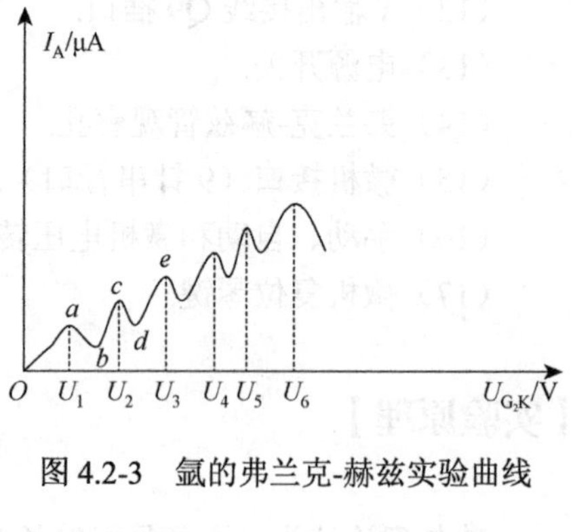

图 4.2-3　氩的弗兰克-赫兹实验曲线

当 U_{G_2K} 达到氩原子的第一激发电势（理论值为 11.55V）时，电子在第 2 栅极附近与氩原子相碰撞（此时产生非弹性碰撞）. 电子把从加速电场中获得的全部能量传递给氩原

子，使氩原子从基态激发到第一激发态，而电子本身由于把全部能量传递给了氩原子，它即使能穿过第 2 栅极，也不能克服反向拒斥电场而被斥回第 2 栅极. 所以板极电流 I_A 将显著减小（如图 4.2-3 *ab* 段），以后随着第 2 栅极电压 U_{G_2K} 的增加，电子的能量也增加，与氩原子相碰撞后还留下足够的能量. 这就可以克服拒斥电场的作用力而到达极板 A，这时电流又开始上升（如图 4.2-3 *bc* 段），直到 U_{G_2K} 是 2 倍氩原子的第 1 激发电势时，电子在 G_2、K 间又会因第 2 次非弹性碰撞而失去能量，因而又造成了第 2 次极板电流的下降（如图 4.2-3 *cd* 段），这种能量转移随着加速电压的增加而呈周期性变化. 若以 U_{G_2K} 为横坐标，以板极电流值为纵坐标就可以得到谱峰曲线，两相邻峰值（或谷点）间的加速电压差值即为氩原子的第一激发电势值.

这个实验说明了弗兰克-赫兹管内的缓慢电子与氩原子碰撞，使原子从低能级被激发到高能级，通过测量氩的第一激发电势值（11.55V 是一个定值，即吸收和发射的能量是完全确定、不连续的）说明了玻尔原子能级的存在.

【实验内容】

用示波器观测弗兰克-赫兹实验曲线，并测量氩原子的第一激发电势.

（1）插上电源，插入弗兰克-赫兹管，拨动电源开关，指示灯亮，预热 15min.

（2）将手动、自动和微机切换开关拨至“自动”挡，顺时针旋转扫描旋钮到底. 灯丝电压选择开关置于 4V 挡，微电流倍程开关置于 10^{-7} 挡.

（3）将电压分挡切换开关拨至 1.3～5V 挡，旋转 1.3～5V 调节旋钮，使电压表读数为 2V，即阴极至第一栅极电压 U_{G_1K} 为 2V.

（4）将电压分挡切换开关拨至 1.3～15V 挡，旋转 1.3～15V 调节旋钮，使电压表读数为 7.5V，即阳极至第二栅极电压 U_{G_2A} (拒斥电压)为 7.5V.

（5）将本机 *Y*、地、*X* 插座分别与 J2459 学生示波器的 *Y*、地、*X* 插座连接起来，并将示波器上的扫描范围波段开关置于“外 *X*”挡，打开示波器电源开关，调节示波器 *Y* 移位、*X* 移位旋钮使扫描基线位于显示屏幕下方适当位置，调节“*X* 增益”电位器，使扫描基线为 10 格.

（6）顺时针旋转本装置扫描旋钮到最大值，观察示波器显示屏上出现的波形. 调节示波器衰减挡 *Y* 增益及 *X* 增益，使波形清晰. 此时在示波器的屏幕上可观察到完整的谱峰曲线. *Y* 轴幅度适中，把扫描电位器顺时针旋到底，扫描电压最大为 50V，量出相邻两峰值间的水平距离（读出格数）乘以 5V/div，即为氩原子第一激发电势的值. 此次测量值作为精确测量实验的参考数据.

（7）将手动、自动和微机切换开关拨至“手动”挡，按手动、自动和微机琴键开关让其键弹出.

（8）将电压分挡切换开关拨至 0～100V 挡，旋转该旋钮从 0V 到 100V 连续调节，即这时阴极至第二栅极电压 U_{G_2K}（加速电压）从 0V 到 100V 连续调节.

（9）旋转 0～100V（U_{G_2K}）调节旋钮，同时观察电流表、电压表读数的变化，随着 U_{G_2K}

（加速电压）的增加，电流表的值出现周期性峰值和谷值，记录相应的电压、电流值，以输出电流I_A为纵坐标，U_{G_2K}为横坐标，作出I_A-U_{G_2K}曲线.

【注意事项】

（1）实验中（手动挡）电压加到 60V 以后，要注意电流输出指示，当电流表指示骤增时，应立即增大电流倍程，以免损坏电流表.

（2）实验过程中如要改变第一栅极与阴极之间的电压（U_{G_1K}）和第二栅极与阳极之间的电压（U_{G_2A}）及灯丝电压，请将 0～100V 旋钮逆时针旋到底，再行改变以上电压值.

（3）本实验装置灯丝电压分别为 4V、4.5V、5V，用户可在不同的灯丝电压下重复上述实验. 如发现波形上端切顶，则阳极输出电流过大，引起放大器失真，应减小灯丝电压.

（4）扫描电位器在自动扫描实验前，先调至最大位置，防止自动扫描开始时电流过大烧坏仪器.

【数据处理】

将所测数据填入表 4.2-1 和表 4.2-2 中.

灯丝电压U_H= ________

第一栅极与阴极之间的电压U_{G_1K}= ________

第二栅极与阳极之间的电压U_{G_2A}= ________

谱峰数________

表 4.2-1　实验数据记录表

序号	1	2	3	4	5	6	7	8	9	10
U_{G_2K} /V										
I_A /($\times10^{-7}$ mA)										
序号	11	12	13	14	15	16	17	18	19	20
U_{G_2K} /V										
I_A /($\times10^{-7}$ mA)										

由I_A-U_{G_2K}曲线图得板极电流I_A峰对应的加速电压U_{G_2K}的值.

表 4.2-2　峰值对应的加速电压U_{G_2K}的值

序号	1	2	3	4	5	6
峰位U_{G_2K} /V						

测量结果$U_0=(U_{n+k}-U_k)/k=$__________

式中，U_n 为第 n 个峰值的电压，U_{n+k} 为第 $n+k$ 个峰值的电压.

$$E=\frac{|U_{0测}-U_{0标准}|}{U_{0标准}}\times 100\%=\_\_\_\_\_\_\_\_\_\_\%$$

【思考题】

（1）弗兰克-赫兹实验的基本实验思想是什么？

（2）为什么 I_A-U_{G_2K} 曲线中各谷点电流随 U_{GK} 增加而变大？

（3）拒斥电压在实验中的作用是什么？

4.3　用光电效应测普朗克常量

1900 年底，德国物理学家普朗克提出了能量量子的概念：$E=h\nu$，从而在理论上解释了黑体辐射问题. 1905 年，爱因斯坦发展了辐射能量 E 以 $h\nu$（ν 是光的频率）为不连续的最小单位的量子化思想，成功地解释了光电效应实验中遇到的问题. 1916 年，密立根用光电效应法测量了普朗克常量 h，确定了光量子能量方程式的成立.

【实验目的】

（1）了解光的量子性及光电效应的基本内容和规律，加深对光的量子性的理解.

（2）验证爱因斯坦方程，并测定普朗克常量 h.

（3）学习作图法处理数据.

【实验仪器】

DH-GD-1 普朗克常量测试仪、高压汞灯、滤光片（5 片：365.0nm、404.7nm、435.8nm、546.1nm、578.0nm）.

【实验原理】

光电效应是 1889 年赫兹在做著名的电磁波的存在实验时偶然发现的. 金属中的电子接收外来能量而逸出金属表面，这种电子叫光电子.

光电效应实验原理如图 4.3-1 所示，其中 S 为真空光电管，K 为阴极，A 为阳极，当无光照射阴极时，由于阳极与阴极是断路，所以检流计 G 中无电流流过，当用一波长比较短的单色光照射到阴极 K 上时，形成光电流，光电流随加速电压 U 变化的伏安特性曲线如 4.3-2 所示.

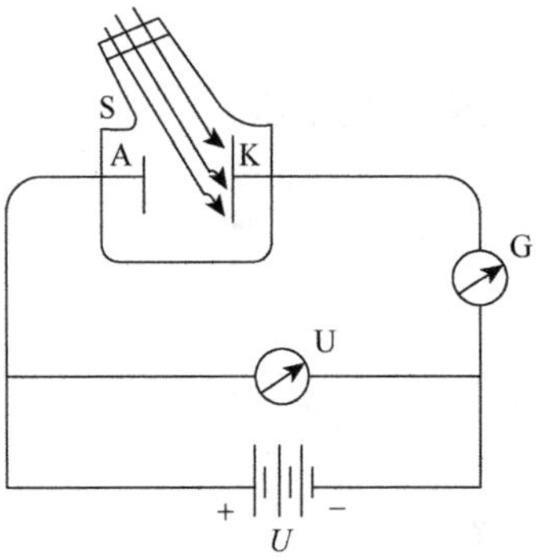

图 4.3-1 光电效应实验原理

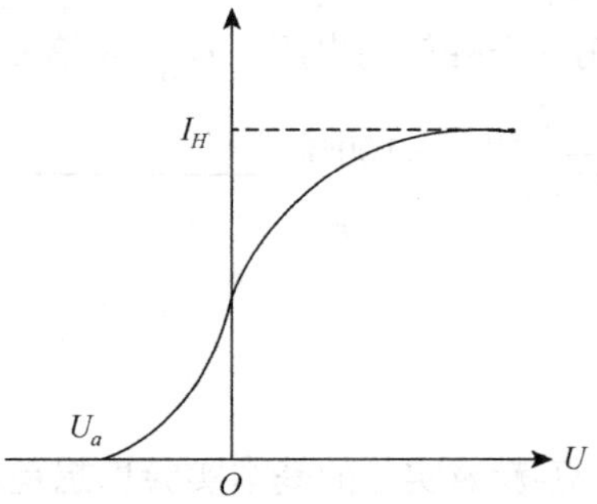

图 4.3-2 光电管的伏安特性曲线

1. 光电流与入射光强度的关系

光电流随加速电压 U 的增加而增加，加速电压增加到一定量值后，光电流达到饱和值 I_H，饱和电流与光强成正比，而与入射光的频率无关. 当 $U = U_A - U_K$ 变成负值时，光电流迅速减小. 实验指出，有一个遏止电压 U_a 存在，当电压达到这个值时，光电流为零.

2. 光电子的初动能与入射光频率之间的关系

光电子从阴极逸出时，具有初动能，在减速电压下，光电子逆着电场力方向由 K 极向 A 极运动，当 $U = U_a$ 时，光电子不再能达到 A 极，光电流为零，所以电子的初动能等于它克服电场力所做的功，即

$$\frac{1}{2}mv^2 = eU_a \tag{4.3-1}$$

根据爱因斯坦关于光的本性的假设，光是一粒一粒运动着的粒子流，这些光粒子称为光子，每一光子的能量为 $E = h\nu$，其中 h 为普朗克常量，ν 为光波的频率，所以不同频率的光波对应光子的能量不同，光电子吸收了光子的能量 $h\nu$ 之后，一部分消耗于克服电子的逸出功 A，另一部分转换为电子动能，由能量守恒定律可知

$$h\nu = \frac{1}{2}mv^2 + A \tag{4.3-2}$$

式（4.3-2）称为爱因斯坦光电效应方程.

由此可见，光电子的初动能与入射光频率 ν 呈线性关系，而与入射光的强度无关.

3. 光电效应有光电阈存在

实验指出，当光的频率 $\nu < \nu_0$ 时，不论用多强的光照射到物质都不会产生光电效应，根据式（4.3-2），$\nu_0 = \dfrac{A}{h}$，ν_0 称为红限.

4. 用光电效应测普朗克常量

爱因斯坦光电效应方程同时提供了测普朗克常量的一种方法：由式（4.3-1）和式（4.3-2）可得

$$h\nu = e|U_a| + A$$

当用不同频率($\nu_1, \nu_2, \nu_3, \cdots, \nu_n$)的单色光分别作光源时，就有

$$h\nu_1 = e|U_{a1}| + A$$
$$h\nu_2 = e|U_{a2}| + A$$
$$\cdots\cdots$$
$$h\nu_n = e|U_{an}| + A$$

任意联立其中两个方程就可得到

$$h = \frac{e(U_{ai} - U_{aj})}{\nu_i - \nu_j} \tag{4.3-3}$$

由此若测定了两个不同频率的单色光所对应的遏止电压即可算出普朗克常量 h，也可由U_a-ν直线的斜率求出 h.

因此，用光电效应方法测量普朗克常量的关键在于获得单色光、测量光电管的伏安特性曲线和确定遏止电压.

理论上，测出各频率的光照射下阴极电流为零时对应的U_{AK}，其绝对值即为该频率的遏止电压，然而实际上由于光电管的阳极反向电流、暗电流的影响，实测电流并非阴极电流，而是阴极电流、阳极反向电流和暗电流三部分电流值之和，所以伏安特性曲线不与 U 轴相切.

由于暗电流是阴极的热电子发射及光电管管壳漏电等原因产生的，与阴极正向光电流相比，其值很小，且基本上随电压U_{AK}呈线性变化，因此可忽略其对遏止电压的影响. 而存在阳极反向电流（制作过程中少量阴极材料溅射到阳极上产生的）的伏安特性曲线与图 4.3-2 十分接近，因此，实验中可将曲线与 U 轴交点的电压值近似等于遏止电压U_a.

【实验内容】

1. 测试前准备

（1）将测试仪及汞灯电源接通，预热 20min.

（2）把汞灯及光电管暗箱遮光盖盖上，将汞灯暗箱光输出口对准光电管暗箱光输入口，调整光电管与汞灯距离为约 40cm 并保持不变.

（3）用专用连接线将光电管暗箱电压输入端与测试仪电压输出端（后面板上）连接起来（红-红，蓝-蓝）.

（4）将“电流量程”选择开关置于所选挡位，仪器在充分预热后，进行测试前调零，旋转“调零”旋钮使电流指示为 000.0.

（5）用高频匹配电缆将光电管暗箱电流输出端 K 与测试仪微电流输入端（后面板上）连接起来.

2. 测光电管的伏安特性曲线

（1）将电压选择按键置于−2～+ 30V；将“电流量程”选择开关置于 10^{-11}A 挡；将直径 2mm 的光阑及 435.8mm 的滤色片装在光电管暗箱光输入口上.

（2）从低到高调节电压，记录电流从零到非零点所对应的电压值作为第一组数据，以后电压每变化一定值记录一组数据到表 4.3-1 中.

（3）换上直径 4mm 的光阑及 546.1nm 的滤色片，重复测量步骤（2）.

3. 测普朗克常量 h

（1）将电压选择按键置于−2～+ 2V 挡. 将“电流量程”选择开关置于 10^{-13}A 挡，将测试仪电流输入电缆断开，调零后重新接上. 将直径 4mm 光阑及 365.0nm 的滤色片装在光电管暗箱光输入口上.

（2）从低到高调节电压，测量该波长对应的 U_a，并将数据记于表 4.3-2 中.

（3）依次换上 404.7nm、435.8nm、546.1nm、578.0nm 的滤色片，重复以上测量步骤.

【注意事项】

（1）汞灯关闭后，不要立即开启电源. 必须待灯丝冷却后再开启，否则会影响汞灯寿命.

（2）光电管应保持清洁，避免用手摸，而且应放置在遮光罩内，不用时禁止用光照射.

（3）滤光片要保持清洁，禁止用手摸光学面.

（4）在光电管不使用时，要断掉施加在光电管阳极与阴极间的电压，保护光电管，防止意外的光线照射.

【数据处理】

1. 测光电管的伏安特性曲线

利用表 4.3-1 中的数据在坐标纸上作出对应于以上两种波长及光强的伏安特性曲线.

表 4.3-1　测量数据记录表

435.8nm 光阑 2mm	U_{AK} /V									
	$I/(\times10^{-11}$ A)									
546.1nm 光阑 4mm	U_{AK} /V									
	$I/(\times10^{-11}$ A)									

2. 测普朗克常量 h

可用以下三种方法处理表 4.3-2 中的实验数据，得 U_a-ν 直线的斜率 k.

表 4.3-2 测量数据记录表

波长 λ /nm	365.0	404.7	435.8	546.1	578.0
频率 ν / ($\times 10^{-14}$ Hz)	8.216	7.410	6.882	5.492	5.196
遏止电压 U_a /V					

（1）根据 $k=\dfrac{\Delta U_a}{\Delta \nu}=\dfrac{U_{ai}-U_{aj}}{\nu_i-\nu_j}$，可用逐差法从表 4.3-2 数据中求出两个 k，将其平均值作为所求 k 的值.

（2）可用表 4.3-2 中的数据在坐标纸上作 U_a-ν 直线，由图求出直线斜率 k.

求出直线斜率 k 后，可用 $h=ek$ 求出普朗克常量，并与 h 的公认值 $h_{理}=6.626\times10^{-34}\,\mathrm{J\cdot s}$ 对比，算出相对误差.

【思考题】

（1）当加在光电管两极间的电压为零时，光电流却不为零，为什么？

（2）正向光电流和反向光电流的区别在哪里？

4.4 空气中声速的测定

【实验目的】

（1）学习用驻波法和行波法测定声波在空气中的传播速度.

（2）加深对波的一些性质的认识.

（3）复习用逐差法处理实验数据.

【实验仪器】

SV-DH 系列声速测定仪、低频信号发生器、示波器.

【实验原理】

机械波是机械振动在介质中的传播. 声波是在弹性介质中传播的一种机械纵波. 可闻声波的频率在 20Hz～20kHz，次声波频率小于 20Hz，超声波频率大于 20kHz. 声速的测量在声波定位、探伤、测距等应用中具有十分重要的作用.

描述声波的三个物理量：波速 v、频率 f 和波长 λ 之间存在下列关系：

$$v=f\lambda$$

通过实验，若测出声波频率 f 和波长 λ，便可间接测量出波速 v.

声波速度 v 的大小，取决于介质的性质（介质的种类、温度等），而与声波的频率 f 无关. 在气体和液体中传播的声波速度

$$v=\sqrt{\frac{B}{\rho}}$$

其中，B 为介质容变模量；ρ 为介质密度.

声波在温度为 T 的空气中的传播速度

$$v=v_0\sqrt{\frac{T}{T_0}}$$

$T_0=273.16\text{K}$（即 0℃）时声速 $v_0=331.30\text{m/s}$.

由于超声波具有波长短、定向发射性能好、功率大、抗干扰性能强等特点，因而在超声波段测量声速较为方便，超声波的发射和接收是用压电陶瓷电声换能器进行的. 在图 4.4-1 所示的声速测量实验装置中，声速测量仪上 S_1 和 S_2 是两个结构相同的压电陶瓷电声换能器，发射换能器 S_1 受信号发生器输出正弦电压的激励而发射出超声波，接收换能器 S_2 把接收到的声波转换成相同频率的正弦电压(信号)，再输入示波器后供观测用. 这时声信号频率与信号发生器上显示的电信号频率相同.

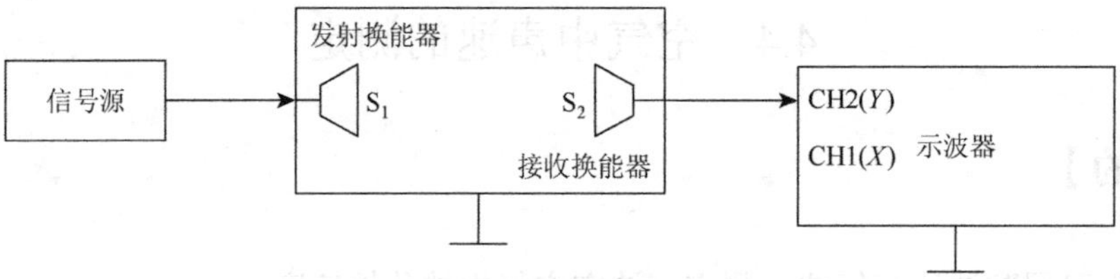

图 4.4-1　声速测量实验装置

1. 驻波法

由 S_1 发射的频率为 f 的平面声波，经空气介质传播到接收换能器 S_2，若 S_1 和 S_2 的两端平面平行，入射至 S_2 表面的声波被部分垂直反射回来，形成两束传播方向相反的相干波，在 S_1 与 S_2 间产生干涉，形成驻波. 若 S_1 和 S_2 两端面间距为半波长（$\lambda/2$）的整数倍，即

$$L=n\frac{\lambda}{2},\quad n=1,2,3,4,\cdots$$

则在 S_1 和 S_2 面处形成波节，驻波两相邻波（腹）节间距为声波波长 λ 的 1/2.

声波在空气中传播时，引起空气介质的质点产生振动，由于各质点振动位移的差异，空气不同小区间内引起膨胀和压缩的周期性变化，伴随产生周期性变化的声压 P. 在波节 P 处声压幅值最大. 当 S_1 固定时，移动 S_2，每当 S_1 与 S_2 之间距离是 $\lambda/2$ 的整数倍时，因为 S_2 位于波节处，S_2 面受声压最大，S_2 产生一幅值最大的正弦电压值. 若输入到示波器荧屏上就显示出幅值最大的正弦电压. 水平方向如不加扫描信号，即一条竖直的最长直线

段，由此可知荧屏上出现两次最大电压信号时，游标尺上 S_2 移动二分之一波长（$\lambda/2$）. 读出 f，由 $v=f\lambda$ 可以算出声速.

2. 行波法（相位法）

将图 4.4-1 中接收声波的换能器 S_2 的端面略转一角度，使其与 S_1 端面不平行，S_1 与 S_2 之间空气柱只存在 S_1 发射的行波. 不同点上的空气质点，以相同频率 f、相同振动方向振动，由波动理论可知，在同一时刻，S_1 和 S_2 表面处声波引起的振动相位差 $\Delta\varphi$ 与 S_1 与 S_2 之间的距离 L 的关系为

$$\Delta\varphi=\frac{2\pi}{\lambda}L$$

当 $L=2k\dfrac{\lambda}{2}$ 和 $L=(2k+1)\dfrac{\lambda}{2}$ 时，对应的相位差分别为 $\Delta\varphi=2k\pi$ 和 $\Delta\varphi=(2k+1)\pi$. 由振动合成理论，同频率、不同相位的两个相互垂直的谐振动合成时，其李萨如图形如图 4.4-2 所示.

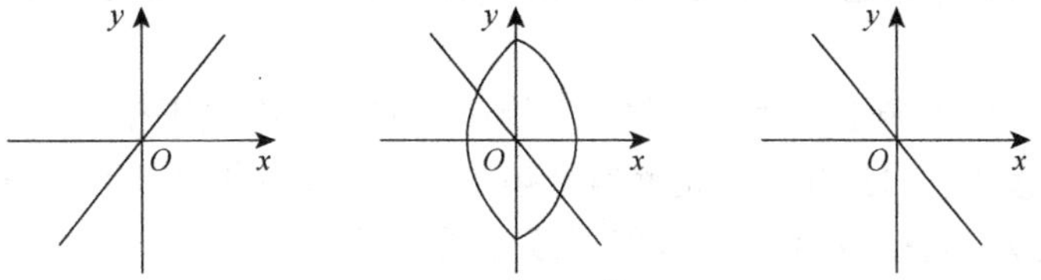

图 4.4-2　李萨如图形

实验装置如图 4.4-1 所示，在线路接线不变的情况下，再从 S_1 引一信号输入示波器 X 端. 在示波器荧屏上将显示出振动合成的李萨如图形. 固定 S_1，移动 S_2，当 S_1 与 S_2 间距 $L=2k\dfrac{\lambda}{2}$ 时，荧屏显示如图 4.4-2(a)所示，其相位差 $\Delta\varphi=2k\pi$. 当 S_1 和 S_2 间距 $L=(2k+1)\dfrac{\lambda}{2}$ 时，荧屏显示如图 4.4-2（c）所示，其相位差 $\Delta\varphi=(2k+1)\pi$，不等于上面两值时，图形为一椭圆. 缓慢移动 S_2 的过程中交替出现斜率为正、负值的直线时，S_1 与 S_2 间距 L 变化 $\dfrac{\lambda}{2}$. 由此可算出 v.

【实验内容】

1. 准备

（1）示波器 POWER 开关置 ON，调节亮度（INTENSITY）和聚焦（FOCUS），使波形清晰.

（2）触发源（TRIG SOURCE）开关置于 INT，触发方式（TRIG MODE）开关置于 AUTO，触发电平（TRIG LEVEL）右旋至锁定（LOCK）状态.

2. 驻波法测声速

（1）接线. 将测试方法设置到连续方式，按图 4.4-3 所示连好线. 按下 CH1 开关，调节示波器，能清楚地观察到同步的正弦波信号.

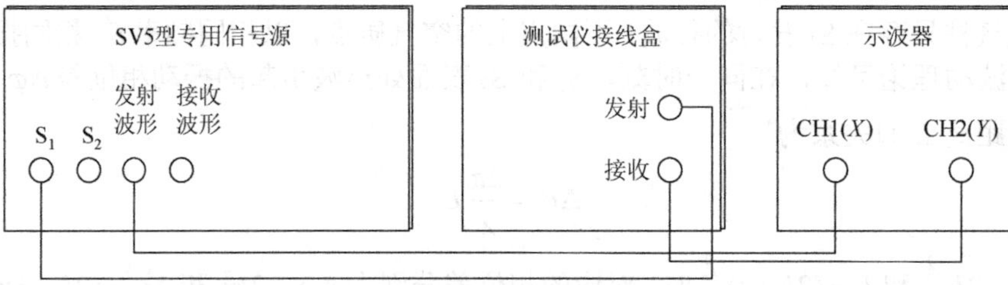

图 4.4-3　接线图

（2）谐振频率的调节.

（a）先将 S_1 和 S_2 靠近一点，调节 S_1 和 S_2 上固定卡环上的紧固螺丝，使它们端面相对平行.

（b）调节专用信号源上的"发射强度"旋钮，使其输出电压在 $20V_{p\text{-}p}$ 左右. 将两声能转换探头靠近，按下 CH2 开关，调整信号频率，观察接收波的电压幅度变化. 在某一频率点处（34.5～39.5kHz，因不同的换能器或介质而异）电压幅度最大，这时换能器处于共振状态，此频率即是压电换能器 S_1 与 S_2 相匹配的频率点. 调节示波器的"VOLTS/DIV"旋钮，使图像适中. 改变 S_2 的位置，可观察到电压幅度周期性伸长、缩短.

（3）测量. 将 S_2 移动接近 S_1 处（注意不要接触），然后将 S_2 缓慢移开 S_1，依次连续记下 10 个振幅值最大位置读数 $L_0, L_1, L_2, \cdots, L_9$.

（4）读出频率计上当时频率值 f，用温度计测出室温 t.

3. 行波法测声速

（1）在驻波法实验的基础上，将示波器的 X-Y 控制键按下.

（2）将 S_2 的端面转一小角度后移开，调节示波器 X 轴、Y 轴的"TIME/DIV"和"VOLTS/DIV"旋钮，使荧光屏上的李萨如图形大小适中. 改变 S_2 的位置，可看出荧屏上图形的变化.

（3）将 S_2 靠近 S_1，再将 S_2 慢慢移开，依次连续记下 10 个图形为正、负斜率直线的位置读数 $L_0, L_1, L_2, \cdots, L_9$.

【注意事项】

（1）实验前应熟悉示波器、信号发生器的使用方法. 特别是低频信号发生器功率输出接线柱切忌短路和正负接错，以免损坏换能器.

（2）学会合理使用游标尺上的微动螺钉，提高读数准确性. 读数连续记录，中间不能漏记.

【数据处理】

1. 驻波法

（1）将实验测得的数据填入表 4.4-1 中，用逐差法计算波长 λ，算出声速 v.

室温 $t=$ ________℃，频率 $f=$ ________Hz

表 4.4-1　测量数据记录表

	位置读数/mm		
L_0		$\Delta L_1=L_5-L_0$	
L_1			
L_2		$\Delta L_2=L_6-L_1$	
L_3			
L_4		$\Delta L_3=L_7-L_2$	
L_5			
L_6		$\Delta L_4=L_8-L_3$	
L_7			
L_8		$\Delta L_5=L_9-L_4$	
L_9			
平均值 $\overline{\Delta L}=5\left(\frac{\lambda}{2}\right)$			

$$\lambda=\left(\frac{2}{5}\right)\Delta L=\underline{\qquad\qquad}$$

$$v=f\lambda=\left(\frac{2}{5}\right)f\Delta L=\underline{\qquad\qquad}$$

（2）实验值与理论值之间的相对误差

$$v_{理}=v_0\sqrt{\frac{T}{T_0}}=331.30\sqrt{\frac{273.16+t}{273.16}}=\underline{\qquad\qquad}$$

$$E=\frac{|v-v_{理}|}{v_{理}}\times100\%=\underline{\qquad\qquad}$$

2. 行波法

表格和计算方法与驻波法相同.

【思考题】

（1）声速的大小由哪些因素决定？与频率有无关系？

（2）用驻波法测声速，当 S_1 与 S_2 之间距离改变时，荧屏上信号图像为何会变大变小？

4.5　液体表面张力系数测定

液体表面犹如张紧的弹性薄膜，有尽量缩小其表面的趋势，这表明液体表面内存在张力. 这种沿着液体表面使液面收缩的力称为表面张力. 作用在液体表面单位长度上的表面张力，称为液体表面张力系数. 测定表面张力系数的方法较多，下面介绍利用拉脱法测液体表面张力系数.

【实验目的】

（1）了解液体表面的性质.
（2）学习用硅压阻式力敏传感器张力测定仪测液体表面张力系数的方法.

【实验仪器】

液体表面张力系数测定仪.

【仪器介绍】

液体表面张力系数测定仪的结构如图 4.5-1 所示.

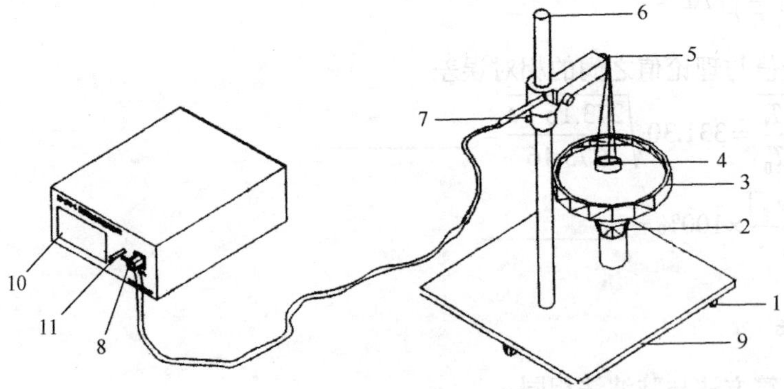

图 4.5-1　液体表面张力系数测定仪的结构

1. 调节螺丝；2. 升降螺丝；3. 玻璃器皿；4. 吊环；5. 力敏传感器；6. 支架；7. 固定螺丝；8. 航空插头；9. 底座；10. 数字电压表；11. 调零旋钮

【实验原理】

如果把一块表面洁净的矩形金属片竖直地浸入水中，使其底边保持水平，然后轻轻地提起，则其附近的液面将呈现出如图 4.5-2 所示的形状. 由于表面张力 f 的作用，液面收缩. 表面张力的方向沿着液面的切线方向. 表面张力与金属片的夹角 φ 称为接触角. 当缓缓拉出金属片时，接触角 φ 逐渐减小而趋向于零. 这时表面张力 f 垂直向下，金属片脱离液体前，诸力的平衡条件为

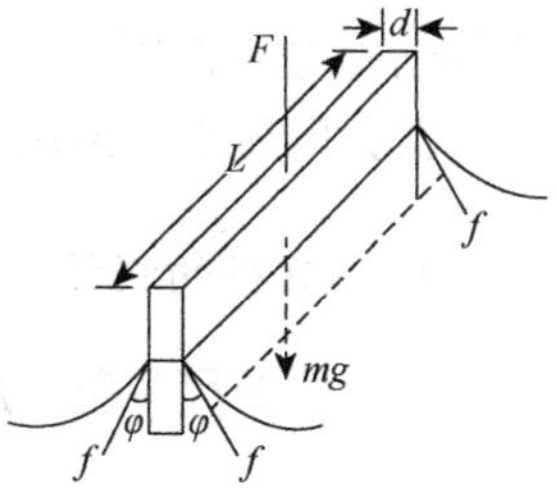

图 4.5-2　液体的表面张力

$$F = mg + f \tag{4.5-1}$$

式中，F 是将金属片匀速提出液面时所施加的外力；mg 为金属片和它所粘附的液体的总重量.

实际表明液体表面张力 f 的大小与受其作用的接触面的周界长 $2(L+d)$ 成正比，即

$$f = 2\alpha(L+d)$$

式中，比例系数 α 称为表面张力系数，它表示沿液体表面作用在单位长度上的表面张力的大小，在国际单位制中，它的单位为 N/m. 若将金属片换成环状吊片，有

$$f = \alpha\pi(D_1 + D_2) \tag{4.5-2}$$

式中，D_1、D_2 分别为圆环的外径和内径.

硅压阻式力敏传感器由弹性梁和贴在梁上的传感器芯片组成，其中芯片由四个硅扩散电阻集成一个非平衡电桥，当外界压力作用于金属梁时，在压力作用下，电桥失去平衡，此时将有电压信号输出，输出电压大小与所加外力成正比，即

$$U = KF \tag{4.5-3}$$

式中，F 为外力的大小；K 为硅压阻式力敏传感器的灵敏度；U 为传感器输出电压的大小.

如果金属环片上环形液膜即将拉断前一瞬间数字电压表读数值为 U_1，液膜拉断后一瞬间数字电压表读数值为 U_2，根据受力分析及式（4.5-1）、式（4.5-3）可知

$$f = \frac{U_1 - U_2}{K} = \frac{\Delta U}{K} \tag{4.5-4}$$

将式（4.5-4）代入式（4.5-2）中可得

$$\alpha = \frac{U_1 - U_2}{K\pi(D_1 + D_2)} \tag{4.5-5}$$

【实验内容】

1. 力敏传感器的定标

每个力敏传感器的灵敏度都有所不同，在实验前，应先将其定标，步骤如下：

（1）打开仪器的电源开关，将仪器预热 15min；

（2）在传感器梁端头小钩中，挂上砝码盘，调节电子组合仪上的补偿电压旋钮，使数字电压表显示为零；

（3）在砝码盘上分别加 0.5g、1.0g、1.5g、2.0g、2.5g、3.0g 等质量的砝码，记录相应这些砝码力 F 作用下，数字电压表的读数值 U，并将这些数据记录在表 4.5-1 中；

（4）用最小二乘法作直线拟合，求出传感器灵敏度 K.

2. 环直径的测量

用游标卡尺测量金属圆环的外径 D_1 和内径 D_2（各测量 5 次），求出平均值.

3. 水的表面张力系数

（1）将金属环状吊片挂在传感器的小钩上，调节升降台，将液体升至靠近环片的下沿，观察环状吊片下沿与水面是否平行，如果不平行，将金属环状片取下后，调节吊片上的细丝，使吊片与水面平行.

（2）调节容器下的升降台，使其渐渐上升，将环片的下沿部分全部浸没于水中，然后反向调节升降台，使水面逐渐下降，这时，金属环片和水面间形成一环形液膜，继续下降水面，测出环形液膜即将拉断前一瞬间数字电压表读数值 U_1 和液膜拉断后一瞬间数字电压表读数值 U_2，并将这些数据记录在表 4.5-2 中.

（3）将实验数据代入式（4.5-5），求出水的表面张力系数，并与标准值进行比较.

【注意事项】

（1）吊环须严格处理干净，可用 NaOH 溶液洗净油污或杂质后，用清洁水冲洗干净，并用热吹风烘干.

（2）吊环水平须调节好，注意偏差 1°，测量结果引入误差为 0.5%；偏差 2°，则引入误差为 1.6%.

（3）在旋转升降台时，尽量使液体的波动要小.

（4）工作室不宜风力较大，以免吊环摆动致使零点波动，所测系数不正确.

（5）若液体为纯净水，在使用过程中防止灰尘和油污及其他杂质污染. 特别注意手指不要接触被测液体.

（6）力敏传感器使用时用力不宜大于 0.098N. 拉力过大，传感器容易损坏.

（7）实验结束须将吊环用清洁纸擦干，用清洁纸包好，放入干燥缸内.

【数据处理】

1. 传感器灵敏度的测量

经最小二乘法拟合得 K = __________mV/N

拟合的线性相关系数 r = __________

表 4.5-1　测量数据记录表

砝码/g	0.500	1.000	1.500	2.000	2.500	3.000
电压/mV						

2. 水的表面张力系数的测量

金属环外径：$\bar{D}_1=$ __________cm，内径：$\bar{D}_2=$ __________cm

水的温度：$t=$ __________℃

表 4.5-2　测量数据记录表

序号	U_1/mV	U_2/mV	ΔU/mV	F/N	α/(N/m)
1					
2					
3					
4					
5					

平均值：$\bar{\alpha}=$ __________N/m

附：水的表面张力系数的标准值（表 4.5-3）

表 4.5-3　水的表面张力系数的标准值

α/(N/m)	0.07422	0.07322	0.07275	0.07197	0.07118
水的温度 t/℃	10	15	20	25	30

【思考题】

（1）本实验中影响测量结果的因素有哪些？

（2）实验中为什么要拉动水膜至恰好拉脱为止？

4.6　用动态悬挂法测金属材料的杨氏模量

杨氏模量是工程材料的一个重要物理参数，它标志着材料抵抗弹性形变的能力. 在一般的物理实验中通常采用的测量方法是“静态拉伸法”，由于拉伸实验中载荷大，加载速度慢，存在着弛豫过程，它不能真实地反映材料内部结构的变化，而且对脆性材料无法用这种方法测量，也不能测量在不同温度时的杨氏模量. 而悬丝耦合弯曲共振法（又称动态悬挂法）因其适用范围广（不同的材料和不同的温度）、实验结果稳定、误差小而成为国际上广泛采用的测量方法.

【实验目的】

（1）用动态悬挂法测量金属材料的杨氏模量.

（2）培养学生综合应用物理仪器的能力.

（3）设计性扩展实验，培养学生研究探索的科学精神.

【实验仪器】

动态杨氏模量实验仪、示波器、游标卡尺，螺旋测微器、天平等.

【实验原理】

物体振动的固有频率与材料的杨氏模量有关，因此可以从固有频率来计算杨氏模量. 两端自由的细棒在作弯曲振动时固有频率为

$$f=\frac{k^2}{2\pi l^2}\sqrt{\frac{YJ}{\rho s}} \tag{4.6-1}$$

式中，Y、ρ、l、s 分别是材料的杨氏模量、密度、棒长、截面积；$J=\int z^2 \mathrm{d}s$ 是截面 s 对 z 轴（质点作弯曲振动的位移方向）的面积转动惯量（惯性矩），对圆形棒，$J=\pi d^4/64$（d 是圆棒直径），对矩形棒，$J=bh^3/12$（b 和 h 分别是截面的宽度和高度）；k 是一个常数，与棒作弯曲振动的简正方式有关. 对基频振动，$k=4.7300408$（图 4.6-1（a））；对一阶的反对称振动，$k=7.8532046$（图 4.6-1（b））. 对圆形棒，只要测出棒的直径 d、长度 l、质量 m 和它作弯曲振动的基频固有频率 f，即可定出该材料的杨氏模量 Y，即

$$Y=\frac{\rho s}{J}\cdot\frac{4\pi^2 l^4 f^2}{k^4}=1.6067\frac{l^3 m}{d^4}f^2 \tag{4.6-2}$$

式中，取 $k=4.7300408$. 在国际单位制中，杨氏模量的单位为 $\mathrm{N/m^2}$.

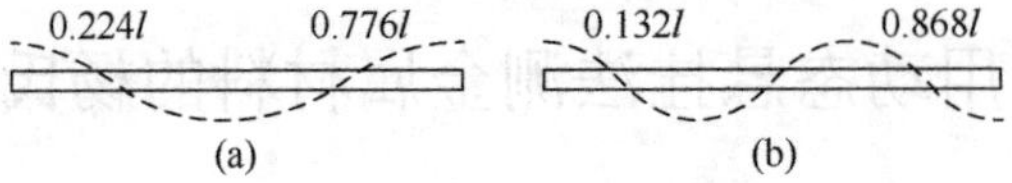

图 4.6-1　细长棒弯曲振动模式

本实验的关键是要准确测出试样棒的固有频率 f. 其装置如图 4.6-2 所示，被测试样用两根细线悬挂在换能器下面. 其中一个作为激振器，来自信号发生器的正弦信号经放大

（如信号已能满足激振需要可省去放大器）后加在激振器上，使激振器的膜片发生振动，它又通过固定在膜片中心的悬线激发试样（棒）振动，试样棒的振动又通过另一端的悬线传给拾振器. 而作为拾振器的换能器则将试样的振动转变为电信号，再经放大（如拾振器输出能满足显示需要也可以不放大）后输出给示波器. 改变加在激振器上的电信号的频率（信号幅度不变），当强迫振动频率与试样棒的弯曲振动基频固有频率一致时，试样棒振动最强烈，拾振器输出的电信号最大，由此可测出 f.

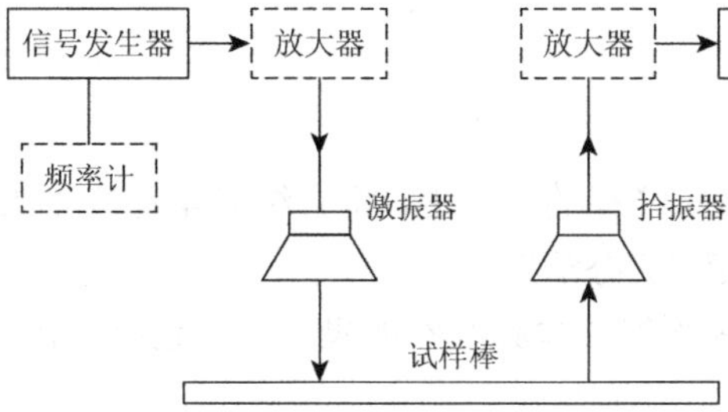

图 4.6-2　动态法测杨氏模量装置

试样共振用示波器来观察. 当信号发生器的频率不等于试样的固有频率时，示波器上几乎没有波形；当信号发生器的频率等于试样的固有频率时，试样发生共振，示波器上的波形突然增大，这时信号发生器的频率可以认为就是试样的固有频率 f.

细线悬挂点的选择是实验必须考虑的一个问题. 由图 4.6-1（a）知，如果要严格保证弯曲振动的简正波条件，细线应悬挂在细棒振动的节点位置（距细棒端部 $0.224l$ 和 $0.776l$ 长度处），但这样做激振器将不可能激发出细棒的振动，测量也就无法进行，因此只能将细线悬挂在试样节点的附近来进行测量. 更细致的考虑则可通过改变悬线的位置，测出共振频率与位置的关系曲线，从而拟合出悬线在节点位置的共振频率值.

【实验内容】

（1）测量试样的长度 l、直径 d、质量 m，各测 5 次.

（2）在室温下，不锈钢的杨氏模量为 $2\times10^{11}\text{N/m}^2$，铜的杨氏模量为 $1.2\times10^{10}\text{N/m}^2$，先由式（4.6-2）估算出共振频率 f，以便寻找共振点.

（3）把试样棒用细钢丝悬挂在测试台上，悬挂点的位置在距离端面约 $0.224l$ 和 $0.776l$ 处.

（4）把信号发生器的输出与测试台的输入相连，测试台的输出与放大器的输入相连，放大器的输出与示波器 Y 输入相接.

（5）把示波器触发信号选择开关置于“内置”，Y 轴增益置于最小挡，Y 轴极性置于“AC”.

（6）因试样共振状态的建立要有一个过程，且共振峰十分尖锐，因此在共振点附近调节信号频率时应十分缓慢地进行，直至示波器的屏上出现最大的信号.

(7) 记下室温下的共振频率 f，求出材料的杨氏模量 Y.

(8) 本实验铜棒和钢棒各做一次.

【数据处理】

计算钢棒和铜棒的杨氏模量 Y 及其不确定度 $u_C(Y)$.

【思考题】

(1) 由于不能把支点放在试样棒的节点上，将会给测量造成多大的误差或不确定度？能否找到一种能更精确地测定 f 的办法？

(2) 能否用李萨如图形来测得共振频率？如果可以，请提供测量方案.

4.7 用透射光栅测光波波长

光栅是由大量等宽、等间距的平行狭缝构成的分光元件，它不仅用于光谱学，还广泛用于计量、光通信、信息处理等. 衍射光栅分为透射光栅和反射光栅两种，实验室常用的是透射光栅. 原刻透射光栅是在精密刻线机上用金刚石在玻璃表面平行、等距地刻出许多刻痕制成的，实验室中通常使用的光栅是由原刻光栅复制而成. 随着激光技术的发展，又制成了全息光栅.

【实验目的】

(1) 观察光栅衍射现象和光栅光谱的特点.

(2) 掌握利用光栅测量光栅常量和光波波长的原理和方法.

(3) 进一步学习分光计的调节和使用.

【实验仪器】

JJY 型分光计、光栅、汞灯等.

【实验原理】

1. 光栅方程和光栅常数 d

光栅衍射是单缝衍射和多缝干涉的综合效果，它产生的光谱谱线细亮、间距较宽，分辨本领较大. 光栅不仅适用于可见光，还能用于红外线和紫外线.

当一束单色平行光垂直入射到平面光栅上时，由于各缝的衍射和多缝出射光的干涉，在透镜焦平面上出现一系列明条纹. 根据光栅衍射理论，明条纹的位置满足光栅方程

$$d\sin\varphi_k = k\lambda \quad (k = 0, \pm 1, \pm 2, \cdots) \tag{4.7-1}$$

式中，$d = a + b$，称为光栅常数（其中 a 为光栅狭缝宽度，b 为光栅刻痕宽度）；φ_k 为第 k 级明纹的衍射角，即衍射光与光栅平面法线之间的夹角；λ 为入射光的波长；k 为明条纹级数，$k = 0$ 的条纹称为中央条纹或零级条纹，$k = \pm 1$ 的条纹为左右对称分布的第一级条纹，依此类推.

由式（4.7-1）看出：同一级明纹，波长不同，相应的衍射角不同. 若以复色光入射，经光栅衍射后不同颜色的光分开，出现一系列彩色条纹——光栅光谱，如图 4.7-1 所示. 若用已知波长的光入射，用分光计测出第 k 级明纹的衍射角 φ_k，由式（4.7-1）即可计算出光栅常数；反之，若已知光栅常数，则可求出入射光的波长.

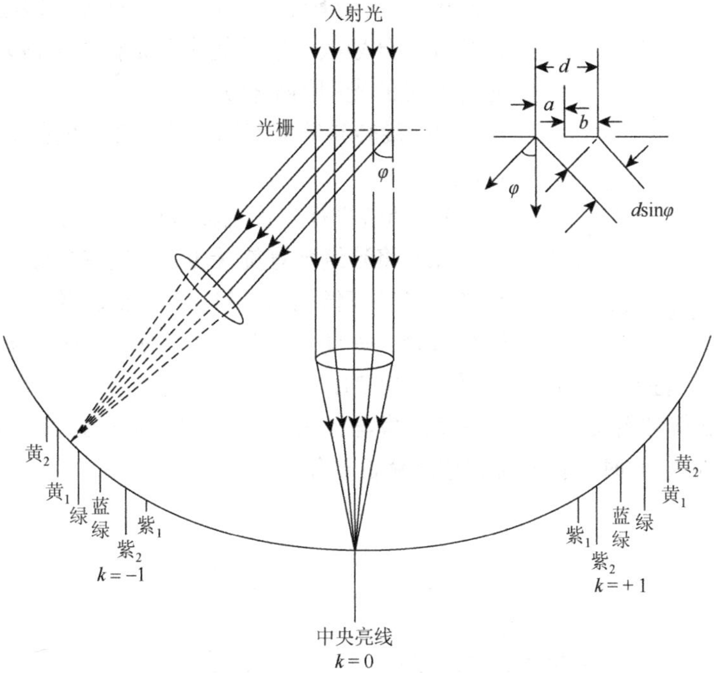

图 4.7-1　光栅衍射光谱示意图

2. 测量衍射角

如图 4.7-2 所示，第 k 级明纹的衍射角

$$\varphi_k = \frac{1}{4}(|\theta_1' - \theta_1| + |\theta_2' - \theta_2|) \tag{4.7-2}$$

式中，θ_1、θ_2 为望远镜对准第$-k$ 级明纹时，游标 I 、游标 II 的读数；θ_1'、θ_2' 为望远镜对准第 k 级明纹时，游标 I 、游标 II 的读数.

【实验内容】

1. 调整分光计

（1）调节望远镜适合观察平行光，其光轴垂直于分光计的中心轴，调节方法见实验 3.16 有关分光计的调整.

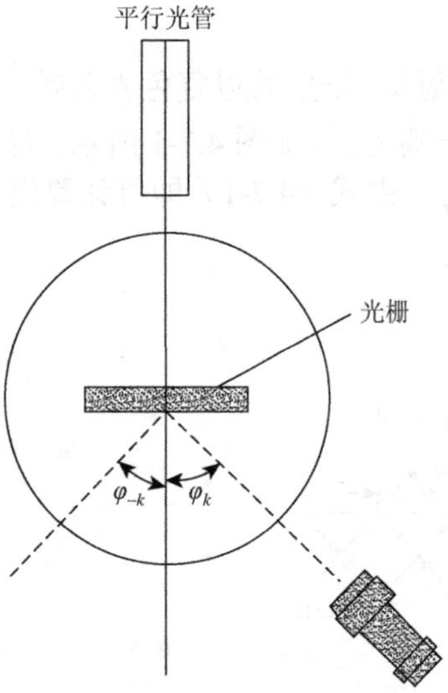

图 4.7-2　测量衍射角示意图

（2）调节平行光管发出平行光，其光轴垂直于分光计的中心轴，并与望远镜光轴等高.

1）调节平行光管使其发出平行光

（a）打开汞灯电源，转动望远镜正对平行光管，松开狭缝套筒锁紧螺钉 2（图 3.16-1，后同），前后移动狭缝装置，使狭缝处于平行光管透镜的焦平面上，即在望远镜中看到清晰的狭缝像，并注意消除视差（眼睛左右移动时，狭缝像与分划板十字丝竖线间无相对位移）. 这时，平行光管发出的光即为平行光.

（b）旋转狭缝宽度调节螺钉 22，使狭缝像的宽度约为 1mm.

2）调节平行光管光轴垂直于分光计的中心轴

（a）将狭缝装置旋转 90°，使狭缝像为水平，调节平行光管光轴高低调节螺钉 21，使狭缝像与分划板下十字丝横线重合，如图 4.7-3（a）所示. 这时，平行光管光轴和分光计主轴垂直. 注意：以后不能再调螺钉 21.

（b）再将狭缝装置旋转 90°，使狭缝像与分划板十字丝竖线重合后，如图 4.7-3（b）所示，拧紧螺钉 2. 此时平行光管和望远镜的光轴等高.

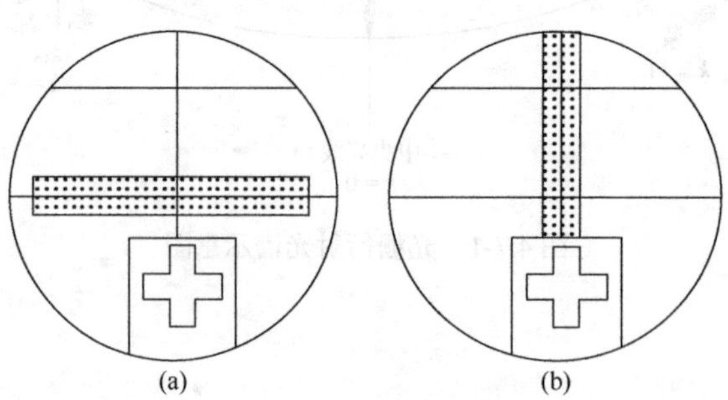

图 4.7-3　目镜视场

2. 调整光栅

调整光栅使平行光垂直入射到光栅上.

1）调节光栅平面垂直于平行光管光轴

（1）把光栅按图 4.7-4 所示置于载物台上.

（2）用自准直法调节光栅面垂直于望远镜光轴.

以光栅面为反射面，转动载物台使望远镜正对光栅，在望远镜中看到“十字像”（若出现两个“十字像”，以较暗的那个为准），调节载物台调平螺钉 B_1 或 B_2，使“十字像”与分划板上方十字丝重合；将载物台转动 180°，使光栅的另一面正对光栅，调节载物台调平螺钉 B_2 或 B_1，使“十字像”与分划板上方十字丝重合.

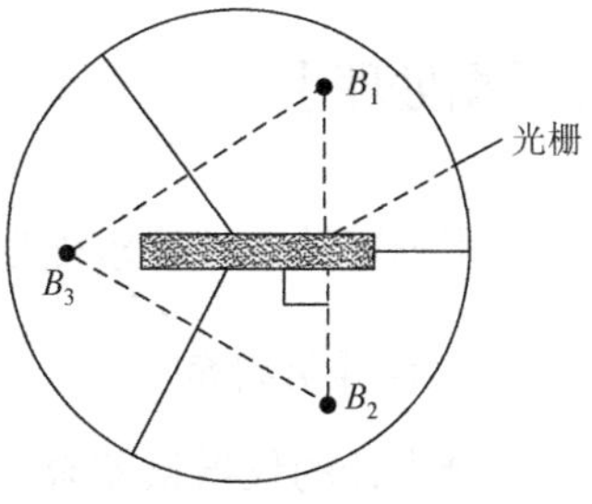

图 4.7-4　光栅的放置

注意：望远镜已调好，不能再动望远镜光轴高低调节螺钉 11！

（3）转动望远镜，调节望远镜微调螺钉 13，使分划板“十字丝竖线”与“十字像竖线”重合；调节平行光管光轴水平方向调节螺钉 20，使“狭缝像”与分划板“十字丝竖线”重合. 这时“狭缝像”“十字像竖线”、分划板“十字丝竖线”“三线重合”，这样光栅平面与平行光管光轴垂直，由平行光管出射的平行光垂直入射到光栅上. 然后锁紧游标盘锁紧螺钉 19.

2）调节光栅刻线与分光计中心轴平行

（1）松开望远镜锁紧螺钉 15，旋紧转座与刻度盘锁紧螺钉 14，使刻度盘随望远镜一起转动.

（2）左右转动望远镜，观察谱线高低的变化，如果中央明纹两侧谱线的高低有变化，说明光栅刻线与狭缝不平行，调节载物台调平螺钉 B_3（图 4.7-4），直到各谱线高低一致.

3. 测量汞灯第一级光谱线的衍射角

（1）左右转动望远镜，观察光栅光谱的特征.

（2）从中央明纹开始，逐渐向左（或右）转动望远镜，先后看到−1 级紫、蓝、绿、黄$_1$、黄$_2$谱线. 调节望远镜微调螺钉 13，将分划板十字丝竖线移至黄$_2$线的中心，记下两个游标的读数. 将望远镜右（或左）移，依次记录与黄$_1$、绿、紫谱线相应的两个游标的读数. 继续右（或左）移望远镜，经过中央明纹，依次记下 +1 级与紫、蓝、绿、黄$_1$、黄$_2$谱线相应的两个游标的读数.

（3）重复（2），共测 5 次.

【注意事项】

（1）因为汞灯紫外线很强，不能直视.

（2）光栅是精密光学元件，严禁用手触摸其光学表面，不得擅自用纸、布等物品擦拭光栅表面.

（3）为了测量准确，必须使用望远镜微调螺钉，使十字丝竖线对准谱线中心.

（4）调“三线重合”后，不能再转动载物台或微调平行光管光轴水平方向调节螺钉.

【数据处理】

用列表法，按要求处理数据（数据填入表 4.7-1 中）.

1. 计算衍射角

分光计的仪器误差限 $\Delta_{仪}$ = ________

表 4.7-1　测量第一级绿谱线衍射角数据表

测量次数		1	2	3	4	5	$\bar{\theta}$	$u_A(\bar{\theta})$
游标 I	θ_1							
	θ_1'							
游标 II	θ_2							
	θ_2'							

2. 计算光栅常数

用式(4.7-2)计算第一级绿谱线的衍射角，将绿谱线的波长 $\lambda = 546.07\text{nm}$ 代入式(4.7-1)，计算光栅常数，并计算 d 的标准不确定度.

3. 计算紫、黄谱线的波长

自行设计其他谱线的数据记录表，利用已测出的光栅常数，计算波长及其标准不确定度.

【思考题】

（1）光栅方程（4.7-1）的适用条件是什么？为满足这些条件，对光栅的调节要求是什么？

（2）如何判定平行光管已发出平行光？如何判断平行光垂直入射到光栅上？

（3）光栅放在载物台上，为什么要让光栅平面与两个螺钉的连线垂直？

4.8　全 息 照 相

全息照相的基本原理是以光波的干涉和衍射为基础的. 1948 年，伽博（D. Gabor）首先提出了全息照相的物理思想，但由于当时缺乏相干性较好的光源，所以这一想法几乎没有引起人们的注意. 直到 20 世纪 60 年代初，激光器的问世才使全息照相技术得到迅速的发展，成为科学技术上的一个新领域. 由于与普通照相相比，全息照相具有许多优点，所以在精密计量、无损检测、信息存储与处理、遥感图像分析、摄影艺术、生物医学以及国防科研中都得到了非常广泛的应用.

【实验目的】

（1）了解全息照相的基本原理和它的主要特点.
（2）掌握拍摄全息图和再现物波前的方法.

【实验仪器】

全息台及各种光学元件、氦氖激光器、干版、洗像设备等.

【实验原理】

由光的波动理论知道，一列单色波可表示为

$$x = A\cos\left(\omega t + \varphi - \frac{2\pi}{\lambda}\right) \tag{4.8-1}$$

式中，A 为波振幅；ω 为波圆频率；λ 为波长；φ 为波源的初相位. 一个实际物体发射或反射的光波比较复杂，但是可以看成是由许多不同频率的单色光波的叠加

$$x = \sum_{i=1}^{n} A_i \cos\left(\omega_i t + \varphi_1 - \frac{2\pi r_i}{\lambda_i}\right) \tag{4.8-2}$$

所以，物光波中有两个特征量，一是振幅 A，二是相位$\left(\omega t + \varphi - \frac{2\pi}{\lambda}\right)$. 人们就是借助于物光波的频率、振幅和相位来区别物体的颜色（频率）、明暗（振幅平方）、形状和远近（相位）.

普通照相只记录了光波的振幅信息（光强），却没有也无法记录物光波的相位信息，所以普通照相记录的只是物体在某一视角的二维平面像，没有立体感.

根据光的干涉理论，干涉条纹的亮暗对比程度反映了参与干涉的两束光波的相对强度的差别. 当一束光波的强度分布均匀时，不同部位干涉条纹的亮暗对比程度（又称反差）则反映了另一束光波的强度分布. 而干涉条纹的疏密程度则反映了参与干涉的两束光波相位上的差别. 因此，如果借助一个参考光与物光相干，记录其干涉条纹就相当于记录了物光波的全部信息，这种记录手段称为全息照相. 全息照相底版上的记录是无规则的、人眼看不见的干涉图样，称为全息图. 全息图类似光栅常数随空间位置变化的衍射光栅，在原参考光的照射下将发生衍射. 衍射光波中含有可分离的原物光波，通过观察物波仍可看到一幅逼真的立体像，悬空地再现在全息图后面原来物的位置上. 当从不同角度观察时，就好像面对原物一样看到它的不同侧面，甚至某个角度上被物遮住的东西也可在另一个角度上看到它.

全息照相包含物波前的记录和物波的再现两个过程.

1. 全息照片的记录——光的干涉

图 4.8-1 是记录过程所使用的光路. 以氦氖激光器为光源，光线经分束镜 S 后，一束光经反射镜 M_1 反射，再由扩束镜 L_1 扩大后，均匀地照射到被拍摄物体 D 上，经物体表面反射的光再照射到感光材料 H 上，这束光一般称为物光（O 光）；另一束光经反射镜 M_2 反射，再由扩束镜 L_2 扩大后，直接均匀地照射到感光材料 H 上，所以这束光一般称为参考光（R 光）. 这两束光在感光材料 H 上叠加、干涉，经过适当时间的曝光，就会在感光材料上产生许多明暗不同的干涉条纹. 再经过显影、定影等暗室处理，便得到一张全息图.

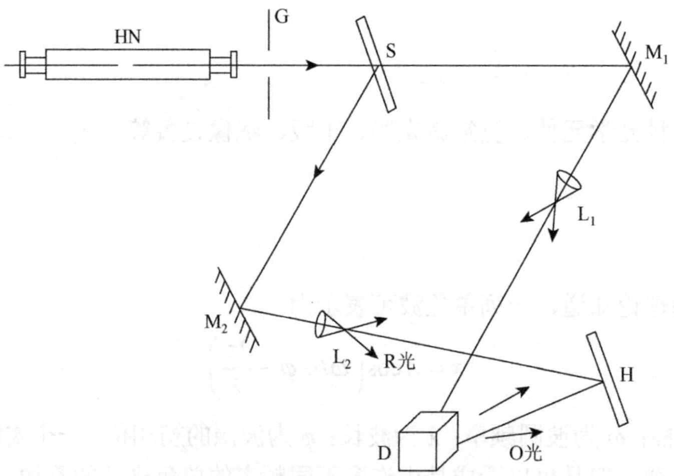

图 4.8-1 记录过程所使用的光路

HN. 氦氖激光器；G. 快门；S. 分束镜；M_1、M_2. 反射镜；L_1、L_2. 扩束镜；D. 被摄物体；H. 全息干版

2. 全息照片的再现——光的衍射

直接观察全息图只能看到其上记录的复杂的干涉条纹. 要看到原来物体的像，必须采用特定的手段，利用光的衍射来实现. 图 4.8-2 为再现过程的观察光路图.

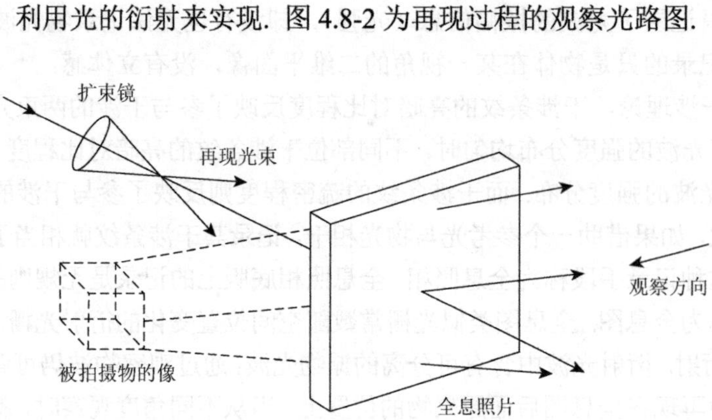

图 4.8-2 再现过程的观察光路图

用一束与原来参考光方向相同的激光束（再现光）照射全息图，由于全息图是每一组干涉条纹都相当于一个复杂的光栅，所以它使再现光发生衍射. 当沿着衍射光的方向透过全息图向原来被摄物的方位观察时，就可以看到一个完全逼真的三维立体图像. 以全息图上某一小区域 *ab* 为例，同时把再现光看成是一束平行光，并垂直地照射到全息图上，如图 4.8-3 所示. 由光栅原理，衍射光的 + 1 级光将是发散光，其与物体在原来位置时发出的物光波完全一样，这样将形成一个虚像，其与原物体完全相同，称为真像；–1 级衍射光是会聚光，将形成一个共轭实像，称为赝像.

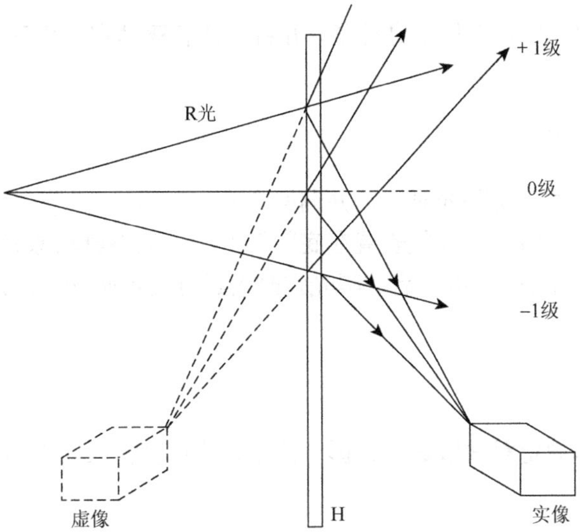

图 4.8-3　全息照片的再现

从以上的讨论中我们知道全息照相具有如下主要特点：

（1）全息照相与普通照相不同，它不是以几何光学为基础，而是以光的干涉、衍射为基础；

（2）全息图所再现的被摄物体是一幅完全逼真的三维立体图像. 当观察者从不同角度去观察时，就好像面对着原物体一样，可以看到物体的不同侧面；

（3）全息图上任一部分都分别记录了被摄物体不同倾角的物光信息，所以通过全息图的任一块碎片均能再现出完全的物像；

（4）在全息图的拍摄过程中，一次曝光后，只要稍微改变感光胶片的方位，例如，将感光胶片转过一定的角度，或改变参考光的入射方向，就可以在同一张感光胶片上进行第二次、第三次的重叠记录. 再现时，只要适当转动全息图即可获得各自独立、互不影响的图像.

【实验内容】

1. 光路的调整

按图 4.8-1 所示，在全息台上放置各光学元件，应做到：

（1）使各元件达到共轴（可打开激光器，利用激光束来达到这一要求）；

（2）在放置感光底版的底版架上夹上毛玻璃屏. 移动扩束镜 L_1，使物光束均匀照亮被拍摄物体，其漫反射光能照射到底版架的毛玻璃屏上. 为了保证再现共轭像，物中心到像中心的距离应小于参考光源到像屏距离的一半；

（3）量取物光光程，以此确定参考光反射镜的位置，使物光和参考光的光程大致相等. 同时使物光和参考光的夹角在 40°左右；

（4）前后调整扩束镜 L_2 位置，使参考光将毛玻璃均匀照亮. 使物光与参考光光强之比为 1∶4～1∶10；

（5）检查各光学元件是否用螺钉拧紧，并将磁性表座锁定，避免曝光时元件间发生相对位移.

2. 拍摄

（1）根据实验条件确定曝光时间，并调好曝光定时器.

（2）在全暗条件下将感光底版安置在底版架上（注意不碰动原光路）.

（3）保持室内安静 1～2min，启动曝光定时器进行自动曝光，待定时曝光器自动切断光源时即可取出底版.

3. 冲洗底版

按暗室操作技术规定对底版进行显影、停影、定影清洗及干燥等工序.

4. 全息图的观察

按照图 4.8-2 所示光路，以再现光照射全息图. 从与再现光光轴成某一角度方向向全息图内观察，同时稍稍转动全息图，即可见到原物立体像. 改变观察方向，可发现明显的视差效应. 平移全息图，可得放大率不同、亮度不同的再现像. 用圆孔光阑挡住全息图，通过圆孔仍可看到原物的立体像. 除去扩束镜，用接收屏在全息图的另一侧移动，可接收到原物的实像.

【注意事项】

（1）所有的光学元件均不能用手触摸其通光面，必要时可用专用擦镜纸轻轻擦拭.

（2）不能用眼睛直接观察激光束.

（3）在暗室中应遵守暗室操作技术规定，注意安全.

【思考题】

（1）全息照相与普通照相相比有哪些不同？全息图的主要特点是什么？

（2）拍摄全息图的技术要求是什么？

（3）应如何进行再现图的观察？

4.9　用旋光仪测旋光率和浓度

1811 年，阿拉果发现，当线偏振光通过某些透明物体时，线偏振光的振动面将旋转一定角度，这种现象称为旋光现象. 通过对旋光度的测定，可检验物质的浓度、纯度、含量等. 因此物质的旋光测定广泛应用于化学、制糖、制药、香料、石油和食品等工业部门.

【实验目的】

（1）理解偏振光的特性.

（2）熟悉产生线偏振光的方法.

（3）掌握用旋光仪测量旋光性溶液的旋光率和浓度的方法.

【实验仪器】

旋光仪、玻璃管、待测溶液、钠灯.

【仪器介绍】

图 4.9-1 为小型旋光仪的外形图，其光路如图 4.9-2 所示. 测量时，首先调节检偏器使其偏振方向与起偏器的偏振方向相互正交，此时在目镜中看到最暗的视场；然后将测试管放入光路中，由于旋光物质使偏振光的振动方向旋转，目镜中出现亮视场，再旋转检偏器，使视场重新达到最暗，检偏器旋转的角度就是被测溶液的旋光度.

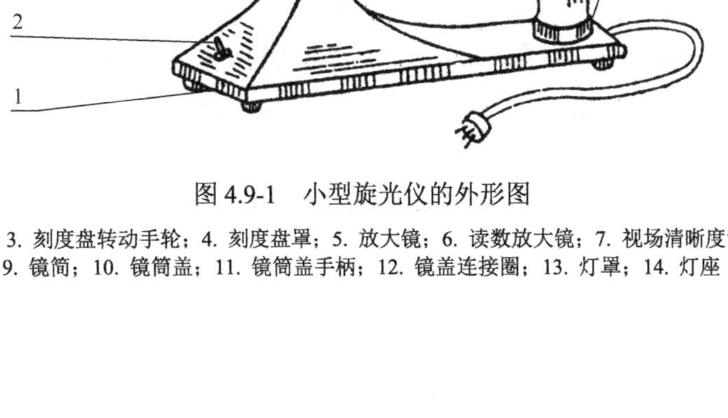

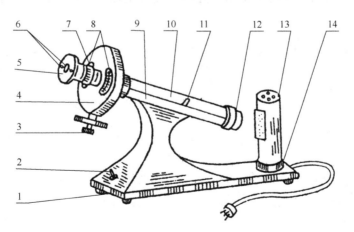

图 4.9-1　小型旋光仪的外形图

1. 底座；2. 电源开关；3. 刻度盘转动手轮；4. 刻度盘罩；5. 放大镜；6. 读数放大镜；7. 视场清晰度调节螺旋；8. 读数窗；9. 镜筒；10. 镜筒盖；11. 镜筒盖手柄；12. 镜盖连接圈；13. 灯罩；14. 灯座

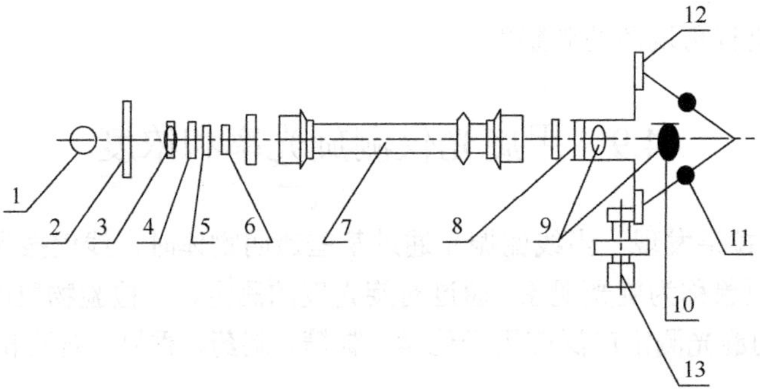

图 4.9-2　小型旋光仪的光路图

1. 光源；2. 毛玻璃；3. 聚光镜；4. 滤色镜；5. 起偏器；6. 半波片；7. 试管；8. 检偏器；9. 物、目镜组；10. 调焦手轮；11. 读数放大镜；12. 刻度盘及游标；13. 刻度盘转动手轮

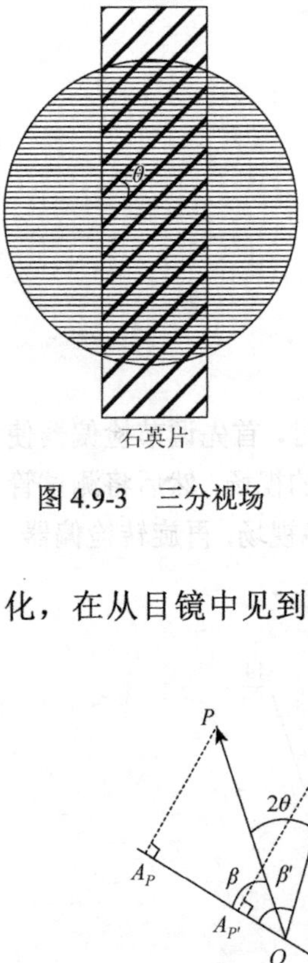

图 4.9-3　三分视场

人眼对明暗程度的变化反应迟钝，致使旋转角度难于测准，为此常采用半荫法，用比较视场中相邻两光束的强度是否相同来提高判断效果. 在起偏器后加入半波片（石英晶体片），部分遮挡从起偏器透过来的光束，如图 4.9-3 所示. 半波片的光轴与通过起偏器后的偏振光的振动方向有一个小的夹角 θ，此时穿过半波片的偏振光将再次旋转 2θ. 所以进入测试管的是振动面间夹角为 2θ 的两束线偏振光.

在图 4.9-4 中，OP 和 OA 分别表示起偏器和检偏器的偏振轴，OP'表示透过石英片后偏振光的振动方向，β 表示 OP 与 OA 的夹角，β'表示 OP'与 OA 的夹角，A_P、$A_{P'}$分别表示通过起偏器和起偏器加石英片的偏振光在检偏器偏振轴方向的分量. 由图 4.9-4 可知，当转动检偏器时，A_P 和 $A_{P'}$的大小将发生变化，在从目镜中见到的视场上将出现亮暗的交替变化，有以下四种显著不同的情形：

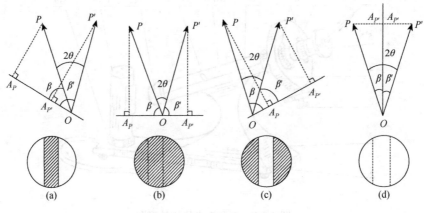

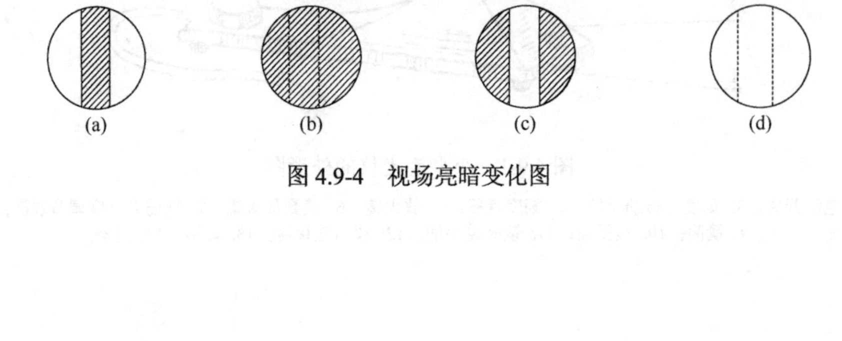

图 4.9-4　视场亮暗变化图

（1）$\beta' > \beta$，$A_P > A_{P'}$，视场中与石英片对应的部分为暗区，与起偏器对应的部分为亮区（图 4.9-4（a））；

（2）$\beta = \beta'$，$A_P = A_{P'}$，视场中三部分界线消失，亮度相等，较暗（图 4.9-4（b））；

（3）$\beta > \beta'$，$A_{P'} > A_P$，视场中与石英片对应的部分为亮区，与起偏器对应的部分为暗区（图 4.9-4（c））；

（4）$\beta = \beta'$，$A_P = A_{P'}$，视场中三部分界线消失，亮度相等，较亮（图 4.9-4（d））.

通常取图 4.9-4（b）所示的视场作为参考视场，将此时检偏器的偏振轴所指的位置取作刻度盘的零点. 在装上测试管后，透过起偏器和石英片的两束偏振光通过测试管后，它们的振动面转过相同的角度 φ，并保持两振动面间的夹角 2θ 不变. 转动检偏器，使视场回到图 4.9-4（b）的状态，则检偏器转过的角度就是被测溶液的旋光度. 迎着射来的光线看去，若检偏器向右转动，该溶液称为右旋溶液；反之，检偏器向左转动时，该溶液称为左旋溶液.

【实验原理】

如图 4.9-5 所示，线偏振光通过旋光性物质的溶液时，偏振光的振动面转过的角度称为旋光度，它与偏振光通过的溶液长度 l 和溶液中旋光性物质的浓度 c 成正比，即

$$\varphi = acl \tag{4.9-1}$$

式中，a 称为该物质的旋光率，它在数值上等于偏振光通过单位长度（1dm）、单位浓度（1g/mL）的溶液后引起振动面旋转的角度；浓度 c 的单位为 g/mL；长度 l 的单位为 dm.

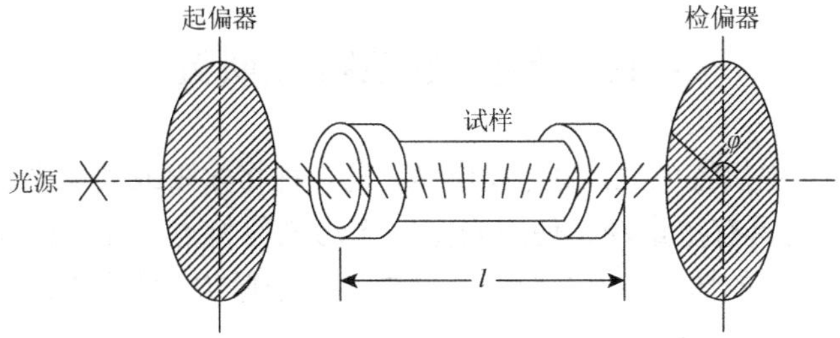

图 4.9-5　旋光现象原理图

实验表明，旋光率与旋光性物质、温度和入射光波长有关. 在一定温度下，旋光率与入射光波长的平方成反比，这个现象称为旋光色散，因此通常采用 $\lambda = 589.3\text{nm}$ 的钠黄光来测定旋光率.

维持长度 l 不变，依次改变浓度 c，测出相应的旋光度 φ，作 φ-c 曲线，由直线的斜率可求出旋光率 a. 反之，通过测量旋光性溶液的旋光度，可确定该溶液的浓度.

【实验内容】

（1）接通电源预热 5～10min.

（2）调节目镜，看清三部分现场有明显的分界线.

（3）校准零点位置，转动检偏器，当视场出现图 4.9-4（b）状态时，记下两游标读数，重复 5 次.

（4）装上不同溶液浓度的测试管，分别测出不同浓度所对应的旋光度，各重复 5 次，由 φ-c 曲线求出旋光率.

（5）测出待测溶液的旋光度，重复 5 次，由已测出的 φ-c 曲线确定待测浓度.

（6）根据半荫法原理，测出透过起偏器和石英片的两束偏振光振动面的夹角 2θ.

【注意事项】

（1）溶液应装满试管，不能有气泡. 试管擦净后才可装入旋光仪.

（2）应准确判断现场分界线消失的灵敏位置，在这个位置时，刻度盘稍有转动，分界线立即出现，而且向相反方向转动时，中间与两边的明暗情况刚好相反.

（3）为消除机械间隙，检偏器应始终单一方向旋转.

【思考题】

（1）分析实验结果，所测溶液是左旋溶液还是右旋溶液？

（2）根据半荫法原理，从理论上说明如何用旋光仪来测量透过起偏器和石英片的两束偏振光振动面的夹角 2θ.

4.10　硅光电池特性研究

硅光电池又称光生伏特电池，简称光电池，是一种将太阳或其他光源的光能直接转换成电能的器件.由于它具有重量轻、使用安全、无污染等特点，在目前世界性能源短缺和环境保护形势日益严峻的情况下，人们对硅光电池寄予厚望，硅光电池很可能成为未来电力的重要来源.

同时，硅光电池在现代检测和控制技术中也有十分重要的地位，在卫星和宇宙飞船上都用硅光电池作为电源. 因此，开设硅光电池的特性研究实验，介绍太阳能电池的电学性质和光学性质，并对两种性质进行测量，联系科技开发实际，有一定的新颖性和实用价值.

【实验目的】

（1）了解硅光电池的基本结构及基本原理.

（2）研究硅光电池的基本特性.

（3）测量硅光电池的伏安特性曲线.

【实验仪器】

硅光电池实验仪.

【实验原理】

1. 硅光电池的基本结构

光电池用半导体材料制成，多为面结合 PN 结型，靠 PN 结的光生伏特效应产生电动势. 常见的有硅光电池和硒光电池.

在纯度很高、厚度很薄（0.4mm）的 N 型半导体材料薄片的表面，采用高温扩散法把硼扩散到硅片表面极薄一层内形成 P 层，位于较深处的 N 层保持不变，在硼所扩散到的最深处形成 PN 结. 从 P 层和 N 层分别引出正电极和负电极，上表面涂有一层防反射膜，其形状有圆形、方形、长方形，也有半圆形.

硅光电池的基本结构如图 4.10-1 所示.

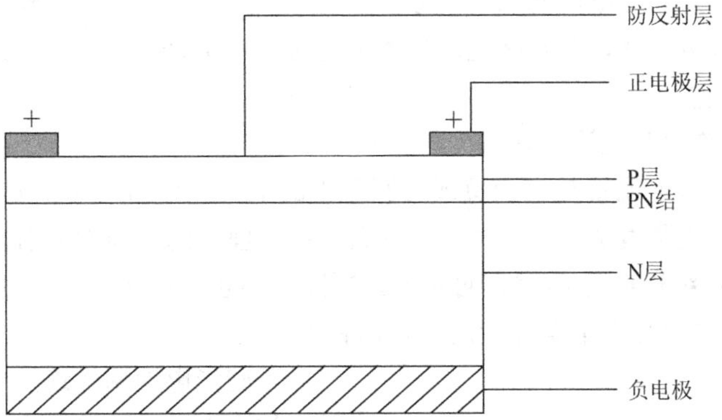

图 4.10-1　硅光电池的基本结构

2. 硅光电池的基本原理

当两种不同类型的半导体结合形成 PN 结时，分界层（PN 结）两边存在着载流子浓度的突变，必将导致电子从 N 区向 P 区和空穴从 P 区向 N 区扩散运动，结果将在 PN 结附近产生空间电荷聚集区，从而形成一个由 N 区指向 P 区的内电场. 当有光照射到 PN 结上时，具有一定能量的光子，会激发出电子-空穴对. 这样，在内部电场的作用下，电子被拉向 N 区，而空穴被拉向 P 区. 结果在 P 区空穴数目增加而带正电，在 N 区电子数目增加而带负电，在 PN 结两端产生了光生电动势，这就是硅光电池的电动势. 若硅光电池接有负载，电路中就有电流产生. 这就是硅光电池的基本原理.

单体硅光电池在阳光照射下，其电动势为 0.5～0.6V，最佳负荷状态工作电压为 0.4～0.5V，根据需要可将多个硅光电池串并联使用.

3. 硅光电池的光电转换效率

硅光电池在实现光电转换时，并非所有照射在电池表面的光能全部被转换为电能. 例如，在太阳照射下，硅光电池转换效率最高，但目前也仅达 22%左右. 其原因有多种，例如：反射损失；波长过长的光（光子能量小）不能激发电子-空穴对，波长过短的光固然能激发电子-空穴对，但能量再大，一个光子也只能激发一个电子-空穴对；在离 PN 结较远处被激发的电子-空穴对会自行重新复合，对电动势无贡献；内部和表面存在晶格缺陷会使电子-空穴对重新复合；光电流通过 PN 结时会有漏电等.

4. 硅光电池的基本特性

1）硅光电池的开路电压与入射光强度的关系

硅光电池的开路电压是硅光电池在外电路断开时两端的电压，用 U_{∞}表示，亦即硅光电池的电动势. 在无光照射时，开路电压为零.

硅光电池的开路电压不仅与硅光电池材料有关，而且与入射光强度有关. 在相同的光强照射下，不同材料制作的硅光电池的开路电压不同. 理论上，开路电压的最大值约等于材料禁带宽度的 1/2. 例如，禁带宽度为 1.1eV 的硅光电池，开路电压为 0.5～0.6V. 对于给定的硅光电池，其开路电压随入射光强度变化而变化. 其规律是：硅光电池开路电压与入射光强度的对数成正比，即开路电压随入射光强度增大而增大，但入射光强度越大，开路电压增大得越缓慢.

2）硅光电池的短路电流与入射光的关系

硅光电池的短路电流就是它无负载时回路中的电流，用 I_{SC} 表示. 对给定的硅光电池，其短路电流与入射光强度成正比. 对此，我们是容易理解的，因为入射光强度越大，光子越多，从而由光子激发的电子-空穴对越多，短路电流也就越大.

3）在一定入射光强度下硅光电池的输出特性

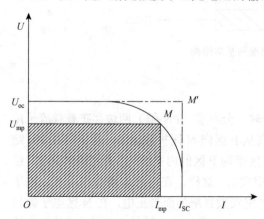

图 4.10-2　硅光电池的输出伏安特性曲线

当硅光电池两端连接负载而使电路闭合时，如果入射光强度一定，则电路中的电流 I 和路端电压 U 均随负载电阻的改变而改变，同时，硅光电池的内阻也随之变化. 硅光电池的输出伏安特性曲线如图 4.10-2 所示.

图中，I_{SC} 为 $U=0$，即短路时的电流，也就是在该入射光强度下的硅光电池的短路电流. U_{oc} 为 $I=0$，即开路时的路端电压，也就是硅光电池在该入射光强度下的开路电压，曲线上任一点对应 I 和 U 的乘积（在图中则是一个矩形的面积），就是硅光电池在相应负载电阻时的输出功率 P. 曲线上有一点 M，它对应 I_{mp} 和 U_{mp} 的乘积（即图中画斜线的矩形面积）最大. 可见，硅光电池仅在它的负载电阻值为 U_{mp} 和 I_{mp} 的比值时，才有最大输出功率. 这个负载电阻称为最佳负载电阻，用 R_{mp} 表示. 因此，我们通过研究硅光电池在一定入射光强度下的输出特性，可以找出它在该入射光强度下的最佳负载电阻. 它在该负载电阻时工作状态为最佳状态，它的输出功率最大.

4）硅光电池在一定入射光强度下的曲线因子（或填充因子）F·F

曲线因子定义式为

$$F \cdot F = (U_{mp}I_{mp})/(U_{oc}I_{SC})$$

我们知道，在一定入射光强度下，硅光电池的开路电压 U_{oc} 和短路电流 I_{SC} 是一定的. 而 U_{mp} 和 I_{mp} 分别为硅光电池在该入射光强度下输出功率最大时的电压和电流. 可见，曲线因子的物理意义是硅光电池在该入射光强度下的最大输出效率.

从硅光电池的输出伏安特性曲线来看，曲线因子 F·F 的大小等于斜线矩形的面积（与 M 点对应）与矩形的面积 $I_{SC}U_{oc}$（与 M 点对应）之比. 如果输出伏安特性曲线越接近矩形，则 M 与 M' 就越接近重合，曲线因子 F·F 就越接近 1，硅光电池的最大输出效率就越大.

【实验内容】

1. 硅光电池基本常数的测定

1）测定在一定入射光强度下硅光电池的开路电压 U_{oc} 和短路电流 I_{SC}

（1）调节光源与硅光电池处于适当位置不变.

（2）测出硅光电池的开路电压 U_{oc}.

（3）测出硅光电池的短路电流 I_{SC}.

2）测定硅光电池的开路电压和短路电流与入射光强度的关系

（1）光源与硅光电池正对时，测出开路电压 U_{oc1} 和短路电流 I_{SC1}.

（2）转动硅光电池一定角度（如 15°）测出 U_{oc2} 和 I_{SC2}.

（3）转动硅光电池角度为 30°、45°、60°、75°、90°时，测出不同位置下的 U_{oc} 和 I_{SC}.

（4）自拟数据表格，并用坐标纸画出 I_{SC}-θ 及 U_{oc}-θ 曲线.

2. 在一定入射光强度下，研究硅光电池的输出特性

保持光源和硅光电池处于适当的位置不变，即保持入射光强度不变.

（1）测量开路电压 U_{oc} 和短路电流 I_{SC}.

（2）分别测出不同负载电阻下的电流 I 和电压 U.

（3）根据 U_{oc}、I_{SC} 及一系列相应的 R、U、I 值，填入自拟表格中.

（4）计算在该入射光强度下，与各个 R 相对应的输出功率 $P = IU$，求出最大输出功率 P_{max}，以及相应的硅光电池的最佳负载电阻 R_{mp}、U_{mp}、I_{mp} 值.

（5）作 P-R 曲线及输出伏安特性 I-U 曲线.

（6）计算曲线因子 $F \cdot F = (U_{mp}I_{mp})/(U_{oc}I_{SC})$.

【数据处理】

（1）在无光照条件下，测量硅光电池正向偏压时的伏安特性曲线，用作图法表示实验结果，绘制 *I-U* 曲线.

（2）测量硅光电池的串、并联时的伏安特性.

【思考题】

（1）光电池在工作时为什么要处于零偏或负偏？

（2）光电池用于线性光电探测器时，对耗尽区的内部电场有何要求？

（3）光电池对入射光的波长有何要求？

第5章　设计性实验

一般的实验教学内容，多为技能性、验证性实验，这是进行科学实验的基础训练. 在经过一定数量的基础性实验和综合性实验训练后，进行一些具有科学实验性质的设计性实验，有利于培养学生设计能力、动手能力、分析问题和解决问题的能力以及创新能力，有利于培养和提高学生的科学实验能力和素质，使学生逐步具备科学研究的能力.

学生通过自行设计物理实验，不仅可以加深对物理学原理的理解，提高对物理规律本质的认识，而且能够初步掌握科研实验的程序. 通过实验培养学生理论联系实际和实事求是的科学作风、严肃认真的工作态度、勇于克服困难的研究探索精神、团结协作的优良品德，培养与提高学生的科学实验能力和科学实验素养.

设计性实验的基本环节包括设计实验方案、实施实验方案和完成实验报告. 其核心是设计和选择实验方案，并通过实验来检验方案的正确性与合理性.

1. 设计实验方案

设计方案的基本步骤是：确定实验方法与测量方法，选配测量仪器，确定测量条件.

1）确定实验方法与测量方法

实验方法的确定就是根据一定的物理原理，建立被测量与可测量之间的关系. 对同一个实验项目，往往有多种实验方法可以完成，这时需要我们从中选择最佳方案. 确立最佳实验方法的原则是实验操作上可行，在实验室条件允许和保证实验精度要求的前提下，经济上尽量节省.

2）选配测量仪器

选配测量仪器的主要原则是：确定不确定度分配方案，根据不确定度分配方案选择测量仪器和有关参数.

不确定度分配是根据不确定度均分原理来进行的. 利用这种方法可以根据测量任务对总不确定度的要求，计算出各直接测量量的不确定度，由此帮助我们选择仪器和测量方法. 对测量结果影响较大的量应该用精确度高的仪器，而对测量结果影响不大的量，就不必追求过高精度的仪器.

测量不确定度均分原理是一种较好的不确定度分配方法，但对不同测量量来讲，不一定合理，因为有些物理量进行精密测量比较容易，而有些物理量要进行精密测量却很难实现. 因此，在实验设计时，应根据现有仪器情况、实验条件和技术水平等因素来考虑不确定度的合理分配. 对那些难以精密测量的量分配较大的不确定度，对那些容易精密测量的量分配较小的不确定度.

在进行实验时，选择的仪器并非精度越高越好，因为仪器的精度越高，对操作、环境条件等方面的要求也越高. 如果使用不当，反而不能得到理想的结果. 另外，精度低的仪器能满足要求而非要使用精度高的仪器，也是一种浪费. 因此选择什么规格的仪器要根据实验室的具体情况而定，在能保证测量精度要求的条件下，尽量选择和配置经济上最合理的测量仪器.

3）确定测量条件

确定最有利的测量条件，即确定在什么条件下进行测量引起的结果的不确定度最小. 从理论上讲，可由不确定度函数对自变量（被测量）求偏导，并令其一阶导数为零而得到. 对于只有一个被测量的函数，可将一阶导数为零的结果代入二阶导数式，若其结果大于零，则该一阶导数的结果即为最有利的条件. 一般分析时多从相对不确定度入手. 有时当情况较为简单时，也可从对简单计算的分析中直接得出结论.

物理实验的内容十分广泛，实验方法和手段也十分丰富，同时在实际工作中还要受到客观条件的限制和各种因素的影响. 因此，很难总结出一套完整的、普遍实用的方法，这里介绍的只是一些原则，要真正掌握这方面的内容，必须通过大量的实践，不断地总结和积累经验.

2. 实施实验方案

根据拟定的实验方案和程序，在实验室完成观测任务. 如果实验室无法提供方案中所选仪器的型号、规格，则应更改仪器的型号、规格或修改、调整实验方案，直至实验得以实施.

3. 完成实验报告

实验报告是对实验工作的全面总结，完成实验观测任务后应及时写出实验报告. 实验报告应包含以下内容.

（1）实验名称.

（2）实验目的.

（3）实验原理.

（4）实验选用的仪器设备及确定的规格参数.

（5）实验内容和步骤.

（6）实验数据记录表格及数据处理.

（7）实验结果及分析，评价实验方案并提出改进意见.

5.1　用伏安法测量低值电阻

测量电阻的伏安法，即测量出电阻两端的电压 U 和通过电阻的电流强度，则所测电阻阻值为

$$R\frac{U}{I}$$

这种方法一般用于测量中值电阻，而且测量精度较低.

测量低值电阻一般用双臂电桥，由于要消除接触电阻和导线电阻的影响，所以比伏安法测量电阻要复杂.

【实验目的】

（1）用伏安法测量低值电阻.
（2）测量不确定度要求近似于双桥法的测量结果.

【实验仪器】

被测铜棒、双臂电桥、双路直流稳压电源、直流电压表、直流电流表、滑线变阻器、导线等.

【设计要求】

（1）要求用伏安法测量低值电阻，其测量结果的不确定度应与双桥法的结果近似.
（2）首先用双臂电桥测量铜棒的阻值，并计算其不确定度 $u_C(R)$.
（3）设计用伏安法测量同一段铜棒的电阻. 根据所设计的实验，设想出一个测量低值电阻的新的实验仪器.

【提示】

可参考补偿原理来设计电压测量线路.

5.2　用电势差计校准电流表

【实验目的】

（1）理解电势差计的工作原理，掌握电势差计的使用方法.
（2）用 UJ36 型电势差计校准微安表.

【实验仪器】

DZX21 型电阻箱、滑线变阻器、稳压电源、安培表、伏特表、开关、导线.

【设计要求】

（1）设计用电势差计校准微安表的电路，画出电路图.

（2）在上述仪器中，选取合适的器具，并选用合适的参数，利用 UJ36 型电势差计对一块 100μA、1.5 级的微安表进行校准.

（3）用所选的仪器校准微安表，并作出校正曲线.

【思考题】

（1）电势差计是用来测量电动势或电压的，如何用它来测量通过电流表的电流？

（2）在校准电流表时，要使通过电流表的电流在电表的整个量程内按要求变动，如何才能达到这个目的？

（3）如何作电流表的校正曲线？校正值如何计算？如何由电表的指示值，根据校正曲线得到相应的正确电流值？

（4）能否设计一个电路，用电势差计校准一块量程为 3V 的电压表？

5.3 用劈尖法测量细丝的直径

【实验目的】

（1）观察劈尖等厚干涉条纹.

（2）测量细丝直径.

【实验仪器】

读数显微镜、两片光学玻璃、钠光灯、细丝.

【设计要求】

（1）利用所给仪器调出等厚干涉条纹.

（2）导出计算细丝直径的公式，并解释公式中各量的物理意义.

（3）拟出实验步骤，列出数据表格. 已知钠光波长 $\lambda = 589.3\text{nm}$，求细丝直径.（提示：由于条纹数目 N 很大，为了简便，可先测出单位长度的暗条纹数 N_0，再测出两玻璃板交线处到细丝处的距离 L.）

（4）求出细丝直径的不确定度.

【思考题】

（1）牛顿环与劈尖干涉条纹有什么不同之处？

（2）本实验所看到的干涉条纹是位于何处的？该条纹是定域的还是非定域的？

5.4　用灵敏检流计测量二极管的反向电流

【实验目的】

（1）熟悉灵敏检流计的构造、工作原理和使用方法.

（2）掌握用灵敏检流计测量微小电流的方法.

【设计要求】

（1）测量灵敏检流计的检流计常数 K.

（2）设计一个恰当的电路，用灵敏检流计测量二极管的反向工作电流.

【思考题】

（1）通常要先知道灵敏检流计的内阻 R_g，然后再测其检流计常数 K. 是否可以用万用电表把 R_g 测出来？如果不可以，则应如何测量？

（2）灵敏检流计使用时有哪些注意事项？你在设计测量方案时采取了什么措施来保证灵敏检流计的安全？

（3）灵敏检流计有三种不同运动状态，试问是哪三种状态？在实际测量时，应使灵敏检流计处在什么状态？你在设计测量方案时采取了什么相应措施？

5.5　用交流电桥测电阻

【实验目的】

（1）了解电桥平衡原理，掌握调节交流电桥平衡的方法.

（2）学习用不同仪器判断交流电桥的平衡状态.

【实验仪器】

XD-2 信号发生器 1 台、交流毫伏表 1 块、示波器 1 台、万用表 1 块、标准电阻箱 3 个、待测电阻 2 个、滑线变阻器 1 个、开关及导线.

【设计要求】

（1）合理选择测量仪器和量程，用两种方法测电阻，分别设计测量电路，画出电路图.

（2）根据实验原理进行数据处理和误差计算.

（3）写出完整的实验报告.

【思考题】

（1）交流电桥与直流单臂电桥相比，有哪些不同？

（2）能用几种仪器判断交流电桥是否平衡？现象是什么？

5.6 万用电表的设计与定标

万用电表是一种多功能、多量程的常用电学仪表，它可在几个不同量程测量直流电流、直流和交流电压、电阻，有的万用表还增加了检测晶体管特性等功能. 由于万用电表的功能较多，所以在实验调试、故障检查等工作中使用非常方便.

常用的万用电表是以一块磁电式检流计（也称为微安计、表头）为核心组装而成的. 此外，数字显示的数字式万用电表现在也比较普遍. 在此实验中练习以指针式毫安表为显示器的万用电表的设计与组装，并且只限于直流电流、直流电压、电阻和交流电压 4 种功能.

【实验目的】

（1）掌握万用电表的基本原理和设计方法.

（2）学习万用电表的组装和定标.

【实验仪器】

毫安表表头、直流电压表、直流电流表、电阻箱、交直流电源、交流电压表、插件板、各种电阻、二极管、万用电表、导线等.

【设计要求】

（1）测量出所提供表头的内阻.

（2）要求将一块毫安表头（量程为 I_0）分别改装成下列规格的电表.

（a）直流电流：5mA、50mA 两挡.

（b）直流电压：5V、50V 两挡.

（c）欧姆：×1kΩ、×1Ω 两挡.

（d）交流电压：10V、50V 两挡.

（3）组装出具有测量两挡直流电流、两挡直流电压、两挡电阻的三用表.

（4）应完成的基本内容：

（a）设计出测量内阻的线路图，用文字简述测量原理并给出测量公式. 测量表头内阻；

（b）分别完成各种线路的设计，包括各分压、限流、调零电阻的计算；

（c）选择、调节符合设计计算的电阻. 如果找不到适用的固定电阻，可用可变电阻（电位器）通过调节来达到要求；

（d）连接线路，并用直流电压表、直流电流表、交流电压表对相应电表的各量程进行校对；用电阻箱对欧姆挡进行定标；

（e）设计数据表格，将校对数据列入表格，并记录校对后的分流、分压电阻值，绘出校正曲线.

（5）将三用表组装出来.

5.7 非平衡电桥的应用（自组热敏电阻温度计）

【实验目的】

（1）了解非平衡电桥的测量原理.

（2）结合双臂电桥实验，绘制非平衡电桥输出与温度关系曲线.

【实验仪器】

指示用微安表头（量程 200μA，内阻≈500Ω）1 个、装有热敏电阻的加热装置 1 台、标准温度计和温度变送器 1 个、数字电压表 1 台、固定电阻（标称值 1.2kΩ）2 个、电阻箱（ZX21 型）2 个、3 路直流稳压电源 1 台（±12V 供加热器用）、滑线变阻器 1 个、单刀开关 1 个、导线若干.

【设计要求】

（1）设计一个热敏电阻（电阻随温度升高而下降）作传感器元件，用非平衡电桥作指示（电桥不平衡时桥路上的电流是温度的函数）的温度计.

（2）先利用平衡电桥原理，测定不同温度下热敏电阻的阻值随温度变化的实验曲线.

（3）由上述实验点进行拟合，获得热敏电阻值随温度（0～100℃）的变化曲线 $R(t)$.

（4）利用 $R(t)$对热敏电阻温度计定标.

5.8 液体折射率的测定

【实验目的】

设计使用分光计测量液体折射率的实验方案.

【实验仪器】

分光计、钠光灯、毛玻璃、待测液体.

【设计要求】

（1）了解仪器的使用方法，找出要测量的物理量，推导出计算公式，写出实验原理.

（2）设计出实验方法和实验步骤.

（3）测出 5 组数据并进行正确的数据处理.

参 考 文 献

陈怀琳，邵义全. 1990. 普通物理实验指导（光学）. 北京：北京大学出版社
陈早生，任才贵，等. 2003. 大学物理实验.上海：华东理工大学出版社
成正维. 2002. 大学物理实验. 北京：高等教育出版社
丁慎训，张连芳. 2002. 物理实验教程. 2 版. 北京：清华大学出版社
何开华，汤型正. 2016. 大学物理实验. 2 版. 北京：清华大学出版社
何元金，马兴坤. 2003. 近代物理实验. 北京：清华大学出版社
金重. 2000. 大学物理实验教程. 天津：南开大学出版社
李秀燕. 2001. 大学物理实验. 北京：科学出版社
李学会. 2005. 大学物理实验. 北京：高等教育出版社
凌亚文. 2005. 大学物理实验. 北京：科学出版社
吕斯骅，段家低. 2002. 基础物理实验. 北京：北京大学出版社
欧阳九令. 1996. 大学物理实验. 北京：北京师范大学出版社
沈元华，陆申龙. 2003. 基础物理实验. 北京：高等教育出版社
邬铭新，李朝荣. 1998. 基础物理实验. 北京：北京航空航天大学出版社
谢慧瑗，梁秀慧，朱世嘉，等. 1989. 普通物理实验指导（电磁学）. 北京：北京大学出版社
杨俊才，何焰蓝. 2004. 大学物理实验. 北京：机械工业出版社
张进治. 2003. 大学物理实验. 北京：电子工业出版社
张士欣. 1993. 基础物理实验. 北京：北京科学技术出版社
赵家凤. 2005. 大学物理实验. 北京：科学出版社

附录 A　物理实验中常用仪器的基本误差允许极限（Δ值）

仪器名称	条件说明	Δ值
钢直尺	分度值 1mm，测量范围 150mm	$\Delta=(0.05+0.00015L)$mm 式中，L 以 mm 为单位 物理实验中取估计值 $\Delta=0.5$mm
钢卷尺	分度值 1mm，测量范围 2m	Ⅰ级 $\Delta=(0.1+0.1L)$mm Ⅱ级 $\Delta=(0.3+0.2L)$mm 式中，L 以 mm 为单位 物理实验中取估计值 $\Delta=2\sim5$mm
游标卡尺	测量范围 0～125mm，分度值 0.02mm	$\Delta=0.02$mm
	测量范围 0～125mm，分度值 0.05mm	$\Delta=0.05$mm
螺旋测微器	测量范围 0～25mm，分度值 0.01mm	$\Delta=0.004$mm
物理天平	WL-05，分度值 0.02g，最大称量 500g	$\Delta=0.02$g
	WL-05，分度值 0.05g，最大称量 500g	$\Delta=0.05$g
砝码	1～10g	$\Delta=0.001$g
	20g	$\Delta=0.002$g
	50g	$\Delta=0.003$g
	100g	$\Delta=0.005$g
	200g	$\Delta=0.01$g
	标称值 100kg 磅秤秤砣实际质量为 1kg	$\Delta=0.005$kg
机械秒表	型号 505，二级，分度值 0.2s	物理实验中单次计时（起动和停表各一次）取 $\Delta=0.2$s
数字式电子秒表	显示最小单位 0.01s	物理实验中单次计时（起动和停表各一次）取 $\Delta=0.2$s
数字毫秒计	JSJ-Ⅲ型，显示 4 位，显示最小单位 0.1ms，最大量程 99.99s	光电门起动和停止计时，取 $\Delta=0.5$ms（$t<10$s）
玻璃温度计	全浸温度计，分度值 1，测量范围−30～100℃	$\Delta=1$℃
实验室直流多值电阻器	ZX21 型，×10000、×1000、×100、×10、×1、×0.1 各挡等级 分别为 0.1 级、0.1 级、0.1 级、0.2 级、0.5 级、5 级	$\Delta=\sum a_i\%R_i\Omega$ 式中，a_i 为第 i 挡等级指标，R_i 为第 i 挡的示值
	符合部标的 ZX21 型电阻箱，准确度等级为 0.1 级	$\Delta=(0.1\%R+0.005)\Omega$ 式中，R 为电阻箱示值
读数显微镜	JXD 型，分度值 0.01mm，测量范围 0～50mm	$\Delta=\left(5+\frac{L}{15}\right)\mu$m 式中，$L$ 为被测长度（单位取 mm）的数值
磁电系电流表和电压表	量程为 U_m，等级为 a 的电压表	$\Delta=a\%U_m$
	量程为 I_m，等级为 a 的电压表	$\Delta=a\%I_m$

续表

仪器名称	条件说明	Δ值
直流电桥	QJ23 型，所选倍率为 K	$\Delta = K(0.2\%R_3 + 0.2)\Omega$
直流电势差计	UJ36 型，倍率×1	$\Delta = (0.1\%U_x + 50\times10^{-6})\mathrm{V}$
	UJ36 型，倍率×0.2	$\Delta = (0.1\%U_x + 10\times10^{-6})\mathrm{V}$
低频信号发生器	XD-7 型	$\Delta = (2\%f + 1)\mathrm{Hz}$
分光计	JJY 型，分度值 1′	$\Delta = 1'$

附录 B　国际单位制（SI）

	量的名称	单位名称	单位符号	用其他 SI 单位表示
基本单位	长度	米	m	
	质量	千克（公斤）	kg	
	时间	秒	s	
	电流	安[培]	A	
	热力学温度	开[尔文]	K	
	物质的量	摩[尔]	mol	
	光强度	坎[德拉]	cd	
辅助单位	平面角	弧度	rad	
	立体角	球面度	sr	
导出单位	频率	赫[兹]	Hz	s^{-1}
	力、重力	牛[顿]	N	$kg·m/s^2$
	压强、压力、应力	帕[斯卡]	Pa	N/m^2
	能量、功、热	焦[尔]	J	N·m
	功率、辐射通量	瓦[特]	W	J/s
	电荷量	库[仑]	C	A·s
	电势、电压、电动势	伏[特]	V	W/A
	电容	法[拉]	F	C/V
	电阻	欧[姆]	Ω	V/A
	电导	西[门子]	S	A/V
	电感	亨[利]	H	Wb/A
	磁通量	韦[伯]	Wb	V·s
	磁感应强度、磁通量密度	特[斯拉]	T	Wb/m^2
	摄氏温度	摄氏度	℃	
	光通量	流[明]	lm	cd·sr
	光照度	勒[克斯]	lx	lm/m^2
	面积	平方米	m^2	
	速度	米每秒	m/s	
	加速度	米每二次方秒	m/s^2	

续表

	量的名称	单位名称	单位符号	用其他 SI 单位表示
导出单位	密度	千克每立方米	kg/m^3	
	动力黏度	帕[斯卡]秒	Pa·s	
	表面张力	牛[顿]每米	N/m	
	比热容	焦[尔]每千克开[尔文]	J/(kg·K)	
	热导率	瓦[特]每米开[尔文]	W/(m·K)	
	介电常数（电容率）	法[拉]每米	F/m	
	磁导率	亨[利]每米	H/m	
	磁场强度、磁化强度	安[培]每米	A/m	

附录 C　基本物理常数（2010 年国际推荐表）

物理量	符号	数值与单位	相对不确定度
牛顿引力常数	G	$6.67384(80)\times10^{-11}\mathrm{m^3/(kg\cdot s^2)}$	1.2×10^{-4}
阿伏伽德罗常量	N_A	$6.02214129(27)\times10^{-23}\mathrm{mol^{-1}}$	4.4×10^{-8}
摩尔气体常数	R	$8.3144621(75)\mathrm{J/(mol\cdot K)}$	9.1×10^{-7}
理想气体摩尔体积	V_m	$22.413968(20)\mathrm{L/mol}$	9.1×10^{-7}
玻尔兹曼常量	k	$1.3806488(13)\times10^{-23}\mathrm{J/K}$	9.1×10^{-7}
电常数	ε_0	$1/(\mu_0c^2)=8.854187817\cdots\times10^{-12}\mathrm{F/m}$	精确
磁常数	μ_0	$4\pi\times10^{-7}\mathrm{N/A^2}=12.566370614\cdots\times10^{-7}\mathrm{N/A^2}$	精确
真空中的光速	c	$2.99792458\times10^{8}\mathrm{m/s}$	精确
元电荷	e	$1.602176565(35)\times10^{-19}\mathrm{C}$	2.2×10^{-8}
电子质量	m_e	$9.10938291(40)\times10^{-31}\mathrm{kg}$	4.4×10^{-8}
质子质量	m_p	$1.672621777(74)\times10^{-27}\mathrm{kg}$	4.4×10^{-8}
原子质量单位	u	$1.660538921(73)\times10^{-27}\mathrm{kg}$	4.4×10^{-8}
普朗克常量	h	$6.62606957(29)\times10^{-34}\mathrm{J\cdot s}$	4.4×10^{-8}
电子的荷质比	$-e/m_\mathrm{e}$	$-1.758820088(39)\times10^{-11}\mathrm{C/kg}$	2.2×10^{-8}
里德伯常量	R_∞	$10973731.568539(55)\mathrm{m^{-1}}$	5.0×10^{-12}

注：（）内的数字是给定值最后两位数字中的一倍标准偏差的不确定度.